欧姆龙PLC
培训教程

主　编　公利滨

副主编　张智贤　杜洪越

参　编　牟晓光　岳中哲

中国电力出版社
CHINA ELECTRIC POWER PRESS

内 容 提 要

本书以欧姆龙 CJ1 系列 PLC 为例，介绍 PLC 基本结构组成、工作原理及其应用，主要内容包括基本逻辑指令编程应用、CX-Programmer 编程软件的使用、功能模块（高速计数单元、A/D 转换模块、D/A 转换模块、温度控制单元、位置控制单元）的基本原理及使用方法、NB 触摸屏、PLC 网络通信、PLC 与变频器综合应用等相应内容。在编写过程中把 PLC 控制系统工程设计思想和方法及其工程实例融合到本书中，便于读者更好地掌握 PLC 技术在实际工程中的应用。本书的特色是以培养工程实践能力为目标，注重讲解实例及操作步骤，在内容编排上循序渐进、深入浅出、通俗易懂，便于教学和自学。

本书可作为高等学校自动化、电气工程及其自动化、机械工程及其自动化等相关专业的本、专科教材，也可作为相关技能培训的教材，还可供相关工程技术人员参考。

随书附赠的光盘包含了全书各章节的实例程序、欧姆龙 CJ1 系列 PLC 的编程手册等资料和培训教材的电子课件。

图书在版编目（CIP）数据

欧姆龙 PLC 培训教程/公利滨主编 . —北京：中国电力出版社，2012.8（2020.7 重印）
ISBN 978 - 7 - 5123 - 2829 - 7

Ⅰ.①欧… Ⅱ.①公… Ⅲ.①plc 技术—教材　Ⅳ.①TM571.6

中国版本图书馆 CIP 数据核字（2012）第 047743 号

中国电力出版社出版、发行
（北京市东城区北京站西街 19 号　100005　http：//www.cepp.sgcc.com.cn）
三河市航远印刷有限公司印刷
各地新华书店经售

*

2012 年 8 月第一版　2020 年 7 月北京第七次印刷
787 毫米×1092 毫米　16 开本　23.25 印张　563 千字
印数 10001—11500 册　定价 **45.00** 元（含 1CD）

前 言

　　可编程序控制器（PLC）是集计算机技术、自动化技术、通信技术于一体的通用工业控制装置。OMRON 公司的 PLC 等相关的产品在工业控制领域得到越来越广泛的应用，众多自动化行业的工程技术人员和广大的自动化、机电一体化等专业的学生都希望得到一本实用的培训教材。本书就是基于此目的而编写的。

　　本书的特点是：理论精简、结合实际、突出应用，重点讲解实例及操作步骤。在内容编排上循序渐进、深入浅出、通俗易懂。为了便于教学和自学，本书列举了大量的工程实际案例，编排了针对培训内容的思考题和综合实际的工程项目。

　　本书由三部分组成。

　　第一篇为基础篇，介绍 OMRON 公司 CJ1 系列 PLC 基本结构组成、工作原理及其应用，主要内容包括 PLC 结构原理、基本逻辑指令编程应用、CX-Programmer 编程软件的使用及 PLC 控制系统程序分析和设计方法。

　　第二篇为提高篇，介绍 NB 触摸屏、特殊 I/O 单元（高速计数单元、A/D 转换模块、D/A 转换模块、温度控制单元、位置控制单元）的基本原理及使用方法、PLC 网络通信基础。对于触摸屏、功能模块的应用都给出了相应的控制程序设计方法；对于 PLC 网络通信详细阐述 CJ1 系列的通信模式、通信协议、硬件实现方法，并通过工程实例来介绍如何实现 PLC 与 PLC 之间的 Host Link 链接和数据交换。

　　第三篇为应用篇，介绍 PLC 与变频器综合应用。以变频调速电梯为例阐述电气控制系统、PLC 硬件系统、软件流程图及控制程序的设计，介绍控制系统的调试方法。通过本篇内容加强学生工程实践应用能力的培养。

　　本书由多年从事 PLC 教学、培训和科研，并且具有丰富工程实际经验的教师编写。本书由哈尔滨理工大学自动化学院公利滨任主编，张智贤、杜洪越任副主编，牟晓光、岳中哲参编。其中，公利滨编写了第 1、2、4 章，张智贤编写了第 3、8 章和第 6 章的 6.8 节，杜洪越编写了第 6 章的 6.1～6.7 节和第 9 章，牟晓光编写了第 5 章，岳中哲编写了第 7 章。全书由公利滨统稿，哈尔滨理工大学自动化学院的高俊山教授、吕宁教授主审。两位主审对教材的编写提出许多宝贵的意见，在此表示衷心的感谢。本书在编写过程中，参考了部分兄弟院校的教材和相关厂家的资料，在此一并表示衷心感谢。

　　由于编者水平有限，加之时间仓促，书中不足和疏漏之处在所难免，恳请广大读者批评指正。

编　者

2012 年 3 月

目　录

第二篇 提 高 篇

第三篇 应用篇

第一篇　基　础　篇

第一篇

第1章

PLC 技术应用概述

在制造工业和过程工业中，存在着大量的开关量顺序控制，它们按照逻辑条件进行顺序动作，并按照逻辑关系进行联锁保护动作的控制，及大量离散量的数据采集。传统的控制方式是通过气动或继电器控制系统来实现的。1969 年，美国 DEC 公司研制出世界上第一台可编程序逻辑控制器（Programmable Logic Controller，PLC，简称可编程控制器），经过四十多年的发展与实践，其功能和性能已经有了很大的提高，从当初用于逻辑控制和顺序控制领域扩展到运动控制领域。

1987 年，美国国际电工委员会（IEC）对可编程控制器（PLC）定义如下：可编程控制器（PLC）是一种数字运算操作的电子系统，专门为在工业环境应用而设计，它采用可编程的存储器，用来在其内部存储执行逻辑运算、定时、计数和算术运算等操作的指令，并通过数字式、模拟式的输入/输出控制各种机械或生产过程。

可见，PLC 是基于计算机技术和自动控制理论而发展起来的，它既不同于普通的计算机，也不同于一般的计算机控制系统，作为一种特殊形式的计算机控制装置，它在系统结构、硬件组成、软件结构以及 I/O 通道、用户界面等诸多方面都有其特殊性。

1.1 PLC 的主要特点

可编程控制器之所以得到迅速的发展和越来越广泛的应用，是因为它具有一些良好的特性。

1. 灵活、通用

在继电器控制系统中，使用的控制器件是大量的继电器，整个系统是根据设计好的电气控制图，由人工布线、焊接、固定等手段组装完成的，其过程费时费力。如果因为工艺上的稍许变化，需要改变电气控制系统，那么原先的整个电气控制系统将被全部拆除，而重新进行布线、焊接、固定等工作，耗费了大量的人力、物力和时间。而可编程控制器（PLC）是通过存储在存储器中的程序实现控制功能的，如果控制功能需要改变，只需要修改程序以及改动少量的接线即可。而且，同一台可编程控制器还可以用于不同的控制对象，只要改变软件就可以实现不同的控制要求，因此具有很大的灵活性、通用性。另外，PLC 产品还具有多样化、系列化的特点，其结构形式多种多样，同一系列又有低档、高档之分，因此可以适应于各种不同规模、不同要求的工业控制。PLC 还有多种功能模块，可以根据需要灵活组合成各种不同功能的控制装置，实现各种特殊的控制要求。

2. 可靠性高、抗干扰能力强

PLC 的研制者在可靠性方面采取了许多有利的措施，使 PLC 具有很高的可靠性和抗干扰能力，因此被称为"专为适应恶劣的工业环境而设计的计算机"。

（1）对电源、CPU、存储器等严格屏蔽，几乎不受外部干扰，有很好的冗余技术。例如，家用电视、显示器、收音机等，一旦旁边有电话或其他电磁波，都能明显发现干扰很大，而PLC则不受这些干扰信号影响。

（2）采用微电子技术，内部大量地采用无触点控制方式，使用寿命大大加长。正常情况下寿命在5年以上。

3. 编程简单、使用方便

PLC采用面向控制过程、面向问题的"自然语言"编程，容易掌握。例如目前大多数PLC采用的梯形图语言编程方式，既继承了继电器控制线路的清晰直观感，又考虑到大多数电气技术人员读图的习惯及应用微机的水平，因此，很容易被电气技术人员所接受。PLC易于编程，程序改变时也容易修改，灵活方便。它与目前微机控制常用的汇编语言相比，虽然在PLC内部增加了解释程序而使系统程序执行时间加长，但对大多数的控制设备来说，PLC的运算速度是足够的。

4. 接线简单

PLC的输入/输出接口可直接与控制现场的用户设备直接连接。输入接口可与各种开关和传感器连接，输出接口具有较强的驱动能力，可以直接驱动继电器、接触器和电磁阀的线圈，使用非常方便。PLC接线工作极其简单、工作量极少。

5. 功能强

PLC不仅具备逻辑控制、计时、计数和步进等控制功能，而且还能完成A/D转换、D/A转换、数字运算、数据处理、通信联网和生产过程监控等。因此，它既可对开关量进行控制，又可对模拟量进行控制；既可现场控制，又可远距离控制；既可控制简单系统，又可控制复杂系统。

6. 体积小、重量轻和易于实现机电一体化

由于PLC采用了半导体集成电路，因此具有体积小、重量轻、功耗低的特点。且由于PLC是专为工业控制而设计的专用计算机，其结构紧凑、坚固耐用、体积小巧，使之易于装入机械设备内部，因而成为实现机电一体化十分理想的控制设备。

1.2 PLC的发展过程及应用

1.2.1 PLC的发展过程

随着电子技术和计算机技术的发生，PLC的功能越来越强大，其概念和内涵也不断扩展。

20世纪80年代至90年代中期，是PLC发展最快的时期，PLC在处理模拟量能力、数字运算能力、人机接口能力和网络能力得到大幅度提高，PLC逐渐进入过程控制领域，在某些应用上取代了在过程控制领域处于统治地位的DCS系统。

工业计算机技术（IPC）和现场总线技术（FCS）发展迅速，挤占了一部分PLC市场，PLC增长速度出现渐缓的趋势，但其在工业自动化控制特别是顺序控制中的地位，在可预见的将来是无法取代的。

PLC的应用几乎涵盖了所有的行业，小到简单的单机设备、简单的顺序动作控制，大

到整厂的流水线、大型仓储、立体停车场,再到制造行业和交通行业等。

我国在 PLC 生产方面非常弱,但在 PLC 应用方面,我国是很活跃的,近年来每年约新投入 10 万台套 PLC 产品,年销售额 30 亿元人民币。在我国,一般按 I/O 点数将 PLC 分为以下级别(国外分类有些区别):

(1) 微型:I/O 点数 32;

(2) 小型:I/O 点数 256;

(3) 中型:I/O 点数 1024;

(4) 大型:I/O 点数 4096;

(5) 巨型:I/O 点数 8192。

在我国应用的 PLC 系统中,I/O 64 点以下 PLC 销售额占整个的 47%,64 点~256 点的占 31%,合计占整个 PLC 销售额的 78%。

1.2.2 PLC 的应用

目前,在国内外 PLC 技术已广泛应用于冶金、石油、化工、建材、机械制造、电力、汽车、轻工、环保及文化娱乐等各行各业,随着 PLC 性能价格比的不断提高,其应用领域不断扩大。从应用类型看,PLC 的应用大致可归纳为以下几个方面:

1. 开关量逻辑控制

利用 PLC 最基本的逻辑运算、定时、计数等功能实现逻辑控制,可以取代传统的继电器控制,用于单机控制、多机控制、生产自动线控制等,如机床、注塑机、印刷机械、装配生产线、电镀流水线及电梯的控制等。这是 PLC 最基本的应用,也是 PLC 最广泛的应用领域。

2. 运动控制(伺服控制)

大多数 PLC 都有驱动步进电动机或伺服电动机的单轴或多轴位置控制模块。这一功能广泛用于各种机械设备,如对各种机床、装配机械、机器人等进行运动控制。

3. 过程控制

大、中型 PLC 都具有多路模拟量 I/O 模块和 PID 控制功能,有的小型 PLC 也具有模拟量输入/输出。所以 PLC 可实现模拟量控制,而且具有 PID 控制功能的 PLC 可构成闭环控制,用于过程控制。这一功能已广泛用于锅炉、反应堆、水处理、酿酒以及闭环位置控制和速度控制等方面。

4. 数据处理

现代的 PLC 都具有数学运算、数据传送、转换、排序和查表等功能,可进行数据的采集、分析和处理,同时可通过通信接口将这些数据传送给其他智能装置,如计算机数值控制(CNC)设备,进行处理。

5. 通信联网

PLC 的通信包括 PLC 与 PLC、PLC 与上位计算机、PLC 与其他智能设备之间的通信,PLC 系统与通用计算机可直接或通过通信处理单元、通信转换单元相连构成网络,以实现信息的交换,并可构成“集中管理、分散控制”的多级分布式控制系统,满足工厂自动化(FA)系统发展的需要。

1.3　PLC的分类及技术指标

1.3.1　PLC的分类

1. 从组成结构上分

（1）整体式：PLC各部件组合成一个不可拆卸的整体。整体式PLC是将CPU、存储器、I/O单元、电源、通信端口、I/O扩展端口等组装在一个箱体内构成主机。整体式PLC结构紧凑、体积小。小型机常采用这种结构。

（2）组合式（模块式）：PLC的各部件按照一定规则组合配置。组合式PLC将CPU、I/O单元、通信单元等分别做成相应的模块，模板之间通过底板上的总线联系。装有CPU的单元称为CPU模块，其他单元称为扩展模块。大中型机常采用组合式结构。

2. 按I/O点数及内存容量分

可分为超小型、小型、中型、大型、超大型。

3. 按输出形式分

（1）继电器输出：为有触点输出方式，适用于通断频率较低的直流或交流负载。

（2）晶体管输出：为无触点输出方式，适用于通断频率较高的直流负载。

（3）晶闸管输出：为无触点输出方式，适用于通断频率较高的交流负载。

1.3.2　PLC的技术指标

（1）I/O点数：I/O点数是指PLC外部输入、输出端子的总数。I/O点数越多，外部可接的输入和输出器件也就越多，控制规模就越大，一般按I/O点数多少来区分机型的大小。

（2）扫描速度：扫描速度反映了PLC运行速度的快慢。扫描速度快，意味着PLC可运行较为复杂的控制程序，并有可能扩大控制规模和控制功能。扫描速度是PLC最重要的一项硬性能指标。

（3）指令条数：PLC的指令条数是衡量其软件功能强弱的主要指标。PLC具有的指令条数越多，指令就越丰富，说明其软件功能越强。

（4）内存容量：系统程序存放在系统程序存储器中，存储容量是指用户程序存储器容量。用户程序存储器的容量决定了PLC可以容纳用户程序的长短，一般以字为单位计算。每1024个字为1K。中小型PLC的存储容量一般在8K以下，大型机可达到256K～2M。

（5）内部器件：内部器件包括各种继电器、计数器/定时器、数据存储器等。其种类越多、数量越大，存储各种信息的能力和控制能力就越强。

（6）高功能模块：PLC除了主控制模块外，还可以配接各种高功能模块。高功能模块的多少及功能强弱往往是衡量PLC产品水平高低的一个重要标志。高功能模块使得PLC既可以进行开关量的开环控制，也可以进行模拟量的闭环控制，能进行精确的定位和速度控制。

（7）支持软件：为了便于对PLC的编程和监控，各PLC生产厂相继开发出各类计算机支持的编程和监控软件。

（8）扩展能力：大部分PLC利用I/O扩展单元进行I/O点数的扩展，有的PLC利用各种功能模块进行功能扩展。

1.4 PLC的硬件结构及工作原理

1.4.1 PLC的硬件结构

PLC是以微处理器为核心的工业用计算机系统，其硬件组成与计算机有类似之处，根据结构的不同，PLC可分为整体式和组合式。

PLC包括CPU、I/O模块、存储器、电源等，其硬件结构框图如图1-1所示。

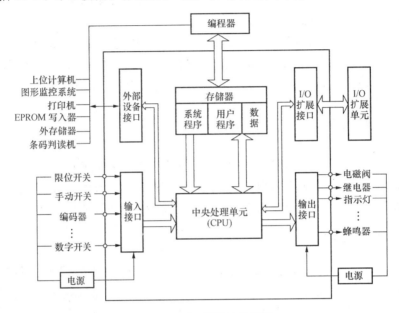

图1-1 PLC硬件结构框图

1. CPU

CPU是PLC的核心，主要由运算器、控制器、寄存器及实现它们之间联系的数据、控制及状态总线等构成，一般都集成在一块芯片上。它能够识别用户按照特定的格式输入的各种指令，并按照指令的规定，根据当前的现场I/O信号的状态发出相应的控制指令，完成预定的控制任务并将结果送到PLC的输出终端。另外，它还能够识别用户所输入的指令序列的格式和语法错误，还具有系统电源、I/O系统、存储器及其他接口的测试与诊断功能。CPU与其他部件之间的连接是通过总线进行的。

CPU速度和内存容量是PLC的重要参数，它们决定着PLC的工作速度，I/O数量及程序容量大小，会直接影响PLC的运行速度，因此要限制PLC的控制规模。

2. I/O模块

PLC的对外功能主要是通过各种接口单元来实现对工业设备或生产过程的控制。通过各种I/O接口电路，PLC既可以检测到所需要的过程信息，又可以将处理后的结果传送给外部过程，驱动各种执行机构，实现工业生产过程的自动控制。I/O系统提供了各种操作电平和驱动能力的I/O接口模块，以实现被控对象与PLC的I/O接口之间的电平转换、电气隔离、串/并转换、A/D与D/A转换等功能。根据它们所实现的功能不同，可将I/O通道分为五种：开关量输入通道（DI）、开关量输出通道（DO）、模拟量输入通道（AI）、模拟量输出通道（AO）、脉冲量输入通道（PI）。

PLC 的可选部件是与 PLC 的运行没有依赖关系的一些部件，它是 PLC 系统编程、调试、测试与维护等所需要的设备，PLC 可独立于这些可选部件而独立运行。可选部件包括 I/O 扩展端口、外设端口、编程工具和智能单元。

3. 存储器

存储器是用来存放系统程序、用户程序和工作数据的。存放应用软件的存储器称为用户程序存储器，存放系统程序的存储器称为系统程序存储器。系统程序是由生产厂家预先编制的监控程序、模块化应用功能子程序、命令解释和功能子程序的调用管理程序及各种系统参数等。用户程序是由用户编制的梯形图、输入/输出状态、计数/计时值以及系统运行必要的初始值、其他参数等。系统程序存储器容量的大小，决定了系统程序的大小和复杂程度，也决定了 PLC 的功能和性能。用户程序存储器容量的大小，决定了用户程序的大小和复杂程度，从而决定了用户程序所能完成的功能和任务的大小。

4. 电源模块

电源用于为 PLC 各模块的集成电路提供工作电源。同时，有的还为输入电路提供 24V 的工作电源。电源输入类型有：交流电源（220V 或 110V），直流电源（常用的为 24V）。

5. 底板或机架

大多数组合式 PLC 使用底板或机架，其作用是：电气上，实现各模块间的联系，使 CPU 能访问底板上的所有模块；机械上，实现各模块间的连接，使各模块构成一个整体。

6. PLC 系统的其他设备

手持型编程器，计算机，人机界面。

1.4.2　PLC 的工作原理

1. PLC 工作过程

PLC 在运行过程中一般由 CPU、存储器和输入/输出系统三个部分即可完成预定的各种控制任务，因此可将这三部分称为 PLC 的基本组成部分。其他可选部件包括编程器、外存储器、模拟 I/O 接口、通信接口、扩展接口以及测试设备等，主要用于系统的编程组态、程序存储、通信联网、系统扩展和系统测试、维护等，是 PLC 的辅助组成部分。在 PLC 正常运行期间，这些部件并不起作用，它们主要用于系统的开发、安装、调试和维护。

PLC 的系统程序和用户程序都存放在存储器中，现场输入信号经过 I/O 系统传送至 CPU，CPU 按照用户程序存储器里存放的指令，执行逻辑或算术运算，并发出相应的控制命令，并通过 I/O 系统传送至现场，驱动相应的执行机构动作，从而完成相应的控制任务。

2. PLC 的工作原理

PLC 采用顺序扫描、不断循环的工作方式。PLC 工作的基本步骤为：①自诊断；②通信；③输入采样；④程序执行；⑤输出刷新。

CJ1 系列 PLC 的 CPU 单元有以下三种操作模式。

PROGRAM 模式：此模式下不执行用户程序，而是建立 I/O 表、初始化 PLC 配置和其他设定、编写程序、传送程序、检查程序和强制置位/复位等功能操作。

MONITOR 模式：此模式下执行用户程序，可以进行程序的模拟运行和某些参数的调整，如在线编辑、强制置位/复位和修改定时器/计数器的当前值。

RUN 模式：此模式下执行程序且禁止某些操作和程序修改。

CPU 单元从内部处理到外设服务工作是一个在重复循环中的处理数据过程。CPU 单元操作流程如图 1-2 所示。

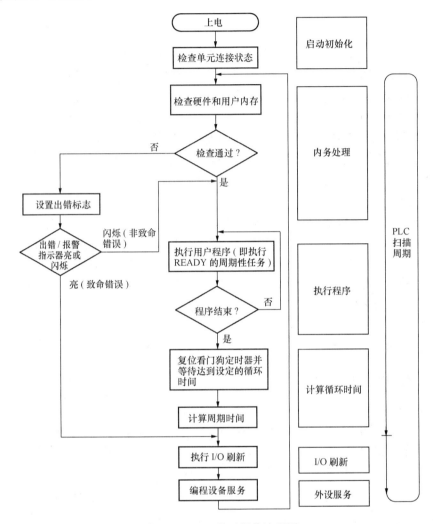

图 1-2　CPU 单元操作流程图

当 PLC 运行时，CPU 根据系统程序规定的顺序，通过扫描，完成对输入信号状态的采样，输出信号的刷新。PLC 循环扫描是对整个程序循环执行，整个过程扫描一次所需要的时间称为扫描周期。

PLC 的扫描既可按固定顺序进行，也可按用户程序规定的可变顺序进行。这不仅仅因为有的程序每次扫描都被执行，也因为在一个大控制系统中，需要处理的 I/O 接口数较多，通过不同的组织模块安排，采用分时分批扫描执行的办法，可缩短扫描周期和提高控制的实时响应速度。

在每一次扫描开始前，CPU 都要进行自诊断、硬件检查、用户内存检查等操作。如果有异常情况，一方面启动故障显示灯亮，另一方面判断并显示故障性质。如果属于一般性故障，只报警不停机，等待处理。如果属于严重故障，停止 PLC 运行。在 PLC 系统监控程序框图中，可以看出 PLC 本身具有很强的自诊断功能。

1.5 欧姆龙 CJ1 系列 PLC 简介

CJ1 系列 PLC 是欧姆龙公司 C 系列 PLC，采用了 CQM1 的无底板模式。本节将重点介绍 CJ1 系列 PLC 的通用硬件结构、典型的基本 I/O 单元和特殊 I/O 单元。

CJ1 系列 PLC 属于中型 PLC，它以体积小、速度快为特色，具有先进的控制功能，采用多任务结构化编程模式，具有多个协议宏服务端口，易于联网，也适用于高速计数与高速脉冲输出的系统。

1.5.1 CJ1 系列 PLC 的主要特点

（1）处理速度快。CJ1 系列 PLC 的 CPU 执行基本指令的时间一般为 $0.08\mu s$/条（CJ1-H CPU：$0.02\mu s$/条），执行高级指令的时间一般为 $0.12\mu s$/条（CJ1-H CPU：$0.06\mu s$/条），使系统管理、I/O 刷新和外设服务所需的时间大幅度减少。

（2）程序容量与 I/O 容量大。CJ1 系列 PLC 的程序存储量最大 120KB，数据存储器（DM 区）的最大容量是 256KB，I/O 点数最多可达 2560 个，为复杂程序和各类接口单元、通信及数据处理提供了充足的内存。

（3）无底板结构。CJ1 系列 PLC 不配底板，总线嵌在各单元内部，单元组合灵活，提高了空间利用率。

（4）软硬件兼容性好。CJ1 系列 PLC 在程序及内部设置方面与 CS 系列 CPU 单元几乎完全兼容。

（5）系统扩展性好。CJ1 系列 PLC 最多可用电缆串行连接 3 块扩展机架，最多支持 40 个单元。

（6）I/O 点分配灵活。由于 CJ1 系列 PLC 无需底板，它的 I/O 点的分配可以采用系统自动分配和用户自定义两种方式。

（7）高速性能强。CJ1 系列 PLC 的 CPU 单元具有高速中断输入处理功能、高速计数器功能和可调占空比的高频脉冲输出功能，可实现精确定位控制和速度控制。

1.5.2 CJ1 系列 PLC 的基本结构与配置

CJ1 系列 PLC 采用模块化、总线式结构，整个系统由 CPU 机架和扩展机架组成。CPU 机架由 CPU 单元、电源单元、基本 I/O 单元、特殊 I/O 单元、CPU 总线单元和端盖组成，存储器卡用于存储用户程序，可供用户选择。扩展机架由 I/O 接口单元、电源单元、基本 I/O 单元、特殊 I/O 单元和 CPU 总线单元以及端盖组成。扩展机架可连接到 CPU 机架或其他 CJ1 系列扩展机架。

CJ1 系列 PLC 为无底板的模块式结构基本配置，最多可连接 10 个 I/O 单元。选配存储卡，连接扩展机架时必须配 I/O 控制单元。

CJ1 系列 PLC 不需要底板，各单元的安装顺序是电源单元、CPU 单元、I/O 单元以及端盖，其中 CPU 单元右边的 I/O 单元号默认为 0，且向右依次增加。用户也可以自定义 I/O 单元的单元号。

在连接各单元时，应将两单元底部的总线端口对齐后压紧，并拨动单元顶部和底部的黄色滑杆将两单元锁在一起，必须确认滑杆锁到位，否则 PLC 不能正常工作。端盖也用同样的方法连接在 PLC 最右边单元上。

1. CPU 单元

CPU 单元如图 1 - 3 所示，主要由 LED 指示灯、存储卡连接器、DIP 功能开关、外设端口、RS-232C 端口等组成。CJ1 系列 PLC 所配的 CPU 均不支持内插板。按 CPU 单元型式的不同，CJ1 系列可分为 CJ1-H、CJ1G、CJ1M 三种类型。本节以 CJ1M 为例对 CJ1 系列加以介绍。CPU 单元前面板上的 LED 指示灯功能见表 1 - 1。DIP 开关引脚设定功能见表 1 - 2。

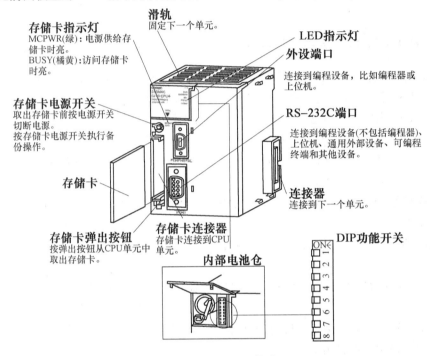

图 1 - 3　CPU 单元

表 1 - 1　　　　　　　　　　　CPU 单元前面板上的 LED 指示灯功能

指 示 灯	意 义
RUN（绿）	PLC 在"监视"或"运行"模式下正常操作时亮
ERR/ALM（红）	出现不使 CPU 单元停止的非致命错误时闪烁，如果出现非致命错误，CPU 单元将继续操作。 出现使 CPU 单元停止的致命错误时或出现硬件错误时亮。如果出现致命或硬件错误，CPU 单元将停止操作，所有输出单元的输出将置为 OFF
INH（橘黄）	输出 OFF 位（A50015）置 ON 时亮。如果输出 OFF 位置 ON，所有输出单元的输出都将变 OFF
PRPHL（橘黄）	CPU 单元通过外部端口通信时闪烁
BKUP（橘黄； 仅对 CJ1-H CPU 单元）	数据从 RAM 备份到快闪存储器时亮。 此指示灯亮时不要关闭 CPU 单元
COMM（橘黄）	CPU 单元通过 RS-232C 端口通信时闪烁
MCPWR（绿）	给存储卡供电时亮
BUSY	访问存储卡时亮

表 1 - 2 　　　　　　　　　　　　DIP 开关引脚设定功能

引脚	设定	功　　　能
1	ON	用户程序存储器禁止写入
	OFF	用户程序存储器允许写入
2	ON	打开电源时用户程序自动传送
	OFF	打开电源时用户程序不自动传送
3	ON	不用
4	ON	使用在 PC 设置中设定的外部端口参数
	OFF	自动检测编程器或外部端口上的 CX-Programmer 参数
5	ON	自动检测 RS-232C 端口上的 CX-Programmer 参数
	OFF	使用在 PC 设置中设定的 RS-232C 端口参数
6	ON	用户定义引脚 用户 DIP 开关引脚标志（A39512）置 OFF
	OFF	用户定义引脚 用户 DIP 开关引脚标志（A39512）置 ON
7	ON	程序的备份：读/写到存储卡
	OFF	程序备份的检查：检验存储卡的内容
8	OFF	总是为 OFF

　　CJ1 系列 PLC 属于结构紧凑型的可编程控制器，其特点为运算速度高和功能强大。基本指令执行时间最小为 $0.02\mu s$，而专用指令执行时间最小为 $0.06\mu s$。支持 DeviceNet 开放网络和协议宏（对串行通信），允许在设备内信息共享。还支持有 Controller Link 的设备——设备连接和有以太网的上位连接用于更高级的信息共享，包括以太网、Controller Link 和 DeviceNet 网络间的无缝信息通信。可连接到 CPU 机架和扩展机架的 I/O 单元的最大个数是 40，即 CPU 机架和最多 3 个扩展机架各 10 个单元。为了便于实现安装，其基本模块的体积只有 90mm×65mm（高×厚），使控制系统易于实现机电一体化控制。

　　CPU 单元是 PLC 系统的核心，它按照规定完成 PLC 的各种功能，当用户程序编制完成并投入运行时，由 CPU 单元负责对用户程序进行译码并解释执行。

　　CJ1M CPU 单元带有内置 I/O 的 CPU 单元和无内置 I/O 的 CPU 单元两大类，目前有 6 种型号。其型号和规格见表 1 - 3。

　　带有内置 I/O CPU 单元具有下列特性：

　　(1) 通用 I/O 立即刷新。CPU 单元的内置输入、输出可以用作通用输入、输出。特别是在执行一相关指令时，可在 PLC 循环的中间对 I/O 实行立即刷新。

　　(2) 稳定输入滤波。CPU 单元的 10 个内置输入的输入时间常数可设置为 0（无滤波）、0.5、1、2、4、8、16、32ms。增大输入时间常数可降低抖动和外部噪声。

　　(3) 高速中断输入处理。CPU 单元的 10 个内置输入可用于高速处理，如直接模式的固定中断输入或计数器模式的中断输入。中断任务可以在中断输入的上升或下降沿（向上或向下变化）时启动。在计数器模式，中断任务可在输入计数到达设置值（向上或向下变化瞬间）时启动。

表 1 - 3　　　　　　　　　　CJ1M CPU 单元型号及规格一览表

项目	规　格					
	带有内置 I/O 的 CPU 单元			无内置 I/O 的 CPU 单元		
型号	CJ1M-CPU23	CJ1M-CPU22	CJ1M-CPU21	CJ1M-CPU13	CJ1M-CPU12	CJ1M-CPU11
I/O 点	640	320	160	640	320	160
用户程序存储器	20KB	10KB	5KB	20KB	10KB	5KB
最大扩展机架数	1	不支持		1	不支持	
数据存储器	32KB					
扩展数据存储器	不支持					
内置输入	10					
内置输出	6					
梯形图指令处理速度	$0.1\mu s$					
脉冲 I/O	支持			不支持		
电流消耗	0.64A 在 5V DC 时			0.58A 在 5V DC 时		

（4）高速计数功能。旋转编码器可以与内置输入连接以接收高速计数器输入。在高速计数器的当前值与目标值一致时或是在一指定范围内时可以触发中断。在梯形图程序中，可使高速计数器的相应位变为 ON/OFF，以选择高速计数器当前值是保持还是刷新。

（5）脉冲输出。可从 CPU 单元的内置输出固定占空比脉冲，以接收脉冲输入的伺服驱动器实行定位或速度控制。可设置脉冲输出模式以与电动机驱动器的脉冲输入规范相一致。

（6）原点搜索。在使用位置控制模块时，可以对原点接近输入信号、原点输入信号、定位完成信号和错误计数器复位执行精确的原点搜索。

（7）快速响应输入。用于快速响应输入，作为 CPU 单元的内置输入（最多 4 个），可接收宽度短到 $30\mu s$ 的脉冲信号，该输入信号与扫描周期无关，可直接传送到 CPU 单元。

2. 电源单元

电源单元对交流电源进行整流、滤波和稳压，为其他部件提供可靠的工作电源。它有交流（AC）和直流（DC）两种输入，以 PA205R 为例，其面板结构如图 1 - 4 所示。

（1）电源指示灯。当电源单元输出为 DC 5V 时，电源指示灯亮。

（2）外部连接端子。图 1 - 4 中的各端子含义如下：

1）交流电源输入：连接 AC100～120V 或 AC200～240V 电源。

2）LG 接地端：接地电阻小于或等于 100Ω，功能是抗强噪声干扰及防止电气冲击。

3）GR 接地端：接地电阻小于或等于 100Ω，功能是防止感应电干扰和电气冲击。

4）运行输出端：当 CPU 单元正在运行（RUN 和 MONITOR 模式）时，内部触点闭合。

3. CJ1 系列 PLC 的基本 I/O 单元

CJ1 系列 PLC 具有丰富的 I/O 单元，这些单元作为基本 I/O 单元可实现多种形式的数字量输入和输出。为了适应更广泛的控制需求，它还提供了多点数字量 I/O 单元、模拟量 I/O 单元、温度控制单元、位置控制单元、高速计数器单元、CompoBUS/S 主单元等特殊 I/O 单元。CJ1 系列 PLC 的 I/O 单元泛指 PLC 与外部设备交换信息的接口单元，它可分为基本 I/O 单元、特殊 I/O 单元及 CPU 总线单元等。

　　基本 I/O 单元是指 I/O 点数小于或等于 16 点的开关量输入/输出单元，外观如图 1-5 所示。

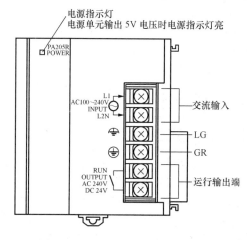

图 1-4　CJ1 PLC 电源单元示意图

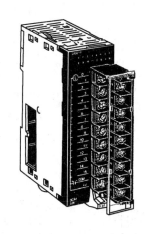

图 1-5　CJ 系列基本 I/O 单元外观图

　　CJ1 系列 PLC 的基本 I/O 单元目前有 20 多种型号，分为基本输入单元和基本输出单元两大类，基本 I/O 单元型号和规格见表 1-4 和表 1-5。

表 1-4　　　　　　　　　　　　　CJ1 系列 PLC 基本输入单元一览表

名　称	规　格	点数	型　号
直流输入单元	端子块，直流 12～24V	8	CJ1W-ID201
	端子块，直流 24V	16	CJ1W-ID211
	富士通兼容连接器，直流 24V	32	CJ1W-ID231
	MIL 连接器，直流 24V	32	CJ1W-ID232
	富士通兼容连接器，直流 24V	64	CJ1W-ID261
	MIL 连接器，直流 24V	64	CJ1W-ID262
交流输入单元	交流 200～240V	8	CJ1W-IA201
	交流 100～120V	16	CJ1W-IA111
中断输入单元	直流 24V	16	CJ1W-INT01
快速响应输入单元	直流 24V	16	CJ1W-IDP01
B7A 接口单元	输入 64 点	64	CJ1W-B7A14

表 1-5　　　　　　　　　　　　　CJ1 系列 PLC 基本输出单元一览表

名　称	规　格	点数	型　号
继电器型输出单元	端子块，交流 250V 直流 24V，2A；独立接点	8	CJ1W-OC201
	端子块，交流 250V，0.6A	8	CJ1W-OC211
晶闸管型输出单元	端子块，交流 250V，0.6A/24V，2A；独立接点	8	CJ1W-OA201

名　称		规　格	点数	型　号
晶体管输出单元	汇流输出	端子块，直流 12~24V，2A	8	CJ1W-OD201
		端子块，直流 12~24V，0.5A	8	CJ1W-OD203
		端子块，直流 12~24V，0.5A	16	CJ1W-OD211
		富士通兼容连接器，直流 12~24V，0.5A	32	CJ1W-OD231
		MIL 连接器，直流 12~24V，0.3A	32	CJ1W-OD233
		富士通兼容连接器，直流 12~24V，0.3A	64	CJ1W-OD261
	源流输出	MIL 连接器，直流 12~24V，0.3A	64	CJ1W-OD263
		端子块，直流 24V，2A；负载短路保护	8	CJ1W-OD202
		端子块，直流 24V，0.5A；负载短路保护	8	CJ1W-OD204
		端子块，直流 24V，0.5A；负载短路保护和断线检测	16	CJ1W-OD212
		MIL 连接器，直流 24V，0.5A；负载短路保护	32	CJ1W-OD232
		MIL 连接器，直流 12~24V，0.3A	64	CJ1W-OD262
B7A 接口单元		输出 64 点	64	CJ1W-B7A04

（1）直流输入单元

以直流输入单元 CJ1W-ID211 为例，如图 1-6 所示。

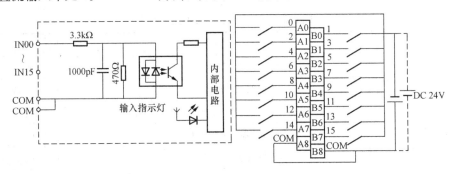

图 1-6　CJ1W-ID211 单元电路图

每路输入端的内部结构均相同，虚线框内为 I/O 单元内部电路图，右侧为外部端子接线示意图。使用直流输入单元时需外接直流电源，接线时需将外部输入信号（如开关）的一端与输入单元的接线端子相连，另一端与电源正或负极相连，而电源的另一极与输入单元的公共端子相连。当外部输入信号接通时，470Ω 电阻两端有压降，二极管导通，通过光耦合器将输入信号状态送至 PLC，同时使输入单元面板上的发光二极管指示灯亮。这样 I/O 电路、I/O 现场连线端子和 I/O 状态显示实现了"三位一体"。图中所标"内部电路"的方框内为 I/O 总线接口电路。

（2）继电器型输出单元

以继电器型输出单元为例，电路结构如图 1-7 所示。图中，虚线框内为单元内部电路，右侧为接线端子与负载连接图。当 PLC 向该单元某路输出接通信号时，输出继电器线圈接通，同时使单元面板上的发光二极管导通，指示灯亮，输出继电器的触点闭合使外部负载回路接通,L为用户所接负载。

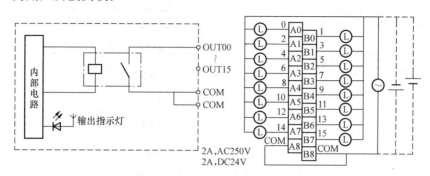

图1-7 CJ1W-OC211单元电路图

需注意的是,输出继电器触点只为负载回路接通提供可能,但不能提供负载工作电源,因此需要为每一路负载配置工作电源。图中将 AC 250V 或 DC 24V 电源与负载串联接至输出端子和公共端(COM)之间,电源极性可根据负载要求决定。继电器输出单元的使用寿命受内部继电器寿命限制。

(3)晶体管型输出单元

以晶体管型输出单元 CJ1W-OD211 为例,电路结构如图1-8所示。虚线框内为单元内部电路,右侧为接线端子与负载连接图。当 PLC 向该单元某一路输出接通信号时,三极管导通,使负载回路接通,同时 PLC 输出还使面板上发光二极管导通,输出指示灯亮。由于内部电路结构是由三极管发射极和集电极与负载形成回路,所以负载工作电源极性不能接错。单元为电源正极提供了专门的接线端子 B8,各路负载的正极与电源正极都应接到该端子,负载的负极接到各路端子上。一般来说晶体管型输出单元的寿命大于继电器型输出单元。

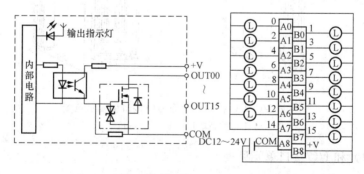

图1-8 CJ1W-OD211单元电路图

(4)晶闸管型输出单元

以晶闸管型输出单元 CJ1W-OA201 为例,电路结构如图1-9所示。

虚线框内为单元内部电路,右侧为接线端子与负载连接回路。当 PLC 向该单元某路输出接通信号时,此信号使输出二极管导通,通过光耦合器使输出回路的双向晶闸管导通,负载接通,同时使单元面板上的发光二极管指示灯亮。在输出回路中设有阻容过压保护和浪涌电流吸收器,可承受严重的瞬时干扰,并且设有熔丝熔断检测回路。外部负载回路只需把负载与 AC 220V 电源串联后接到某一路接线端子和公共端子(COM)之间即可。

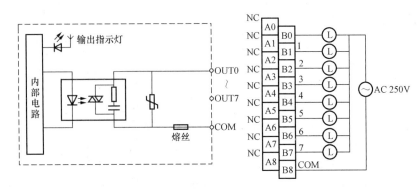

图 1-9　CJ1W-OA201 单元电路图

4. I/O 控制单元和 I/O 接口单元

CJ1 系列扩展机架可连接到 CPU。机架上可以增加系统中的单元数，每个扩展机架最多可安装 10 个 I/O 单元，总共可连接 3 个扩展机架。因此，一个 CJ1 PLC 最多可以连接 40 个 I/O 单元。

需要注意的是采用 I/O 扩展时，I/O 控制单元必须安装在 CPU 机架上，而且它必须紧靠着 CPU 单元右边，否则不能正常工作；在扩展机架上安装的 I/O 接口单元必须紧靠着电源单元右边，否则也不能正常工作。所有机架间的 I/O 连接电缆的总长必须小于 12m。I/O 控制单元如图 1-10（a）所示，I/O 接口单元如图 1-10（b）所示。

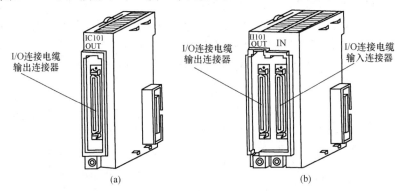

图 1-10　I/O 控制单元与 I/O 接口单元示意图
(a) I/O 控制单元；(b) I/O 接口单元

I/O 控制单元和 I/O 接口单元见表 1-6。

表 1-6　　　　　　CJ1 系列 PLC I/O 控制单元和 I/O 接口单元一览表

名　称	型　号	需　要　数　量
I/O 控制单元	CJ1W-IC101	在 CPU 机架上 1 个
I/O 接口单元	CJ1W-II101	在每个扩展机架上 1 个

5. CJ1 系列 PLC 的特殊 I/O 单元

CJ1 系列 PLC 的特殊 I/O 单元目前有 20 多个型号，CJ1 系列 PLC 最多可配置 40 个特殊 I/O 单元，16 个 CJ1 CPU 总线单元（某些 CJ1 CPU 总线单元不能安装在扩展机架上），它们可以安装在 CPU 机架或扩展机架上。典型的特殊 I/O 单元见表 1-7。

表 1-7 CJ1 系列 PLC 特殊 I/O 单元一览表

名 称	规 格	型 号
模拟量输入单元	8 点输入（4～20mA，1～5V 等）	CJ1W-AD081（-V）
	4 点输入（4～20mA，1～5V 等）	CJ1W-AD041
模拟量输出单元	4 点输出（1～5V，4～20mA 等）	CJ1W-DA041
	2 点输出（1～5V，4～20mA 等）	CJ1W-DA021
模拟量 I/O 单元	4 点输入（4～20mA，1～5V 等） 4 点输出（1～5V，4～20mA 等）	CJ1W-MAD42
温度控制单元	4 个控制回路，热电偶输入，NPN 输出	CJ1W-TC001
	4 个控制回路，热电偶输入，PNP 输出	CJ1W-TC002
	2 个控制回路，热电偶输入，NPN 输出，加热器断线检测	CJ1W-TC003
	2 个控制回路，热电偶输入，NPN 输出，加热器断线检测	CJ1W-TC004
	4 个控制回路，热电阻温度计输入，NPN 输出	CJ1W-TC101
	4 个控制回路，热电阻温度计输入，PNP 输出	CJ1W-TC102
	2 个控制回路，热电阻温度计输入，NPN 输出，加热器断线检测	CJ1W-TC103
	2 个控制回路，热电阻温度计输入，PNP 输出，加热器断线检测	CJ1W-TC104
位置控制单元	1 轴，脉冲输出；集电极开路输出	CJ1W-NC113
	2 轴，脉冲输出；集电极开路输出	CJ1W-NC213
	4 轴，脉冲输出；集电极开路输出	CJ1W-NC413
	1 轴，脉冲输出；线性驱动器输出	CJ1W-NC133
	2 轴，脉冲输出；线性驱动器输出	CJ1W-NC233
	4 轴，脉冲输出；线性驱动器输出	CJ1W-NC433
高速计数器单元	2 轴脉冲输入；计数率：最大 500kcps，线性驱动器兼容	CJ1W-CT021
CompoBUS/S 主单元	CompoBUS/S 远程 I/O，最大 256 位	CJ1W-SRM21

6. CPU 总线单元

CJ1 系列 PLC 的 CPU 总线单元目前有 5 种型号，可实现 PLC 到 PLC、个人计算机到 PLC、上位计算机到 PLC、PLC 到从单元等多种方式的通信。CPU 总线单元见表 1-8。

表 1-8 CJ1 系列 PLC CPU 总线单元一览表

名 称	规 格	型 号
Controller Link 单元	电线	CJ1W-CLK21-V1
串口通信单元	一个 RS-232C 端口和一个 RS-422A/485 端口	CJ1W-SCU41
	两个 RS-232C 端口	CJ1W-SCU21
以太网单元	10 Base-T，FINS 通信，套接服务，FTP 服务器和邮件通信	CJ1W-ETN11
	100 Base-TX	CJ1W-ETN21

名　称	规　格	型　号
DeviceNet 单元	DeviceNet 远程 I/O，2048 个点；具有主和从功能，可以进行不用配置器的自动分配	CJ1W-DRM21
PROFIBUS-DP 主站单元	PROFIBUS-DP 远程 I/O，7168 个字	CJ1W-PRM21

1.5.3　CJ1 系列 PLC 的存储器系统

1. CJ1 系列 PLC 的存储器概述

CJ1 系列 PLC 的 CPU 单元的存储器（带电池支持的 RAM）分成 3 部分：用户程序存储区、I/O 存储区和参数区。用户程序存储区是存放由编程设备输入的、用户编写的控制程序，存储容量是 250K 程序步，它可以是 RAM、EPROM 或 E^2PROM 存储器，但都能实现掉电保护数据的功能，并且可以由用户任意修改或增删。

I/O 存储区是指令操作数可以访问的数据区，它包括 CIO 区、工作区（W）、保持区（H）、辅助区（A）、暂存区（TR）、数据存储器区（DM）、扩展数据存储器区（EM）、定时器区（T）、计数器区（C）、任务标志区（TK）、数据寄存器（DR）、变址寄存器（IR）、条件标志区和时钟脉冲区等。最大 448KB 的数据存储器和最多 2560 个 I/O 点，主要用来存储输入、输出数据和中间变量；提供定时器、计数器、寄存器等；还包括系统程序所使用和管理的系统状态和标志信息。

对于各区的访问，CJ1 系列 PLC 采用字（亦称作通道）和位的寻址方式，前者是将各个区划分为若干个连续的字，每个字包含 16 个二进制位，用标识符及 3～5 个数字组成字号来标识各区的字；后者是指按位进行寻址，需在字号后面再加 00～15 两位数字组成位号来标识各个字中的各个位。这样整个数据存储区的任一字、任一位都可用字号或位号唯一表示。需要注意的是在 CJ1 系列 PLC 的 I/O 存储区中，TR 区和 TK 区只能进行位寻址；而 T 区、C 区、DM 区、EM 区和 DR 区只能进行字寻址，除此以外的其他区两种寻址方式皆可。

参数区包括各种不能由指令操作数指定的设置，这些设置只能由编程装置设定，包括 PLC 设置、路径表及 CPU 总线单元设置等。CJ1 系列 PLC 的 I/O 存储区字分配参见表 1-9。

表 1-9　　　　　　　　　CJ1 系列 PLC I/O 存储区地址分配表

区　域		地址范围	区　域	地址范围
CIO 区	I/O 区	CIO 0000～CIO 0079	辅助区 A	A000～A959
	数据链接区	CIO 1000～CIO 1199	暂存区 TR	TR00～TR15
	CPU 总线单元区	CIO 1500～CIO 1899	数据存储器区 DM	D00000～D32767
	特殊 I/O 单元区	CIO 2000～CIO 2959	扩展数据存储器区 EM	E0_00000～E6_32767
	内置 I/O 区	CIO 2960～CIO 2961	定时器完成标志 T	T0000～T4095
	串行 PLC 链接区	CIO 3100～CIO 3189	计数器完成标志 C	C0000～C4095
	DeviceNet 区	CIO 3200～CIO 3799	定时器 TIM	TIM0000～TIM4095
	内部 I/O 区	CIO 1200～CIO 1499	计数器 CNT	CNT0000～CNT4095
		CIO 3800～CIO 6143	任务标志区 TK	TK00～TK31

续表

区　域	地址范围	区　域	地址范围
工作区 W	W000～W511	变址寄存器 IR	IR0～IR15
保持区 H	H000～H511	数据寄存器 DR	DR0～DR15

2. CJ1 系列 PLC 存储区分配

CJ1 系列 PLC 的存储器单元分为 CPU 单元存储器和存储卡两种。

CJ1 系列 CPU 单元存储器配置在 I/O 存储器（数据区可从用户程序访问）和用户存储器（用户程序和参数区）中。

对于 CJ1M CPU 单元，CPU 单元配有内置快闪存储器，不管什么时候用户存储器写入，包括从编程设备（CX-Programmer 或编程器）传送数据和在线编辑，从存储器卡传送数据等，用户程序和参数区数据都可备份到该存储器中。因此，使用 CJ1M CPU 单元时，用户程序和参数区数据不会丢失。

对于 CJ1 系列 CPU 单元，存储器卡和 EM（扩展数据存储器）区的指定部分可用于存储文件，所有的用户程序、I/O 存储器区和参数区可存为文件。

I/O 存储区：包含可以通过指令操作数存取数据区。数据区包括 CIO 区、工作区、保持区、辅助区、DM 区、EM 区、定时器区、计数器区、任务标志区、数据寄存器、变址寄存器、条件标志区和时钟脉冲区等。

参数区：这个存储区包括只能通过编程设备设置而不能通过指令操作数指定的各种变量。该设定包括 PLC 设置、I/O 表、路由器表和 CPU 总线单元设置。

将 I/O 存储区分为几个分区，每一个分区都划分为若干个连续的字，一个字由 16 个二进制位组成，每一个位称为一个地址位，也称为节点。每个字都有一个由 3～5 位数字组成的唯一的地址，每个地址位也是唯一的，它由其所在的字后加两位数字 00～15 组成。

（1）I/O 区

I/O 区的地址范围为 CIO 0000～CIO 0079（CIO 位从 000000～007915），但是用除手握编程器以外的任意编程设备修改第一个机架字，可以将此地址范围扩展为 CIO 0000～CIO 0999。即使扩展了 I/O 区，能够分配给外部 I/O 最大位数仍是 1280 个。

在将 I/O 区的位分配给输入单元时，I/O 区中的一个位称为一个输入位。输入位反映了设备的 ON/OFF 状态，例如按钮开关、限位开关、光电开关等。

在将 I/O 区内的位分配给一个输出单元时，该位称之为输出位。一个输出位的 ON/OFF 状态会输出到外部设备，例如执行器、接触器等。

当程序执行完成后，每个周期读入一次外部设备中的 I/O 点的状态。

一个输入位在程序中可以用作常开条件和常闭条件，使用次数没有限制，可以以任意次序编程它的地址。一个输入位不能用作输出指令的操作数。

输出位能以任何次序编程，输出位可用作输入指令中的操作数，并且一个输出位可被用作常开和常闭条件，并且使用次数没有限制。

一个输出位在控制它的状态的输出指令中只能使用一次。如果一个输出位在两条或多条输出指令中使用时，只有最后一个输出指令是有效的。

（2）数据链接区

数据链接区的通道范围为 CIO 1000～CIO 1199（CIO 位从 1000.00～1199.15）。当 LR 设为 Controller Link 网络的数据链接区时，链接区中的字用于数据链接，也用于 PLC 连接。

一个数据链接单元（不依靠程序）通过安装在 PLC 的 CPU 机架上的 Controller Link 单元，自动地与在网络中其他 CJ1 系列 CPU 单元共享链接区的数据。

数据链接可以自动产生或手动分配。当一个用户手动定义数据链接时，他可以为每个节点分配任意数目的字，并且使该节点只接收或者只发送。

当 LR 未被设为 Controller Link 网络的数据链接区且未使用 PLC 连接时，链接区中的字可用在程序中。

（3）CPU 总线单元区

CPU 总线单元区范围为 CIO 1500～CIO 1899，共 400 个字。CPU 总线单元区内的字可以分配给 CPU 总线单元，用于传输数据，如单元的操作状态。每一个单元按照单元设置的单元编号分配 25 个字。

（4）特殊 I/O 单元区

特殊 I/O 单元区共有 960 个字，地址范围为 CIO 2000～CIO 2959。特殊 I/O 单元区的字分配给特殊 I/O 单元用于传输数据，例如单元的操作状态。根据每个单元编号的设置，每个单元分配区内 10 个字。

（5）串行 PLC 链接区

串行 PLC 链接区范围为 CIO 3100～CIO 3199，共 100 个字。串行 PLC 链接区中的字可用于与其他 PLC 的数据链接。

串行 PLC 链接通过内置 RS-232 端口在 CPU 之间交换数据，无须特别编程。

（6）DeviceNet 区

DeviceNet 区由 600 个字组成，地址范围为 CIO 3200～CIO 3799，在 DeviceNet 区内的字分配给从站，用于 DeviceNet 远程 I/O 通信。

（7）内部 I/O 区

内部 I/O（工作）区有 512 个字，地址范围为 W000～W511，这些字只能用在程序中作为工作字用。

（8）保持区

保持区有 512 个字，地址范围为 H000～H511（位地址从 H000.00～H511.15），这些字只能用于程序中。

保持区的位可以以任何顺序用在程序中，可用作常开或常闭条件，可任意多次调用。

当 PLC 的电源掉电时，或者 PLC 的操作模式从编程模式改变为运行或者监视模式，或相反转换时，保持区的数据不会被清除。

当用保持区的位来编程一个自保持位时，即使在电源复位时，自保持位也不会被清除。

（9）辅助区

辅助区有 960 个字，地址范围从 A000～A959。这些字预先配给标志和控制位，用于监视和控制操作。例如：A40204 是电池错误标志，表示如果 CPU 单元的电池没有连通，或其电压低并且 PLC 设置为检测这个错误时，该标志为 ON（检测到电池电压低）。

（10）TR（暂存继电器）区

TR区包含16个位，地址范围为TR0~TR15。这些TR临时保存分支指令块的ON/OFF状态。当有几个输出分支并且不能使用联锁时，TR位是非常有用的。

TR位可以根据需要以任意顺序多次使用，同一指令块中只能使用一次。

TR位只能用在OUT和LD指令中，OUT指令（OUT TR0至OUT TR15）存储分支点的ON/OFF状态，而LD指令则是调用保存的支路点的ON/OFF状态。不能从编程设备改变TR位。

（11）定时器区

由TIM、TIMH（015）、TMHH（540）、TTIM（087）、TIMW（813）和TMHW（815）指令共同使用4096个定时器编号（从T0000~T4095）。可以用定时器编号访问定时器的完成标志和当前值（PV）。

当用计数器编号作为一个需要位数据的操作数时，定时器访问的是定时器的完成标志。当用计数器编号作为一个需要字数据的操作数时，定时器编号访问定时器的当前值。定时器完成标志可以无限制地用作常开和常闭条件，且定时器的当前值可作为一般字数据读取。

使用定时器编号的顺序或者对可以编程的常开或常闭的条件使用次数没有限制。定时器的当前值可以作为字数据读取，且可以在编程中使用。

（12）计数器区

CNT、CNTR（012）、CNTW（814）指令可共同使用4096个计数器编号（从C0000~C4095），可用计数器编号访问计数器的完成标志和当前值（PV）。

当用计数器编号作为一个需要位数据的操作数时，计数器编号访问的是计数器的完成标志；当用计数器编号作为一个需要字数据的操作数时，计数器编号读取计数器的当前值。

使用计数器编号的顺序或者以常开或常闭编程，计数器编号使用次数没有限制。计数器当前值只能以字的形式读取且可以在程序中使用。

（13）数据存储器（DM）区

数据存储器（DM）区共有32768个字，地址范围从D00000~D32767。数据区能用作通用数据存储，并只能以字的形式进行存取和管理。

当PLC的电源循环或者操作模式从编程模式变为运行/监视模式或者是相反的情况时，DM区的数据将保持不变。

在DM区的位不能被强制置位或者强制复位。

（14）扩展数据存储器（EM）区

扩展数据存储器（EM）区被分成3个Bank（0~2），每个Bank有32768个字，EM区地址范围从E0_00000~E2_32767，这些数据区用作数据存储和处理且只能以字的形式进行存取。

当电源掉电时或PLC的操作模式从编程状态转换到运行/监视状态或者相反时，EM区的数据将保持不变。

在EM区的位不能强制置位或者强制复位。

（15）变址寄存器

16 个变址寄存器（IR0～IR15）用于间接寻址。每个变址寄存器保存一个单独的 PLC 存储器地址，这是 I/O 存储器内字的绝对地址。可使用 MOVR（560）将一个常规数据区地址转换为与它等效的 PLC 存储器地址，且把转换值写入指定的变址寄存器。

在未将 PLC 存储器地址设置到变址索引寄存器以前，不要使用变址寄存器。如果使用没有设置值的寄存器，指针操作将会不可靠。

（16）数据寄存器

当间接寻址字地址时，16 个数据寄存器（DR0～DR15）用作变址寄存器中 PLC 存储地址的偏移量。

数据寄存器中的值可加到变址寄存器中的 PLC 存储器地址上，指定 I/O 存储器中一个位或者一个字的绝对存储器地址。由于数据寄存器含有有符号二进制数，因此变址寄存器的内容能向前或者向后地址偏移。

可用一般指令将数据存到数据寄存器中。

在数据寄存器中的位不能强制置位和强制复位。

从编程设备不能访问（读或写）数据寄存器的内容。

在将值写入寄存器前不要使用数据寄存器。如果在没有设置值前使用寄存器，该寄存器的操作将不可靠。

在开始一个中断任务时，数据寄存器的值是不确定的。在一个中断任务中使用数据寄存器时，先要在这个任务中给使用的数据寄存器赋值。

（17）任务标志

任务标志范围为 TK00～TK31，且对应于周期任务 0～31。当一个周期任务处在可执行状态（RUN），相应的任务标志为 ON；当一个周期任务没有执行（INI）或者处在等待（WAIT）状态时，则相应的任务标志是 OFF。

（18）条件标志

条件标志见表 1-10，其中包括算术标志，如表示指令执行结果的出错标志和等于标志。早期的 PLC，这些标志放在 SR 区。

条件标志不同于地址，一般用标识符指定，如 ER 和 CY，或者用符号如 P_ER 和 P_CY。这些标志的状态反映了指令执行的结果，但这些标志是只读的；它们不能用指令或编程设备（CX-Programmer 或手持型编程器）直接写入。

当程序切换任务时，所有条件标志被清除，因此 ER 和 AER 标志的状态只保持在发生错误的任务中。

条件标志不能被强制置位和强制复位。

表 1-10 总结了条件标志的功能，对于这些标志的功能有的因指令不同而有一些差别。

（19）时钟脉冲

时钟脉冲是由系统产生的，按一定时间间隔转 ON 和 OFF 的标志。

时钟脉冲是用标识（符号）而不是用地址来指定，如 P_1s，表示 1s 脉冲。

时钟脉冲是只读的，它们不能由指令或者编程设备（CX-Programmer 或手持型编程器）改写。

表 1-10　　　　　　　　　　　　　　　　条件标志功能一览表

名称	标识	符号	功 能
错误标志	ER	P_ER	当在一个指令里的操作数数据不正确（一个指令处理错误）时转为 ON 表示因一个错误使一个指令结束操作。 当 PC 配置中设置为一个指令出错时（指令操作错误）停止操作，当错误标志为 ON 时，程序将停止执行，并且指令处理错误标志（A29508）将转为 ON
存取错误标志	AER	P_AER	当发生一个非法存取错误时，转为 ON。非法存取错误表示一个指令试图访问一个不能被访问的存储器区。 当 PC 配置中设置为出现一个指令错误（指令错误操作）时停止操作，将停止程序执行，且指令处理错误标志（A429510）将转为 ON
进位标志	CY	P_CY	当一个算术运算结果产生一个进位或者由一个数据移动指令把"1"移进进位标志时，进位标志转为 ON。 进位标志是某些数据移动和符号算术指令结果的一部分
大于标志	>	P_GT	当比较指令的第一个操作数大于第二个操作数或者其值超出规定的范围，该标志将为 ON
等于标志	=	P_EQ	当比较指令的两个操作数相等，也就是计算结果为 0 时，该标志将为 ON
小于标志	<	P_LT	当比较指令的第一个操作数小于第二个操作数或者其值小于规定的范围该标志将会 ON
取反标志	N	P_N	当结果的最高有效位（符号位）是 1 时，该标志为 ON
溢出标志	OF	P_OF	当运算结果超出结果字的范围时，该标志为 ON
下溢出标志	UF	P_UF	当运算结果下溢出结果字范围时，该标志为 ON
大于或等于标志	>=	P_GE	当比较指令的第一个操作数大于或等于第二个操作数时，该标志为 ON
不等于标志	<>	P_NE	当比较指令的两个操作数不相等时，该标志为 ON
小于或等于标志	<=	P_LE	当比较指令第一个操作数小于或等于第二个指操作数时，该标志为 ON
常 ON 标志	ON	P_On	始终 ON（总是 1）
常 OFF 标志	OFF	P_Off	始终 OFF（总是 0）

1.6　PLC 的主要产品及发展趋势

1.6.1　PLC 的主要产品

1. 国外

PLC 分三大类：美国产品、欧洲产品、日本产品。美国和欧洲的 PLC 技术是在相互独立的情况下研发的，因此 PLC 产品有明显差异；日本 PLC 技术由美国引进，因此有一定继承性。日本 PLC 产品定位于小型 PLC 上，而欧美以大中型闻名。

（1）美国产品：著名的有通用电气（GE）公司（小型机 GE-1，中型机 GE-Ⅲ，大型机 GE-V）、德州仪器（TI）公司、莫迪康（MODICON）（M84 系列）的产品。

（2）欧洲产品：德国的西门子公司（主要产品 S5、S7 系列）、AEG 公司、法国的 TE 公司的产品。

（3）日本产品：欧姆龙、三菱（F 系列）、松下（FP 系列）富士、日立、东芝等的产品。

2. 国内

PLC 生产厂约 30 家：深圳德维森、深圳艾默生、无锡光洋、无锡信捷、北京和利时、北京凯迪恩、北京安控、黄石科威、洛阳易达、浙大中控、浙大中自、南京冠德、兰州全志等。

欧姆龙 PLC 有超小型、小型、中型、大型四大产品类型。PLC 型号第一个字都为 C，表示 SYSMAC，即 C 系列。C 后字母为设计序列，如 CQ、CJ、CS、CV 等。系列序列字符后的阿拉伯数字为 I/O 点数（C60 输入 32 点，输出 24 点），如 CJ1、CS1 产品，1 表示序列号。型号尾部不加任何字符表示普通型，如 C200，C200H 表示增强型，H 后还加字符（E、G、X）表示该机型的程序容量、处理速度差异（X＞G＞E），例如 C200HX 比 C200HE 程序容量大、处理速度快。型号尾部加希腊字母 α 表示原机型的改进型（表示采用了先进的微处理器、速度功能超过原机型），如 C200Hα 等。

1.6.2　PLC 发展趋势

1. 人机界面更加友好

PLC 制造商纷纷通过收购或联合软件企业，大大提高了其软件水平，多数 PLC 品牌拥有与之相应的开发平台和组态软件。软件和硬件的结合，提高了系统的性能，同时，为用户的开发和维护降低了成本，更易形成人机友好的控制系统。目前，PLC＋网络＋IPC＋CRT 的模式被广泛应用。

2. 网络通信能力大大加强

PLC 厂家在原来 CPU 模板上提供物理层 RS-232/RS-422/RS-485 接口的基础上，逐渐增加了各种通信接口，而且提供完整的通信网络。

3. 开放性和互操作性大大发展

PLC 在发展过程中，各 PLC 制造商为了垄断和扩大各自市场，各自发展自己的标准，兼容性很差。开放是发展的趋势，这已被各厂商所认识。开放的进程，可以从以下方面反映：

（1）IEC 形成了现场总线标准，其中包含 8 种标准。

（2）IEC 制定了基于 Windows 的编程语言标准，包括指令表（IL）、梯形图（LD）、顺序功能图（SFC）、功能块图（FBD）、结构化文本（ST）五种编程语言。

（3）OPC 基金会推出了 OPC（OLE for Process Control）标准，这进一步增强了软硬件的互操作性。通过 OPC 一致性测试的产品，可以实现方便的和无缝隙数据交换。

（4）随着 PLC 的功能进一步增强，应用范围越来越广泛。PLC 的网络能力、模拟量处理能力、运算速度、内存、复杂运算能力均大大增强，不再局限于逻辑控制的应用，而越来越多地应用于过程控制领域。

（5）工业以太网的发展对 PLC 有重要影响。以太网应用非常广泛，其成本非常低。为此，各 PLC 厂商纷纷推出适应以太网的产品或中间产品。

（6）软 PLC。所谓软 PLC 实际就是在 PC 机的平台上、在 Windows 操作环境下，用软件来实现 PLC 的功能。

（7）PAC。它表示可编程自动化控制器，用于描述结合了 PLC 和 PC 功能的新一代工业控制器。传统的 PLC 厂商使用 PAC 的概念来描述他们的高端系统，而 PLC 控制厂商则用来描述他们的工业化控制平台。

思　考　题

1. 什么是整体式结构和模块式结构？它们各有什么特点？
2. CJ1 系列 PLC 的通用硬件系统包含哪些部件？
3. CJ1 系列 PLC 的 I/O 扩展方式及扩展能力是多少？
4. CJ1 系列 PLC 的 CPU 总线单元包含哪些单元？
5. 基本 I/O 单元和特殊 I/O 单元的区别是什么？举例说明基本 I/O 单元的输出类型有哪些？各自特点及应用场合是什么？
6. PLC 的条件标志位能否被强制置位和强制复位？

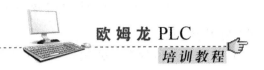

第 2 章

基本编程指令及其应用

欧姆龙 CJ1 系列 PLC 有着丰富的编程指令可供选择使用，使得复杂控制过程的编程变得十分容易。根据功能划分，这些指令分为基本指令和特殊功能指令两大类。基本指令执行时间最小为 $0.02\mu s$，而专用指令执行时间最小为 $0.06\mu s$。

2.1 基本指令及应用

2.1.1 CJ1 系列 PLC 指令系统概述

在 CJ1 系列 PLC 的基本指令和特殊功能指令两大类中，基本指令包括输入、输出和逻辑"与"、"或"、"非"等运算，可实现对输入/输出点的简单操作。特殊功能指令包括顺序输入指令、顺序输出指令、顺序控制指令、定时器和计数器指令、比较指令、数据传送指令、数据移位指令、递增/递减指令、四则运算指令等，它可以实现各种复杂的运算和控制功能。

2.1.2 CJ1 系列 PLC 的基本逻辑指令

1. 加载：LD

表明一个逻辑行或段的开始，并且根据指定操作位的 ON/OFF 状态建立一个 ON/OFF 执行条件。

LD 用于从母线开始的第一个常开位或者一个逻辑块的第一个常开位。如果没有立即刷新功能，则读 I/O 内存的指定位的状态。如果有立即刷新功能，则读并使用基本输入单元的输入端的状态。

在下述情况中，LD 用作表示一个逻辑行或段的开始指令。

（1）直接连到母线。

（2）用 AND LD 或 OR LD 连接逻辑块，即在逻辑块起始处。

梯形图符号：

2. 加载非：LD NOT

表明一个逻辑开始，并且把一个指定操作位的 ON/OFF 状态取反建立一个 ON/OFF 执行条件。

LD NOT 用于从母线开始的第一个常闭位或者一个逻辑块的第一个常闭位。如果没有立即刷新功能，则读 I/O 内存的指定位并取反。如果有立即刷新功能，则读基本输入单元的输入端的状态并取反使用。

在下述情况中，LD NOT 用作表示一个逻辑行或段的开始指令。

（1）直接连到母线。

（2）用 AND LD 或 OR LD 连接的逻辑块（即在逻辑块起始处）。

梯形图符号：

图 2-1 说明了 LD 及 LD NOT 指令的用法，用于从母线开始的第一个位（第一个 LD 和 LD NOT）或者一个逻辑块的第一个位（第二个 LD 和第三个 LD）。图 2-2 为对应的指令表。

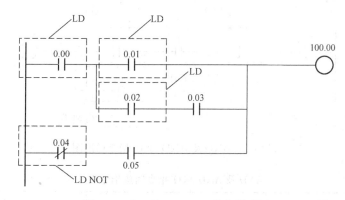

图 2-1 LD 及 LD NOT 指令梯形图

指令	数据
LD	0.00
LD	0.01
LD	0.02
AND	0.03
OR LD	—
AND LD	—
LD NOT	0.04
AND	0.05
OR LD	—
OUT	100.00

图 2-2 LD 及 LD NOT 指令对应指令表

3. 与：AND

把指定的操作位状态和当前执行条件进行逻辑"与"操作。

AND 用于常开位串联连接。AND 不能直接连到母线，并且不能用作一个逻辑块的开始。如果没有立即刷新功能，则读 I/O 内存的指定位。如果有立即刷新功能，则读基本输入单元的输入端的状态。

梯形图符号：

4. 与非：AND NOT

把指定操作位的状态取反，并和当前执行条件进行逻辑"与"。

AND NOT 用于常闭位串联连接。AND NOT 不能直接连到母线，并且不能用作一个逻辑块的开始。如果没有立即刷新功能，则读 I/O 内存的指定位并取反。如果有立即刷新功能，则读基本输入单元的输入端的状态并取反使用。

梯形图符号：

图 2-3 说明了 AND 及 AND NOT 指令的用法，AND 及 AND NOT 用于位串联连接。AND 不能直接连到母线，AND 表示与前一个接点的串联关系，而 AND NOT 表示将该接点取反后再与前一个接点的串联关系。表 2-1 为对应的指令表。

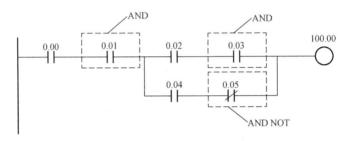

图 2-3　AND 及 AND NOT 指令梯形图

表 2-1　　　　　　　　　　　AND 及 AND NOT 指令对应指令表

指令	数据	指令	数据	指令	数据
LD	0.00	AND	0.03	OR LD	—
AND	0.01	LD	0.04	AND LD	—
LD	0.02	AND NOT	0.05	OUT	100.00

5. 或：OR

把指定操作位的 ON/OFF 状态和当前执行条件进行逻辑"或"操作。

OR 用于常开位并联连接。一个常开位和一个用 LD 或 LD NOT 指令（连到母线或逻辑块开始处）开始的逻辑块形成一个逻辑或。如果没有立即刷新功能，则读 I/O 内存的指定位。如果有立即刷新功能，则读基本输入单元的输入端的状态。

梯形图符号：

6. 或非：OR NOT

把指定位状态取反和当前执行条件进行逻辑"或"操作。

OR NOT 用于常闭位并联连接。一个常闭位和一个用 LD 或 LD NOT 指令（连到母线或逻辑块开始处）开始的逻辑块形成一个逻辑"或"。如果没有立即刷新功能，则读 I/O 内存的指定位并取反。如果有立即刷新功能，则读基本输入单元的输入端的状态并取反使用。

梯形图符号：

图 2-4 说明了 OR 及 OR NOT 指令的用法，OR 及 OR NOT 用于位并联连接。表 2-2 为对应的指令表。

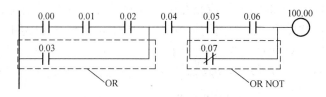

图 2-4 OR 及 OR NOT 指令梯形图

表 2-2   **OR 及 OR NOT 指令对应指令表**

指令	数据	指令	数据	指令	数据
LD	0.00	AND	0.04	AND LD	—
AND	0.01	LD	0.05	OUT	100.00
AND	0.02	AND	0.06		
OR	0.03	OR NOT	0.07		

7. 逻辑块与：AND LD

AND LD 把逻辑块 A 和逻辑块 B 串联起来。

一个逻辑块包含从 LD 或 LD NOT 指令开始到同一梯级中下一个 LD 或 LD NOT 指令前的所有指令。

梯形图符号：

在图 2-5 中，用虚线表示两个逻辑块。这个例子显示：当左边逻辑块的任何一个条件为 ON（即当 CIO 0.00 或 CIO 0.01 为 ON）并且当右边逻辑块任何一个执行条件为 ON 时（即当 CIO 0.02 为 ON 或者 CIO 0.03 为 ON 时），将产生一个 ON 执行条件。

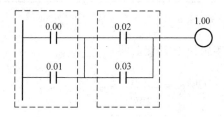

图 2-5 AND LD 指令梯形图

【**例 2 - 1**】 请将图 2 - 6 转换成相应指令。

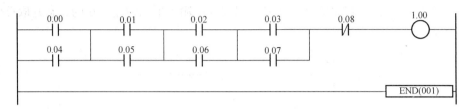

图 2 - 6 AND LD 应用梯形图

分析：对于图 2 - 6 梯形图编译成指令表有两种表示方法。第一种方法见表 2 - 3，将 AND LD 分开来写，这样的优点为使用 AND LD 指令的次数不受限制，可以任意次使用。第二种方法可将三个 AND LD 指令连续使用，见表 2 - 4，这样使用 AND LD 指令的次数不能超过 8 次。9 次及以上时，通过外围编程工具进行检测时会出现电路错误。

表 2 - 3   AND LD 应用方法 1 程序指令表

地址	指令	操作数	地址	指令	操作数
000000	LD	0.00	000007	AND LD	—
000001	OR	0.04	000008	LD	0.03
000002	LD	0.01	000009	OR	0.07
000003	OR	0.05	000010	AND LD	—
000004	AND LD	—	000011	AND NOT	0.08
000005	LD	0.02	000012	OUT	1.00
000006	OR	0.06	000013	END（001）	—

表 2 - 4   AND LD 应用方法 2 程序指令表

地址	指令	操作数	地址	指令	操作数
000000	LD	0.00	000007	OR	0.07
000001	OR	0.04	000008	AND LD	—
000002	LD	0.01	000009	AND LD	—
000003	OR	0.05	000010	AND LD	—
000004	LD	0.02	000011	AND NOT	0.08
000005	OR	0.06	000012	OUT	1.00
000006	LD	0.03	000013	END（001）	—

8. 逻辑块或：OR LD

OR LD 把逻辑块 A 和逻辑块 B 并联起来。

梯形图符号：

一个逻辑块包含从 LD 或 LD NOT 指令开始到同一梯级中下一个 LD 或 LD NOT 指令前的所有指令。

在图 2-7 中，上、下逻辑块之间需要一个 OR LD 指令，当 CIO 0.00 为 ON 且 CIO 0.01 为 OFF 时，或当 CIO 0.02 和 CIO 0.03 都为 ON 时，将产生一个 ON 执行条件。

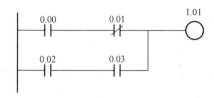

图 2-7   OR LD 指令梯形图

使用 OR LD 指令，可以并接两个或更多个的逻辑块。首先连接两个逻辑块，然后按顺序连接下一个逻辑块，在两个或更多的逻辑块后面还能继续使用 OR LD 指令，使用方法与 AND LD 指令相同。

9. 输出：OUT

把逻辑运算的结果（执行条件）输出到指定位。

如果没有立即刷新功能，那么把执行条件的状态写到 I/O 内存的指定位。如果有立即刷新功能，那么把执行条件的状态写到基本输出单元的输出端及 I/O 内存的输出位。

梯形图符号：

10. 结束：END（001）

表示一个程序结束。

END（001）完成程序的执行。写在 END（001）后面的任何指令都不执行。在每个程序结束处放置 END（001），如果程序中没有 END（001）指令，那么会产生编程错误。对于 CJ1 系列 PLC 的 CPU 来说，在用户程序存储器中自动写入一条 END 指令，用户在编制程序时可以不写入 END 指令。若采用 CX-P 编程软件，编写用户程序时，使用 END 指令，计算机在编译过程中提示错误信息，END 指令重复使用，但不影响程序的正常编译和传送，也不影响程序的正常运行。

梯形图符号：

2.1.3   基本逻辑指令编程举例

【例 2-2】   根据传统控制方式的电动机运行的控制程序设计。

图 2-8 是最基本的单向运行控制线路。其工作过程为：按下按钮 SB1，KM 线圈通电，其主触点闭合，电动机起动运行。按下按钮 SB2，接触器 KM 线圈断电，其主触点复位，电动机断电停止转动。当电动机发生过载时，热继电器常闭触点断开，使接触器 KM 线圈自动断电，其主触点复位，电动机停转，起到对电动机的过载保护作用。

如何使用 PLC 来实现控制呢？

通过分析可以知道，若采用 PLC 控制，首先确定 PLC 控制系统输入、输出信号。根据继电器控制电路可知：PLC 控制系统的输入为起动信号、停止信号和过载保护信号，其中根据控制要求起动信号选择常开触点，而停止和过载保护信号选择常闭触点；PLC 控制系统的输出为接触器 KM 的线圈。PLC 控制电动机单向运行硬件接线图如图 2-9 所示。

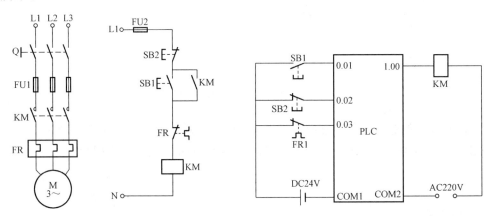

图 2-8　电动机单向运行控制线路图　　　图 2-9　PLC 控制电动机单向运行硬件接线图

根据电动机单向运行控制线路原理分析可知，若采用 PLC 控制，设计其控制梯形图如图 2-10 所示。当运行 PLC 程序时，由于输入信号 0.02 和 0.03 外电路接的触点为常闭触点，所以输入信号 0.02 和 0.03 有效，其内部状态为 ON；此时若按下起动按钮 SB1，则输入信号 0.01 有效，其内部状态也为 ON。对于输出信号 1.00 来说，其控制的逻辑关系为 ON，即满足起动条件，输出信号 1.00 为 ON，控制接触器线圈通电，其主触点闭合控制电动机起动运行，同时并联在起动信号 0.01 下面的输出信号 1.00 的接点实现"自锁"，使输出信号 1.00 始终保持 ON 的状态，电动机连续运行。当需要电动机停止时，按下按钮 SB2，输入信号 0.02 断开，其内部状态为 OFF，输出信号 1.00 控制的逻辑关系变为 OFF，即运行条件不再满足，使接触器 KM 线圈断电，主触点复位，电动机断电停止转动。同理当电动机发生过载时，热继电器常闭触点断开，输入信号 0.03 断开，其内部状态为 OFF，输出信号 1.00 控制的逻辑关系变为 OFF，即运行条件不再满足，使接触器 KM 线圈自动断电，对电动机起到过载保护的作用。

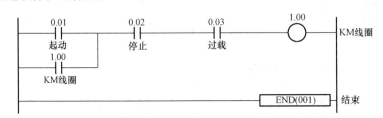

图 2-10　PLC 控制电动机单向运行梯形图

PLC 控制电动机单向运行梯形图，对应的指令见表 2-5。

表 2-5　　　　　　　　　　　　　　电动机单向运行指令表

地址	指令	操作数	地址	指令	操作数
000000	LD	0.01	000003	AND	0.03
000001	OR	1.00	000004	OUT	1.00
000002	AND	0.02	000005	END（001）	

【例 2-3】　将图 2-11 所示控制的梯形图翻译成对应的指令表语言。

根据梯形图与指令表的对应关系可将图 2-11 所示的梯形图转换为相应的指令表语言，值得注意的是，指令 AND LD 和 OR LD 的应用。在梯形图中，两次使用了指令 OR LD，表示图中出现过两次逻辑块和逻辑块相或的情况。其对应指令表语言见表 2-6。

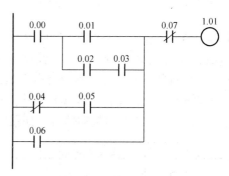

图 2-11　控制梯形图

表 2-6　　　　　　　　　　　AND LD 和 OR LD 指令的应用指令表

地址	指令	操作数	地址	指令	操作数
000000	LD	0.00	000006	LD NOT	0.04
000001	LD	0.01	000007	AND	0.05
000002	LD	0.02	000008	OR LD	—
000003	AND	0.03	000009	OR	0.06
000004	OR LD	—	000010	AND NOT	0.07
000005	AND LD	—	000011	OUT	1.01

2.1.4　其他基本指令及应用

1. 上升沿／下降沿微分：DIFU（013）和 DIFD（014）

当执行条件从 OFF 变为 ON 时（上升沿），DIFU（013）使指定位变 ON 一个扫描周期。当执行条件从 ON 变为 OFF 时（下降沿），DIFD（014）使指定位变 ON 一个扫描周期。

梯形图符号：

当执行条件从 OFF 变为 ON 时，DIFU（013）使 B 变为 ON。当 DIFU（013）到下一个循环时，B 变为 OFF。如图 2-12 所示。

当执行条件从 ON 变为 OFF 时，DIFD（014）使 B 变为 ON。当 DIFD（014）到下一个循环时，B 变为 OFF。如图 2-13 所示。

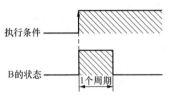

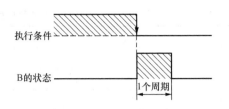

图 2 - 12 DIFU（13）指令脉冲输出图　　图 2 - 13 DIFD（14）指令脉冲输出图

【例 2 - 4】 试采用一个按钮控制两台电动机的依次起动，控制要求：按下按钮 SB1，第一台电动机起动，松开按钮 SB1，第二台电动机起动，按下停止按钮 SB2，两台电动机同时停止。

分析：本例中一个按钮控制两台电动机的输出，采用 DIFU（013）和 DIFD（014）指令将起动按钮 SB1（输入信号 0.00）转换为接通和断开的两个信号（200.00 和 200.01），分别作为电动机 M1 和 M2 的起动信号，如图 2 - 14 所示。

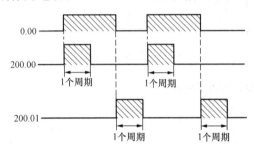

图 2 - 14 一个按钮控制两个电动机的时序

根据控制要求设计如图 2 - 15 的控制梯形图。当运行 PLC 程序时，SB1 接通时输入信号 0.00 有效，其内部状态为 ON，对于内部接点 200.00 接通一个扫描周期，200.00 作为第一台电动机的起动信号，输出信号 1.00 为 ON，电动机 M1 起动运行。SB1 由接通到断开时，输入信号 0.00 由 ON 变为 OFF，对于内部接点 200.01 接通一个扫描周期，200.10 作为第二台电动机的起动信号，输出信号 1.01 为 ON，电动机 M2 起动运行。当电动机停止时，按下按钮 SB2，输入信号 0.01 有效，其内部状态为 OFF，输出信号 1.00 和 1.01 同时变为 OFF，即电动机 M1 和 M2 停止运行。

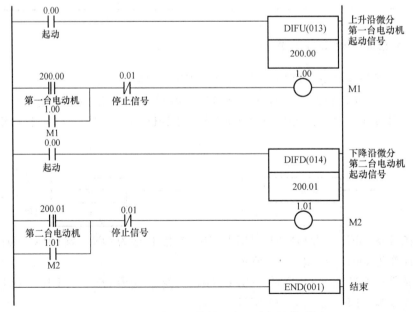

图 2 - 15 一个按钮控制两个电动机的梯形图

2. 互锁和互锁清除：IL（002）和 ILC（003）

IL（002）总是与 ILC（003）一起使用。如果 IL（002）的条件是 OFF（即 IL 支路前面的位刚好是 OFF），那么在 IL（002）和 ILC（003）之间的那一部分程序就不执行。如果 IL（002）的条件是 OFF，在 IL（002）和 ILC（003）之间的那部分程序中，输出状态如下：

关断：所有输出位。

复位：所有计时器。

不变化：所有计数器、移位寄存器、锁存继电器。

梯形图符号：

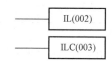

其执行过程如图 2 - 16 所示。

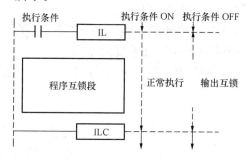

图 2 - 16　IL—ILC 执行过程

【**例 2 - 5**】　IL（002）和 ILC（003）指令的编程举例如图 2 - 17 所示。

如果 IL（002）的条件是 ON，IL（002）和 ILC（003）之间的程序正常执行。

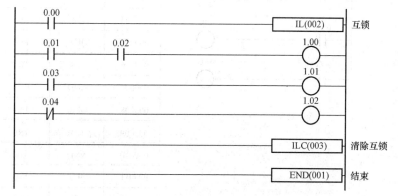

图 2 - 17　IL/ILC 指令编程举例

一般来说，IL（002）和 ILC（003）需成对使用，但有时也可以有多于一个 IL（002）和单个 ILC（003）一起使用，如图 2 - 18 所示。如果 IL（002）和 ILC（003）不成对使用，当执行程序检查时会产生错误信息，但程序仍能正确执行。值得注意的是，所有的 IL（002）都必须在 ILC（003）之前，不允许把 IL/ILC 套起来使用（如 IL—IL—ILC-ILC）。

3. 暂存继电器：TR

一个 TR 位可以用在具有一个以上输出分支的地方作为一个暂存工作位。当一个梯形图

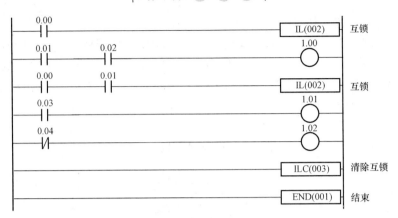

图 2-18 IL—IL—ILC 指令编程举例

程序不能用 IL 和 ILC 编程时，可以使用 TR。

暂存继电器 TR 共有 16 个位可供使用，即 TR0～TR15。在一个程序中，这些位的使用次数没有限制，但是在同一个程序段中不能重复使用。

TR 不是独立的编程指令，必须和 LD、OUT 等基本指令一起使用。TR 位使用方法和编程举例如图 2-19 所示。

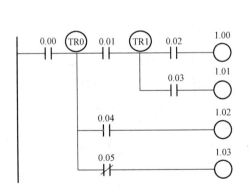

地址	指令	操作数
000000	LD	0.00
000001	OUT	TR0
000002	AND	0.01
000003	OUT	TR1
000004	AND	0.02
000005	OUT	1.00
000006	LD	TR1
000007	AND	0.03
000008	OUT	1.01
000009	LD	TR0
000010	AND	0.04
000011	OUT	1.02
000012	LD	TR0
000013	AND NOT	0.05
000014	OUT	1.03

(a)　　　　　　　　　　　　　(b)

图 2-19 TR 指令编程举例应用（一）

（a）梯形图；（b）指令表

有时重写程序后可简化程序，就可以不使用 TR 位，如图 2-20 所示。

值得注意的是：在采用 CX-P 软件编程时，暂存继电器 TR 不用画出，系统在编译指令过程中会自动生成暂存继电器 TR 指令；在同一程序段中使用暂存继电器 TR 的次数不能超过 16 次，且 TR 的编号不能重复，在不同的程序段中不作要求。

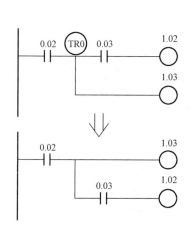

地址	指令	操作数
000000	LD	0.02
000001	OUT	TR0
000002	AND	0.03
000003	OUT	1.02
000004	LD	TR0
000005	OUT	1.03

地址	指令	操作数
000000	LD	0.02
000001	OUT	1.03
000002	AND	0.03
000003	OUT	1.02

(a)　　　　　　　　　　　　　(b)

图 2-20　TR 指令编程举例应用（二）

(a) 梯形图；(b) 指令表

4. 保持指令：KEEP（011）

KEEP（011）指令用作一个锁存位，它维持一个 ON 或 OFF 状态直到它的两个输入之一把它置位或复位。

锁存位可以是 CIO 区（CIO 000000～CIO 614315）、工作区（W00000～W51115）、保持位区（H00000～H51115）、辅助位区（A44800～A9591）、变址位区（IR0～IR15）数据区。如果使用一个保持位或使用一个辅助位作为一个锁存，则被锁存的数据就被保持，甚至在电源故障时仍可被保持。

梯形图符号：

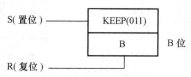

图 2-21 给出了 KEEP（011）指令应用编程的例子。

当置位输入是 ON 时，锁存状态将维持，一直到一个复位信号把它变为 OFF。由于复位的优先权较高，所以当两个输入都是 ON 时，复位信号优先执行。

图 2-22 所示为一自锁电路的两种编程方法。

在图 2-23 中，这两段程序用于 IL/ILC 块中，当 IL 条件变为 OFF 时，KEEP 将保持为原来状态，而未使用 KEEP 指令的输出将变为 OFF 状态。建议使用 OUT 指令，不使用 KEEP 指令，以免程序产生误动作，使输出位不能复位，即将图 2-23 中（a）转换为（b）。

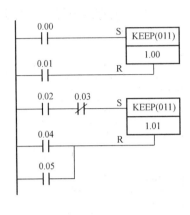

地址	指令	操作数
000000	LD	0.00
000001	LD	0.01
000002	KEEP(011)	1.00
000003	LD	0.02
000004	AND NOT	0.03
000005	LD	0.04
000006	OR	0.05
000007	KEEP(011)	1.01

(a)　　　　　　　　　　　　　　　　(b)

图 2-21　KEEP 指令编程举例

（a）梯形图；（b）指令表

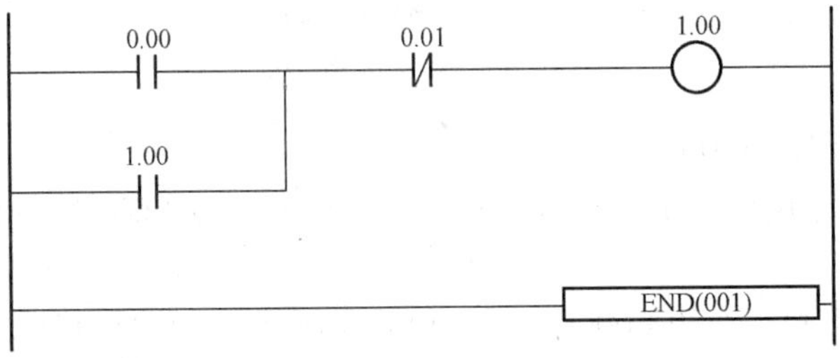

(a)

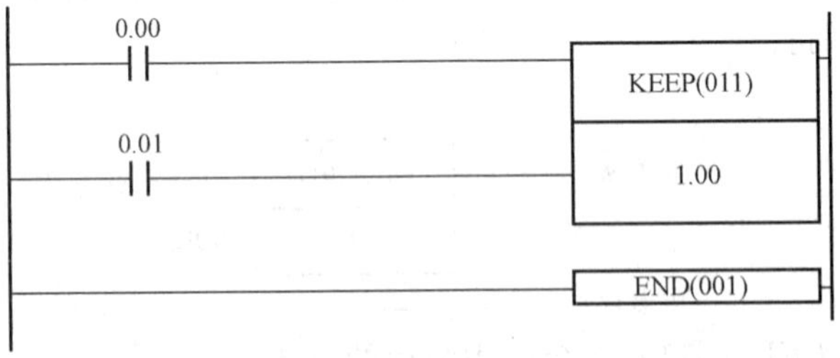

(b)

图 2-22　自锁电路的两种编程方法

（a）采用自锁方法的梯形图；（b）采用 KEEP 指令的梯形图

5. 跳转和跳转结束：JMP（004）和 JME（005）

JMP（004）和 JME（005）指令用于控制程序的跳转。当 JMP 条件（即 JMP 输入的状态）是 OFF 时，使用 JMP 和 JME 的分支程序就转向控制 JME 后面的第一条指令，也就是

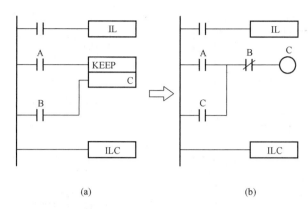

图 2 - 23 使用 KEEP 与 OUT 编程自锁电路

(a) 使用 KEEP 指令；(b) 使用 OUT 指令

说跳过了 JMP 和 JME 之间的程序。JMP（004）和 JME（005）应成对使用。

梯形图符号：

其执行过程如图 2 - 24 所示。

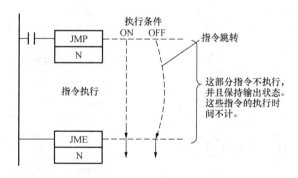

图 2 - 24 JMP-JME 的执行过程

当一个程序中有多个跳转时，就用跳转编号 N 来区分不同的 JMP/JME 对。跳转编号必须是 0000～03FF（0～1023，十进制）之间的数。

JMP/JME 指令的编程举例如图 2 - 25 所示。

在该段程序中，CIO 0.00 和 CIO 0.01 是 JMP（004）0000 的条件，当它们均为 ON 时，JMP（004）0000 和 JME（005）0000 之间的程序正常执行，一旦 JMP（004）0000 条件为 OFF（即 CIO 0.00 或 CIO 0.01 为 OFF，或二者同为 OFF），则 JMP（004）0000 和 JME（005）0000 之间的程序都不执行，但是所有输出和定时器的状态都保持不变。

JMP—JMP—JME 多于一个的 JMP 0000 可以与同一个 JME 0000 一起使用。在执行程序检查时，这会引起一个 JMP—JME 出错信息产生，但是程序却正常执行。图 2 - 26 给出了两个 JMP 共用 JME 的情况。

当有两个或以上有着相同跳转号的 JMP（004）指令，仅低地址的指令有效，高地址的

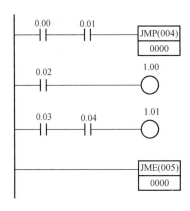

地址	指令	操作数
000000	LD	0.00
000001	AND	0.01
000002	JMP(004)	0000
000003	LD	0.02
000004	OUT	1.00
000005	LD	0.03
000006	AND	0.04
000007	OUT	1.01
000008	JME(005)	0000

（a）   （b）

图 2 - 25　JMP/JME 指令编程举例应用（一）

（a）梯形图；（b）指令表

指令被忽略。

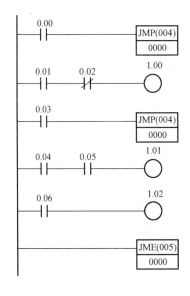

地址	指令	操作数
000000	LD	0.00
000001	JMP(004)	0000
000002	LD	0.01
000003	AND NOT	0.02
000004	OUT	1.00
000005	LD	0.03
000006	JMP(004)	0000
000007	LD	0.04
000008	AND	0.05
000009	OUT	1.01
000010	LD	0.06
000011	OUT	1.02
000012	JME(005)	0000

（a）   （b）

图 2 - 26　JMP/JME 指令编程举例应用（二）

（a）梯形图；（b）指令表

2.1.5 采用不同指令控制三相异步电动机正反向运行的应用程序设计

【例2-6】 设计三相异步电动机正反向运行控制程序。

传统继电器控制方式的三相异步电动机正反向运行控制线路如图2-27所示。线路工作原理：电动机正向运行时，按下按钮SB2，KM1线圈通电，其主触点闭合，电动机正向起动运行；若电动机反转，不必按停止按钮SB1，可直接按下反转按钮SB3，按钮SB3的常闭触点首先断开接触器KM1线圈回路，接触器KM1触点复位，电动机先脱离电源，停止正转，同时其常闭触点复位，接触器KM2线圈得电，主触点吸合，电源相序改为W、V、U的电源接至电动机，电动机反向起动运行。反之亦然。

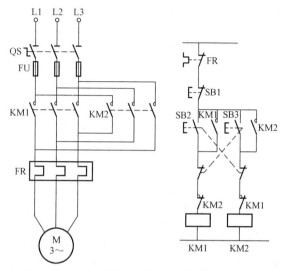

图2-27 三相异步电动机正反向运行控制线路

根据对上述三相异步电动机正反向运行控制线路的分析，可设计PLC硬件原理接线图如图2-28所示。

输入信号：停止按钮SB1-0.00、正向起动按钮SB2-0.01、反向起动按钮SB3-0.02、热继电器FR-0.03。

输出信号：正向接触器KM1-1.00、反向接触器KM2-1.01。

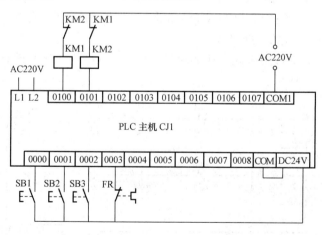

图2-28 电动机正反向运行PLC硬件原理接线图

根据传统接触器—继电器控制电路设计的电动机正反向控制应用梯形图如图2-29所示。电动机正向起动，当按下SB2时，输入信号0.01有效，电动机正向起动；按下按钮SB3，输入信号0.02有效，输入信号0.02的常闭触点首先断开输出信号1.00，KM1线圈断电，输出信号1.00的常闭触点复位，此时输出信号1.01的控制条件满足，其输出控制KM2线圈通电，电动机反向起动。当按下SB3时，输入信号0.02有效，电动机反向起动，再按下按钮 SB2，输入信号 0.01 有效，其控制过程与反向相同，电动机正向运行。当电动机过载时，输入信号 0.03 有效，输出信号 1.00 或 1.01 断开，电动机应立即停止。当电动机在任意时刻需要停止时，按下按钮 SB1，输入信号 0.00 有效，断开 PLC 的输出信号 1.00 或 1.01，电动机停止运行。

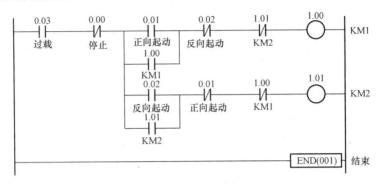

图 2 - 29　电动机正反转控制梯形图

上述的控制梯形图，停止按钮 SB1 的触点类型的选择关系到输入信号 0.00 的内部状态问题，对于 PLC 来说，一个输入信号的状态其内部接点对应两种状态"0"和"1"（OFF和 ON）。若停止按钮 SB1 的触点类型选择常开触点，为了使控制设备正常工作，其内部触点应使用常闭触点，如图 2 - 29 所示。但从工程实际考虑问题，停止按钮 SB1 的触点类型的选择常闭触点，其控制过程与过载保护的热继电器 FR 相同，其优点是当 SB1 出现问题如触点接触不良，则设备无法正常起动；当设备起动后出现紧急情况，不会因触点接触不良，而导致设备不能停止，造成更严重的后果。

在 PLC 硬件原理接线图设计中，KM1 和 KM2 线圈回路的互锁触点的作用是防止由于 PLC 的扫描周期过短引起的短路事故。

对于图 2 - 29 控制梯形图来说，其结构有些复杂，其结构简化改进后的电动机正反转控制梯形图，如图 2 - 30 所示。

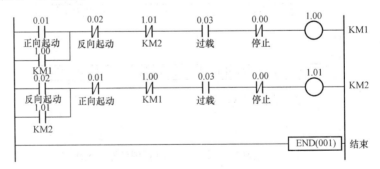

图 2 - 30　改进后电动机正反转控制梯形图

当按下起动按钮后，电动机开始运行，如果起动按钮出现故障不能弹起，按下停止按钮电动机能够停止转动，一旦松开停止按钮，电动机又马上开始运行了。针对这个问题，可将程序做如下修改，将电动机的起动信号转换成为脉冲信号，如图 2 - 31 所示，可以克服继电器控制系统中存在的不足。

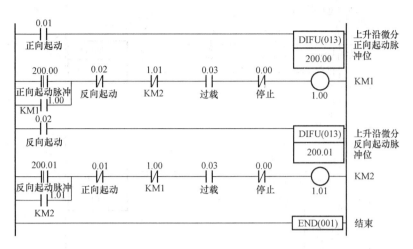

图2-31　采用脉冲信号控制的电动机正反转控制梯形图

对于电动机正反转控制梯形图，也可以采用互锁 IL（002）和互锁清除 ILC（003）指令来设计，梯形图如图 2-32 所示。当 IL（002）的条件为 ON 时，IL（002）和 ILC（003）之间的程序正常执行。当 IL（002）的条件为 OFF 时，在 IL（002）和 ILC（003）之间的程序中，输出状态关断，即当停止信号或过载信号动作后，正向或反向输出复位，接触器线圈断电，电动机停止运行。

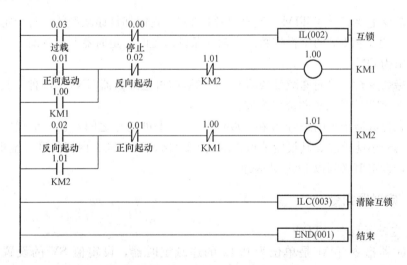

图2-32　采用 IL-ILC 指令电动机正反转控制梯形图

对于电动机正反转控制梯形图，还可以使用保持指令 KEEP 来设计，具体控制梯形图如图 2-33 所示。电动机正向起动，当按下 SB2 时，输入信号 0.01 有效，将输出信号 1.00 置位，接触器线圈通电，电动机正向起动；当停止电动机时，按下按钮 SB1，输入信号 0.00 有效，将输出信号 1.00 复位，接触器线圈断电，电动机停止运行；当反向起动电动机时，可直接按下 SB1，输入信号 0.02 有效，将输出信号 1.00 复位，接触器 KM1 线圈断电，同时将输出信号 1.01 置位，接触器 KM2 线圈通电，电动机反向起动运行。

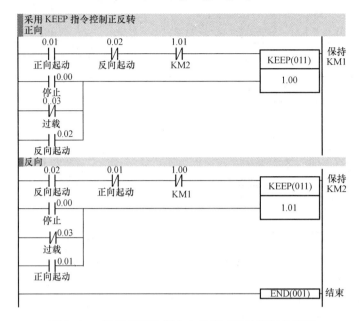

图 2-33 采用 KEEP 指令电动机正反转控制梯形图

2.2 定时器与计数器指令

定时器指令主要有低速 TIM 和高速 TIM 两种。它们都是递减型的。每个定时器都有定时器编号 N 和设定值 SV 两个操作数。当输入条件满足时，定时器开始计时，当到达定时时间时，其输出为 ON。

计数器指令主要有单向递减计数器 CNT 和双向可逆计数器 CNTR 两种。其操作数都由计数器编号 N 和设定值 SV 两部分组成。

定时器和计数器指令的编号 N 在 0000～4095（十进制）之间，在一个程序中定时器编号和计数器编号不能重复。其设定值可以取自 CIO 区、工作区、保持位区、辅助位区、DM 区以及常数，设定值必须以 BCD 码表示。

2.2.1 定时器指令

1. 低速定时器指令：TIM

低速定时器指令 TIM 是单位为 0.1s 的递减定时器，设定值 SV 的设置范围为 0～999.9s，即必须在 ♯0000～♯9999（BCD）之间，具有 0.1s 的精确度。

梯形图符号：

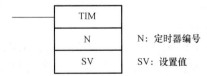

当定时器输入 OFF 时，指定定时器 N 复位，即：定时器的当前值复位到设置值，并且定时完成标志变为 OFF。

当定时器输入从 OFF 到 ON，TIM 开始从当前值递减，只要定时器输入保持 ON，当前值会连续递减，且当前值达到 0000 时，定时器完成标志会变为 ON。在定时器计时到后，定时器的当前值和完成标志状态会保持，要重新起动定时器，定时器输入必须变为 OFF，然后再一次变为 ON，或者定时器的当前值必须改为一个非零值，定时器的时序图如图 2-34（a）所示。而当定时器的当前值没有达到 0，其条件不满足后，定时器的当前值复位为设定值，定时器没有输出此时的定时器时序图，如图 2-34（b）所示。

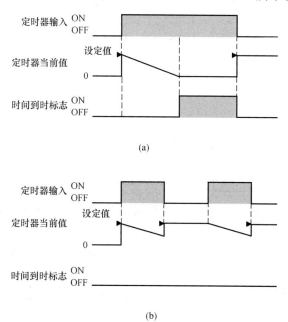

图 2-34 TIM 指令时序图

（a）定时器的前值达到 0 输入条件断开；（b）定时器的前值没有达到 0 输入条件断开

TIM 指令的编程举例如图 2-35 所示。

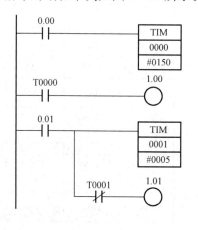

地址	指令	操作数
000000	LD	0.00
000001	TIM	0000 #0150
000002	LD	T0000
000003	OUT	1.00
000004	LD	0.01
000005	TIM	0001 #0005
000006	AND NOT	T0001
000007	OUT	1.01

（a）   （b）

图 2-35 TIM 指令编程举例

（a）梯形图；（b）指令表

2. 高速定时器指令：TIMH（015）

高速定时器指令 TIMH（015）是单位为 0.01s 的递减定时器，设定值 SV 的设置范围为 0～99.99s，即必须在♯0000～♯9999（BCD）之间，具有 0.01s 的精确度。

梯形图符号：

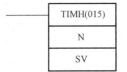

N：定时器编号

SV：设置值

当定时器输入 OFF 时，指定定时器 N 复位，即，定时器的当前值复位到设置值，并且完成标志变为 OFF。

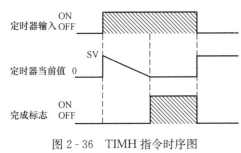

图 2 - 36　TIMH 指令时序图

当定时器输入从 OFF 到 ON，TIMH（015）开始从当前值递减，只要定时器输入保持 ON，当前值会连续递减，且当前值达到 0000 时，定时器完成标志会变 ON。在定时器计时到后，定时器的当前值和完成标志状态会保持，要重新起动定时器，定时器输入必须变 OFF，然后再一次变 ON，或者定时器的当前值必须改为一个非零值，时序图如图 2 - 36 所示。

TIMH 指令的编程举例如图 2 - 37 所示。TIMH（015）指令操作与 TIM 指令操作相同。

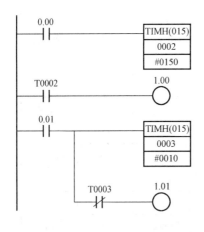

(a)

地址	指令	操作数
000000	LD	0.00
000001	TIMH(015)	0002
		#0150
000002	LD	T0002
000003	OUT	1.00
000004	LD	0.01
000005	TIMH(015)	0003
		#0010
000006	AND NOT	T0003
000007	OUT	1.01

(b)

图 2 - 37　TIMH 指令编程举例

(a) 梯形图；(b) 指令表

2.2.2 计数器指令

1. 计数器指令：CNT

CNT 是一个预置递减计数器。CNT 的计数范围为 0000～9999。每次计数器输入从 OFF 到 ON，计数器的当前值 PV 减 1。当 PV 减到 0 时，计数器完成标志变为 ON，并一直保持到复位输入变为 ON。当复位输入为 ON，计数器被复位，当计数器被复位，它的当前值 PV 被复位为设定值 SV，完成标志变为 OFF。时序图如图 2-38 所示。

梯形图符号：

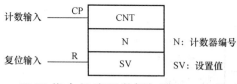

CNT 指令的编程举例如图 2-39 所示。

即使电源中断，计数器当前值 PV 仍然

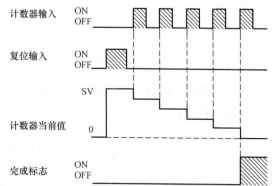

图 2-38 CNT 指令时序图

保持，若要从设置值 SV 开始计数，而不是从保持的当前值 PV 恢复计数，需增加第一次循环标志（A20011）作为计数器的复位输入，如图 2-40 所示为梯形图。

2. 可逆计数器指令：CNTR（012）

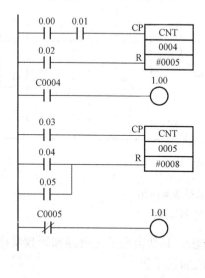

地址	指令	操作数
000000	LD	0.00
000001	AND	0.01
000002	LD	0.02
000003	CNT	0004
		#0005
000004	LD	C0004
000005	OUT	1.00
000006	LD	0.03
000007	LD	0.04
000008	OR	0.05
000009	CNT	0005
		#0008
000010	LD NOT	C0005
000011	OUT	1.01

(a)   (b)

图 2-39 CNT 指令编程举例

（a）梯形图；（b）指令表

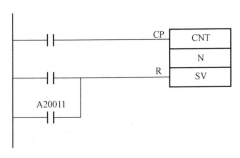

图 2-40 CNT 指令上电复位梯形图

CNTR 有加、减两个计数方法，由增量输入和减量输入控制。CNTR 的计数范围为 0000～9999。

每次增量输入从 OFF 到 ON，计数器当前值 PV 增 1，而每次减量输入从 OFF 到 ON，计数器当前值 PV 减 1。PV 在 0～SV 之间变动。在增量时，当前值 PV 为设置值 SV 时再加 1 则当前值 PV 变为 0，完成标志变 ON，一旦完成标志变为 ON，当前值 PV 从 0 增加到 1 时，完成标志又变回 OFF。在减量时，当前值 PV 为 0 时再减 1 则当前值 PV 变为设置值 SV，完成标志变 ON，当前值 PV 从设置值 SV 再减 1 时，完成标志又变回 OFF。

梯形图符号：

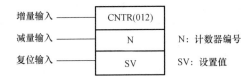

CNTR 指令的编程举例如图 2-41 和图 2-42 所示。

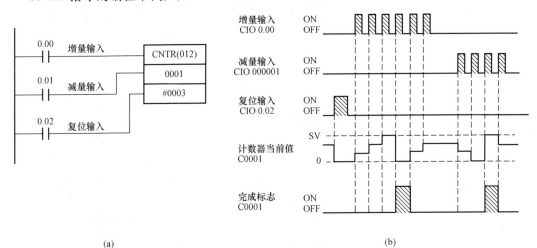

(a)　　　　　　　　　　　　　　　　　(b)

图 2-41 CNTR 指令编程举例应用（一）

（a）梯形图；（b）时序图

以上介绍标准定时器和计数器指令的使用方法。其他类型的定时器和计数器指令分类见表 2-7。其具体的使用方法详见 CJ1 系列 PLC 的编程手册。

表 2-7　　　　　　　　　　　　定时器和计数器分类一览表

指令	助记符	功能代码	指令	助记符	功能代码
定时器	TIM/TIMX	—/551	多输出定时器	MTIM/MTIMX	543/554
高速定时器	TIMH/TIMHX	015/551	计数器	CNT/CNTX	—/546
1 毫秒定时器	TMHH/TIMHHX	540/552	可逆计数器	CNTR/CNTRX	012/548
累积定时器	TTIM/TTIMX	087/555	复位定时器/计数器	CNR/CNRX	545/547
长定时器	TIML/TIMLX	542/553			

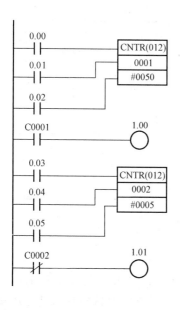

地址	指令	操作数
000000	LD	0.00
000001	LD	0.01
000002	LD	0.02
000003	CNTR(012)	0001
		#0050
000004	LD	C0001
000005	OUT	1.00
000006	LD	0.03
000007	LD	0.04
000008	LD	0.05
000009	CNTR(012)	0002
		#005
000010	LD NOT	C0002
000011	OUT	1.01

(a)   (b)

图 2-42 CNTR 指令编程举例应用（二）

（a）梯形图；（b）指令表

2.3 数据处理指令

2.3.1 数据移位指令

本节介绍用于在字内或字间，以不同方向、不同数量数据的移位指令。数据移位指令分类见表 2-8，重点讲述移位寄存器 SFT（010）和可逆移位寄存器 SFTR（084）指令。

表 2-8   **数据移位指令分类一览表**

指令	助记符	功能代码	指令	助记符	功能代码
移位寄存器	SFT	010	循环右移	ROR	028
可逆移位寄存器	SFTR	084	双字循环右移	RORL	573
异步移位寄存器	ASFT	017	无进位循环右移	RRNC	575
字移位	WSFT	016	无进位双字循环右移	RRNL	577
算术左移	ASL	025	单数字左移	SLD	074
双字左移	ASLL	570	单数字右移	SRD	075
算术右移	ASR	026	N 位数据左移	NSFL	578
双字右移	ASRL	571	N 位数据右移	NSFR	579

指令	助记符	功能代码	指令	助记符	功能代码
循环左移	ROL	027	N 位左移	NASL	580
双字循环左移	ROLL	572	双字 N 位左移	NSLL	582
无进位循环左移	RLNC	574	N 位右移	NASR	581
无进位双字循环左移	RLNL	576	双字 N 位右移	NSRL	583

1. 移位寄存器：SFT（010）

梯形图符号：

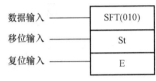

开始字 St 和结束字 E 是一个数据区内的两个字号，且 St≤E。St 和 E 取自 CIO 区（CIO 0000～CIO 6143）、工作区（W000～W511）、保持位区（H000～H511）、辅助位区（A448～A959）。

SFT（010）的移位操作是在从 St 开始到 E 结束的所有连续的字上进行的。当移位输入产生一次 OFF→ON 的变化时，SFT（010）指令将由连续字以低位在前、高位在后的顺序依次排列成的二进制位序列左移一位，E 字的最高位将丢失，低位移入的是前一字的最高位，中间各字的最高位移入其后一字的最低位，其最低位移入的是其前一字的最高位，St 字的最高位移入到其后一字的最低位，其最低位移入的是数据输入端的状态。当复位输入为 ON 时，将使 St 至 E 的所有字置 0。其移位过程如图 2-43 所示。

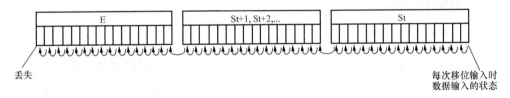

图 2-43 SFT 指令的操作图

SFT 指令的编程举例如图 2-44 所示。

2. 可逆移位寄存器：SFTR（084）

可逆移位寄存器 SFTR（084）可向右也可向左移动数据。它与 SFT 类似，所不同的是它可进行双向移位操作，且其移动方向、数据输入、移位输入及复位输入都在其控制字 C 中。如图 2-45 所示。

移动方向、数据输入、移位输入和复位输入分别对应于控制字 C 的第 12、13、14 和 15 位。移动方向位的状态决定移位操作是左移（从第 0 位向第 15 位移）还是右移（从第 15 位向第 0 位移）。该位为 ON 时进行左移，类似于 SFT 指令；反之为右移操作，与 SFT 指令功能相反。当移位输入发生一次 OFF→ON 变化时，在 St、E 之间的连续字上进行一次移位操作，若是左移，则数据输入位的状态移入 St 字的第 0 位，E 字的第 15 位移入进位标志 CY 中，若是右移，则数据输入位的状态移入 E 字的第 15 位，St 字的第 0 位的状态移入进

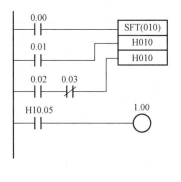

地址	指令	操作数
000000	LD	0.00
000001	LD	0.01
000002	LD	0.02
000003	AND NOT	0.03
000004	SFT(010)	H010
		H010
000005	LD	H10.05
000006	OUT	1.00

(a)   (b)

图 2-44 SFT 指令编程举例

(a) 梯形图；(b) 指令表

图 2-45 控制字 C 示意图

位标志 CY 中。当复位输入为 ON 时，控制字 C 的所有位及进位标志 CY 被清除，SFTR 不能接受输入数据。

梯形图符号：

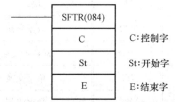

控制字 C 取自 CIO 区（CIO 0000～CIO 6143）、工作区（W000～W511）、保持位区（H000～H511）、辅助位区（A000～A959）、定时器区（T0000～T4095）、计数器区（C0000～C4095）、DM（D00000～D32767），开始字 St、结束字 E 取自 CIO 区（CIO 0000～CIO 6143）、工作区（W000～W511）、保持位区（H000～H511）、辅助位区（A448～A959）、定时器区（T0000～T4095）、计数器区（C0000～C4095）、DM（D00000～D32767）。

SFTR（084）指令的编程举例如图 2-46 所示。

在这个例子中，程序采用输入信号 CIO 0.02 控制 SFTR 的移位输入，为防止当 CIO 0.02 为 ON 时的每次扫描都将产生一次移位脉冲 CIO 35.14 的 OFF→ON 变化，而引起误动作，在此加入了一条 DIFU 微分指令。

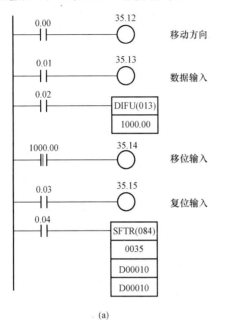

地址	指令	操作数
000000	LD	0.00
000001	OUT	35.12
000002	LD	0.01
000003	OUT	35.13
000004	LD	0.02
000005	DIFU(013	1000.00
000006	LD	1000.00
000007	OUT	35.14
000008	LD	0.03
000009	OUT	35.15
000010	LD	0.04
000011	SFTR(084)	0035
		D00010
		D00010

(a)   (b)

图 2 - 46　SFTR 指令编程举例

（a）梯形图；（b）指令表

2.3.2　数据传送指令

传送指令用于各种类型数据的传送。数据传送指令的分类见表 2 - 9。本部分重点讲述传送 MOV（021）和传送反 MVN（022）指令。

表 2 - 9　　　　　　　　　　　　数据传送指令分类一览表

指　　令	助记符	功能代码	指　　令	助记符	功能代码
传送	MOV	021	块设置	BSET	071
传送反	MVN	022	数据交换	XCHG	073
双字传送	MOVL	498	双数据交换	XCGL	562
双字传送反	MVNL	499	单字交换	DIST	080
位传送	MOVB	082	数据收集	COLL	081
传送数字	MOVD	083	传送至寄存器	MOVR	560
多位传送	XFRB	062	传送定时器/计数器至寄存器	MOVRW	561
块传送	XFER	070			

1. 传送指令：MOV（021）

MOV（021）指令传送数据的一个字到指定字中。

梯形图符号：

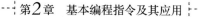

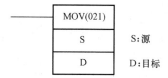

将源字 S 的数据传送到目标字 D。如果 S 是一个常数，此数值可用来作为数据设定，如图 2-47 所示。

图 2-47　MOV 指令数据传送示意图

源字 S 取自 CIO 区（CIO 0000～CIO 6143）、工作区（W000～W511）、保持位区（H000～H511）、辅助位区（A000～A959）、定时器区（T0000～T4095）、计数器区（C0000～C4095）、DM（D00000～D32767）、常数〔♯0000～♯FFFF（二进制）〕，目标字 D 取自 CIO 区（CIO 0000～CIO 6143）、工作区（W000～W511）、保持位区（H000～H511）、辅助位区（A448～A959）、定时器区（T0000～T4095）、计数器区（C0000～C4095）、DM（D00000～D32767）。

MOV（021）指令编程举例如图 2-48 所示。

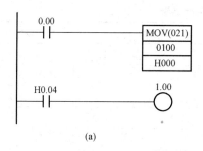

地址	指令	操作数
000000	LD	0.00
000001	MOV (021)	0100
		H000
000002	LD	H0.04
000003	OUT	1.00

(a)　　　　　　　　　　　　　　　　(b)

图 2-48　MOV 指令编程举例

（a）梯形图；（b）指令表

2. 传送反指令：MVN（022）

MVN（022）指令传送数据的一个字的补码到指定字中。

梯形图符号：

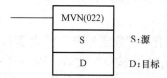

MVN（022）指令对 S 中的位进行取反，并把结果传送到 D 中。S 中的内容保持不变。如图 2-49 所示。

源字 S 和目标字 D 取值范围与 MOV 指令相同。

MVN（022）指令编程举例如图 2-50 所示。

图 2-49 MVN 指令数据传送示意图

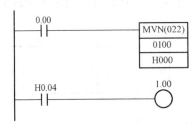

地址	指令	操作数
000000	LD	0.00
000001	MVN (022)	0100 H000
000002	LD	H0.04
000003	OUT	1.00

(a)　　　　　　　　　　(b)

图 2-50 MVN 指令编程举例

(a) 梯形图；(b) 指令表

2.3.3 数据比较指令

比较指令用于比较各种长度数据以及用各种方法进行的比较。数据比较指令的分类见表 2-10。

表 2-10　　　　　　　　　　数据比较指令分类一览表

指　　令	助　记　符	功能代码
输入比较指令	LD，AND，OR =，<>，<，<=，>，>=，L，S	300～328
比较	CMP	020
双字比较	CMPL	060
带符号二进制比较	CPS	114
双字带符号二进制比较	CPSL	115
多个比较	MCMP	019
表比较	TCMP	085
块比较	BCMP	068
扩展块比较	BCMP2	502

本部分重点讲述输入比较指令和 CMP（020）指令。

1. 输入比较指令

输入比较指令用于比较两个值（常数或指定字的内容），并在比较条件为真时产生一个 ON 执行条件，输入比较指令可用来比较单字或双字带符号或无符号数据。

梯形图符号：

输入比较指令把 S_1 和 S_2 当作带符号或不带符号值进行比较，并在比较条件为真时产生一个 ON 执行条件。与 CMP（020）和 CMPL（060）指令不同，输入比较指令将直接反映为执行条件的结果，因此无需通过算术标志访问比较结果，这样程序将更加简捷。

比较数据 S_1 和 S_2 取自 CIO 区（CIO 0000～CIO 6142）、工作区（W000～W510）、保持位区（H000～H510）、辅助位区（A000～A958）、定时器区（T0000～T4094）、计数器区（C0000～C4094）、DM（D00000～D32766）、无区号 EM 区（E00000～E32766）、常数〔♯00000000～♯FFFFFFFF（二进制）〕。

输入比较指令就像 LD、AND 和 OR 指令控制随后的指令执行一样对待。如图 2-51～图 2-53 所示。

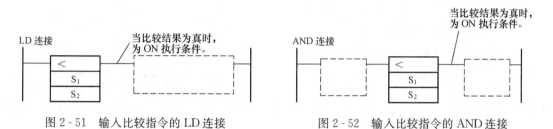

图 2-51 输入比较指令的 LD 连接　　　　图 2-52 输入比较指令的 AND 连接

输入比较指令能比较带符号或不带符号数据，并且能比较单字或双字数值。如果未指定选项，则作为单字无符号数据比较。指令有三种输入方式和两个选项，共有 72 个不同输入比较指令。

表 2-11 列举了 72 种输入比较指令的功能代码、助记符、名称和功能。（对于单字比较：$C_1 = S_1$，$C_2 = S_2$；对于双字比较：$C_1 = S_1 + 1$，S_1，$C_2 = S_2 + 1$，S_2）

输入比较指令编程举例如图 2-53 所示。

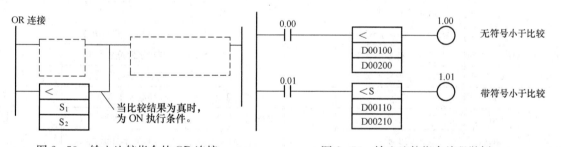

图 2-53 输入比较指令的 OR 连接　　　　图 2-54 输入比较指令编程举例

在上面例子中，当 CIO 0.00 为 ON 时，D00100 和 D00200 中的内容作为无符号二进制数据比较。如果 D00100 中的内容小于 D00200 中的内容，CIO 1.00 变 ON，执行进行到下一行；如果 D00100 中的内容不小于 D00200 中的内容，此行余下的指令被忽略，执行移到下一行指令。当 CIO 0.01 为 ON 时，D00110 和 D00210 中的内容作为带符号二进制数据比较。如果 D00110 的内容小于 D00210 中的内容，CIO 1.01 变 ON，执行进行到下一行；如果 D00110 中的内容不小于 D00210 中的内容，此行余下的指令被忽略，执行移到下一指令行。

表 2－11　　　　　　　　　　输入比较指令名称和功能一览表

代码	助记符	名称	功能	代码	助记符	名称	功能
300	LD＝	装载等于		315	LD≤	装载小于等于	
	AND＝	与等于			AND≤	与小于等于	
	OR＝	或等于			OR≤	或小于等于	
301	LD＝L	装载双字等于		316	LD≤L	装载双字小于等于	
	AND＝L	与双字等于			AND≤L	与双字小于等于	
	OR＝L	或双字等于	$C_1＝C_2$		OR≤L	或双字小于等于	$C_1≤C_2$ 时为真
302	LD＝S	装载带符号等于		317	LD≤S	装载带符号小于等于	
	AND＝S	与带符号等于			AND≤S	与带符号小于等于	
	OR＝S	或带符号等于			OR≤S	或带符号小于等于	
303	LD＝SL	装载双字带符号等于		318	LD≤SL	装载双字带符号小于等于	
	AND＝SL	与双字带符号等于			AND≤SL	与双字带符号小于等于	
	OR＝SL	或双字带符号等于			OR≤SL	或双字带符号小于等于	
305	LD＜＞	装载不等于		320	LD＞	装载大于	
	AND＜＞	与不等于			AND＞	与大于	
	OR＜＞	或不等于			OR＞	或大于	
306	LD＜＞L	装载双字不等于		321	LD＞L	装载双字大于	
	AND＜＞L	与双字不等于			AND＞L	与双字大于	
	OR＜＞L	或双字不等于	$C_1≠C_2$		OR＞L	或双字大于	$C_1＞C_2$ 时为真
307	LD＜＞S	装载带符号不等于		322	LD＞S	装载带符号大于	
	AND＜＞S	与带符号不等于			AND＞S	与带符号大于	
	OR＜＞S	或带符号不等于			OR＞S	或带符号大于	
308	LD＜＞SL	装载双字带符号不等于		323	LD＞SL	装载双字带符号大于	
	AND＜＞SL	与双字带符号不等于			AND＞SL	与双字带符号大于	
	OR＜＞SL	或双字带符号不等于			OR＞SL	或双字带符号大于	
310	LD＜	装载小于		325	LD≥	装载大于等于	
	AND＜	与小于			AND≥	与大于等于	
	OR＜	或小于			OR≥	或大于等于	
311	LD＜L	装载双字小于		326	LD≥L	装载双字大于等于	
	AND＜L	与双字小于			AND≥L	与双字大于等于	
	OR＜L	或双字小于	$C_1＜C_2$		OR≥L	或双字大于等于	$C_1≥C_2$ 时为真
312	LD＜S	装载带符号小于		327	LD≥S	装载带符号大于等于	
	AND＜S	与带符号小于			AND≥S	与带符号大于等于	
	OR＜S	或带符号小于			OR≥S	或带符号大于等于	
313	LD＜SL	装载双字带符号小于		328	LD≥SL	装载双字带符号大于等于	
	AND＜SL	与双字带符号小于			AND≥SL	与双字带符号大于等于	
	OR＜SL	或双字带符号小于			OR≥SL	或双字带符号大于等于	

2. 比较指令：CMP（020）

比较两个无符号二进制值（常数或指定字的内容），并输出结果到辅助区的算术标志中。

梯形图符号：

CMP（020）比较 S_1 和 S_2 中的无符号二进制数据，并输出结果到辅助区中的算术标志中（大于，大于等于，等于，小于等于，小于和不等于标志）。算术标志见表 2-12。

比较数据 S_1 和 S_2 取自 CIO 区（CIO 0000～CIO 6143）、工作区（W000～W511）、保持位区（H000～H511）、辅助位区（A000～A959）、定时器区（T0000～T4095）、计数器区（C0000～C4095）、DM（D00000～D32767）、无区号 EM 区（E00000～E32767）、常数［♯0000～♯FFFF（二进制）］、数据寄存器（DR0～DR15）。

表 2-12　　　　　　　　　算 术 标 志 一 览 表

名称	标记	操　　作	名称	标记	操　　作
错误标志	ER	OFF 或不变	不等于标志	<>	S_1<>S_2时 ON，其他情况下 OFF
大于标志	>	S_1>S_2时 ON，其他情况下 OFF	小于标志	<	S_1<S_2时 ON，其他情况下 OFF
大于等于标志	>=	S_1>=S_2时 ON，其他情况下 OFF	小于等于标志	<=	S_1<=S_2时 ON，其他情况下 OFF
等于标志	=	S_1=S_2时 ON，其他情况下 OFF	负数标志	N	OFF 或不变

2.4 数据运算指令

2.4.1 四则运算指令

本节介绍用 BCD 码或二进制数执行算术操作的四则运算指令。四则运算指令的分类见表 2-13。

表 2-13　　　　　　　　　四则运算指令分类一览表

指　　　　令	助记符	功能代码	指　　　　令	助记符	功能代码
不带进位的有符号二进制加	＋	400	带进位的 BCD 减	－BC	416
不带进位的有符号双字二进制加	＋L	401	带进位的双字 BCD 减	－BCL	417
带进位的有符号二进制加	＋C	402	有符号二进制乘	＊	420
带进位的有符号双字二进制加	＋CL	403	有符号双字二进制乘	＊L	421
不带进位的 BCD 加	＋B	404	无符号二进制乘	＊U	422
不带进位的双字 BCD 加	＋BL	405	无符号双字二进制乘	＊UL	423
带进位的 BCD 加	＋BC	406	BCD 乘	＊B	424
带进位的双字 BCD 加	＋BCL	407	双字 BCD 乘	＊BL	425
不带进位的有符号二进制减	—	410	有符号二进制除	／	430
不带进位的有符号双字二进制减	－L	411	有符号双字二进制除	／L	431

指　　　令	助记符	功能代码	指　　　令	助记符	功能代码
带进位的有符号二进制减	−C	412	无符号二进制乘	/U	432
带进位的有符号双字二进制减	−CL	413	无符号双字二进制除	/UL	433
不带进位的 BCD 减	−B	414	BCD 除	/B	434
不带进位的双字 BCD 减	−BL	415	双字 BCD 除	/BL	435

重点讲述不带进位的有符号二进制加指令＋(400)、不带进位的有符号二进制减指令−(410)、有符号二进制乘指令 ＊(420)、有符号二进制除指令/(430)、不带进位的 BCD 加指令＋B(404)、不带进位的 BCD 减指令−B(414)、BCD 乘指令 ＊(424)、BCD 除指令/(434)。

1. 不带进位的有符号二进制加指令：＋(400)

4 位（单字）十六进制数据相加。

梯形图符号：

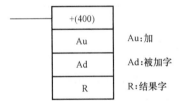

＋(400) 把 Au 和 Ad 中的二进制值相加，且把结果送给 R，如图 2-55 所示。

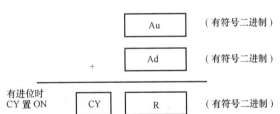

图 2-55　＋(400) 指令运算示意图

执行 ＋（400）时，错误标志将置 OFF。如果由于相加，R 的内容为 0000，等于标志将置 ON。如果加的结果有进位，进位标志将置 ON。如果两个正数相加的结果为负（在 8000～FFFF 范围内），上溢出标志将置 ON。如果两个负数相加的结果为正（在 0000～7FFF 范围内），下溢出标志将置 ON。如果由于相加，R 的最左边的位的内容为 1，负标志位将置 ON。

不带进位的有符号二进制加指令＋(400) 编程举例如图 2-56 所示。

在这个例子中，当 CIO 0.00 置 ON 时，将 D00100 和 D00110 中的 4 位有符号十六进制数相加，并且结果送到 D00120。

2. 不带进位的有符号二进制减指令：−(410)

4 位（单字）十六进制数据相减。

梯形图符号：

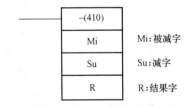

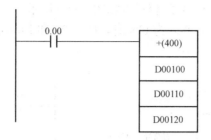

图 2-56 +(400)指令编程举例

-(410) 从 Mi 中减去 Su 中的二进制数，并且把结果送给 R。结果为负时，将二进制的补码送给 R，如图 2-57 所示。

执行-(410)时，错误标志将置 OFF。如果由于相减，R 的内容为 0000，等于标志将置 ON。如果相减导致借位，则进位标志将置 ON。当从一个正数减去一个负数的结果为正数（在 8000～FFFF 之间），则上溢出标志将置 ON。如果从一个负数减去一个正数的结果为正数（在 0000～7FFF 范围内），下溢出标志将置 ON。如果由于相减，R 的最左边的位的内容为 1，负标志位将置 ON。

不带进位的有符号二进制减指令-(410)编程举例如图 2-58 所示。

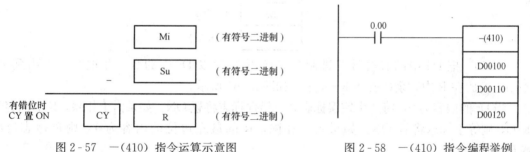

图 2-57 -(410)指令运算示意图　　　　图 2-58 -(410)指令编程举例

在这个例子中，当 CIO 0.00 置 ON 时，将 D00110 中的 4 位有符号十六进制数从 D00100 中减去，并且结果送到 D00120。

3. 有符号二进制乘指令：*(420)

4 位有符号十六进制数的乘法。

梯形图符号：

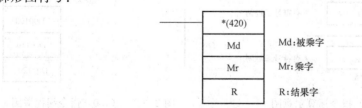

*(420) 把 Md 和 Mr 中有符号二进制数相乘，并把结果输出给 R，R+1，如图 2-59 所示。

执行*(420)时，错误标志将置 OFF。如果由于相乘，R 的内容为 0000，则等于标志将置 ON。如果由于相乘，R+1 和 R 的最左边位的内容为 1，则负标志位将置 ON。

有符号二进制乘指令＊（420）编程举例如图 2-60 所示。

在这个例子中，当 CIO 000000 为 ON 时，D00100 和 D00110 以 4 位有符号十六进制数形式相乘，并把结果送给 D00120。

图 2-59　＊（420）指令运算示意图　　　　图 2-60　＊（420）指令编程举例

4. 有符号二进制除指令：／（420）

4 位有符号十六进制数除法。

梯形图符号：

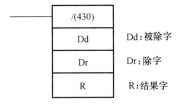

／（430）把 Dd 中的有符号二进制数（16 位）除以 Dr 中的数，并把结果输出到 R，R+1。商放在 R 中，余数放在 R+1 中，如图 2-61 所示。

当 Dr 的内容为 0，将产生错误标志并且错误标志将置 ON。如果由于相除，R 的内容为 0000，则等于标志将置 ON。如果由于相除，R 的最左边位的内容为 1，则负标志位将置 ON。

有符号二进制除指令／（430）编程举例如图 2-62 所示。

在这个例子中，当 CIO 0.00 为 ON 时，将 D00100 中的 4 位有符号十六进制数被 D00110 相除，商被放在 D00120，余数放在 D00121。

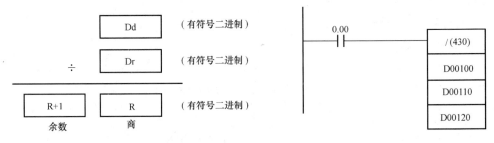

图 2-61　／（430）指令运算示意图　　　　图 2-62　／（430）指令编程举例

5. 不带进位的 BCD 加指令：＋B（404）

4 位（单字）BCD 相加。

梯形图符号：

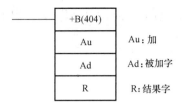

+B(404) 把 Au 和 Ad 中的 BCD 数相加，并且把结果送给 R，如图 2-63 所示。

如果 Au 或 Ad 不是 BCD 码，将出现错误并且错误标志将置 ON。如果相加后，R 的内容为 0000，则等于标志将置 ON。如果相加有进位，进位标志将置 ON。

不带进位的 BCD 加 +B(404) 指令编程举例如图 2-64 所示。

在这个例子中，当 CIO 0.00 置 ON 时，将 D00100 和 D00110 中的 4 位 BCD 码相加，并且结果送到 D00120。

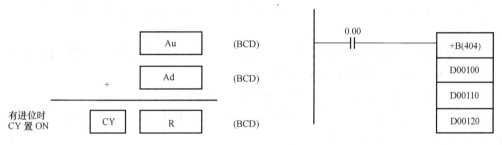

图 2-63　+B(404) 指令运算示意图　　　　图 2-64　+B(404) 指令编程举例

6. 不带进位的 BCD 减指令：-B(414)

4 位（单字）BCD 相减。

梯形图符号：

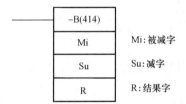

-B(414) 从 Mi 中减去 Su 中的 BCD 码，并且把结果送给 R。如果相减的结果为负时，则结果以十进制的补码输出，如图 2-65 所示。

如果 Mi 和 Su 不是 BCD 码，将出现一个错误并且错误标志将置 ON。如果相减后，R 的内容为 0000，则等于标志将置 ON。如果相减有进位，进位标志将置 ON。

不带进位的 BCD 减指令 -B(414) 指令编程举例如图 2-66 所示。

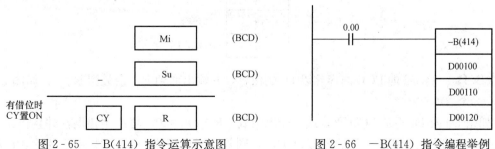

图 2-65　-B(414) 指令运算示意图　　　　图 2-66　-B(414) 指令编程举例

在这个例子中，当 CIO 0.00 置 ON 时，以 4 位 BCD 码形式从 D00100 减去 D00110，并且结果送到 D00120。

7. BCD 乘法指令：＊B(424)

4 位（单字）BCD 相乘。

梯形图符号：

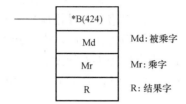

＊B(424) 把 Md 和 Mr 中的 BCD 内容相乘，并把结果输出给 R，R+1。如图 2-67 所示。

如果 Md 和 Mr 不是 BCD 码，将产生错误，并且错误标志将置 ON。如果由于相乘，R，R+1 的内容为 0000，则等于标志将置 ON。

BCD 乘法指令 ＊B(424) 指令编程举例如图 2-68 所示。

在这个例子中，当 CIO 0.00 为 ON 时，将 D00100 和 D00110 中的 4 位 BCD 码相乘，并把结果送给 D00121 和 D00120。

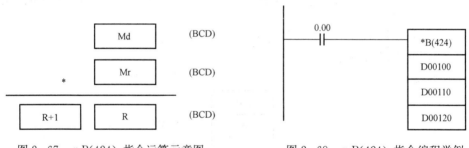

图 2-67　＊B(424) 指令运算示意图　　　图 2-68　＊B(424) 指令编程举例

8. BCD 除法指令：/B(424)

4 位（单字）BCD 相除。

梯形图符号：

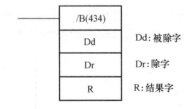

/B(434) 将 Dd 的 BCD 内容除以 Dr 的内容，并输出商到 R，余数到 R+1，如图 2-69 所示。

如果 Dd 或 Dr 不是 BCD 码，或者如果余数（R+1）为 0，将产生错误，并且错误标志将置 ON。如果由于相除，R 的内容为 0000，则等于标志将置 ON。如果由于相除，R 的最左边位的内容为1，则负标志位将置ON。

BCD除法指令/B(434)指令编程举例如图2-70所示。

在这个例子中，当CIO 0.00为ON时，将D00100中的4位BCD码除以D00110，商被输出在D00120，余数被输出到D00121。

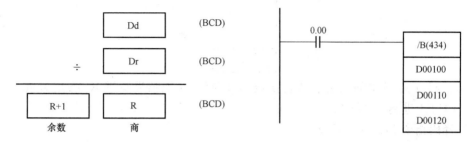

图2-69 /B(434)指令运算示意图　　　图2-70 /B(434)指令编程举例

2.4.2 转换指令

转换指令用于数据的转换。转换指令的分类见表2-14。

表2-14　　　　　　　　　　　　转换指令的分类一览表

指　令	助记符	功能代码	指　　令	助记符	功能代码
BCD码到二进制	BIN	023	ASCII码转换	ASC	086
双字BCD码到双字二进制	BINL	058	ASCII码到十六进制数	HEX	162
二进制到BCD码	BCD	024	列到行	LINE	063
双字二进制到双字BCD码	BCDL	059	行到列	COLM	064
二进制求补	NEG	160	带符号BCD码到二进制数	BINS	470
双字二进制求补	NEGL	161	带符号双字BCD码到二进制数	BISL	472
带符号16位到32位带符号二进制数	SIGN	600	带符号二进制数到BCD码	BCDS	471
数据译码	MLPX	076	带符号双字二进制数到BCD码	BDSL	473
数据编码	DMPX	077			

本部分重点讲述BCD码到二进制BIN（023）、二进制到BCD码BCD（024）指令、译码指令MLPX（076）和编码指令DMPX（077）。

（1）BCD码到二进制指令：BIN（023）

把BCD码转换成二进制数。

梯形图符号：

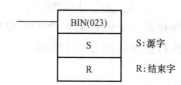

S：源字

R：结束字

BIN（023）把 S 中的 BCD 码转换成二进制数，并把结果字写进 R。

（2）二进制到 BCD 码指令：BCD（024）

把二进制字转换成 BCD 字。

梯形图符号：

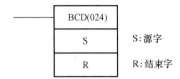

S：源字

R：结束字

BCD（024）把 S 中的二进制数转换成 BCD 码，并把结果写进 R。S 必须在十六进制 0000～270F（十进制 0000～9999）之间。

（3）译码指令 MLPX（076）

梯形图符号：

S：源字

C：控制字

R：结果首字

读源字中指定数（或字节）的数字值，把结果字（或 16 字范围）中的相应位变为 ON，并把结果字（或 16 字范围）中的所有位的其他位变为 OFF。

其指令的执行过程如图 2-71 所示。

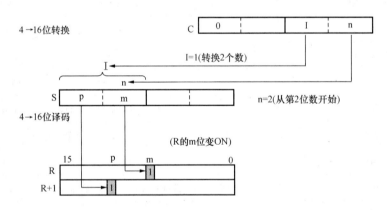

图 2-71 MLPX（076）指令的执行过程

（4）编码指令 DMPX（077）

梯形图符号：

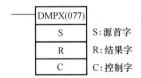

S：源首字

R：结果字

C：控制字

读源字（或 16 字范围）中寻找第一个或最后一个 ON 位的位置，并将该值结果字中指定的数字（或字节）。其指令的执行过程如图 2-72 所示。

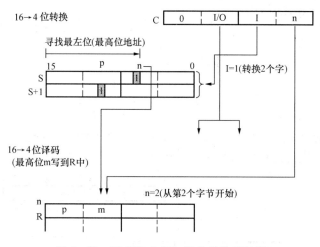

图 2-72 DMPX（077）指令的执行过程

2.5 其他应用指令

1. 置进位位指令 STC（040）和清除进位位指令 CLC（041）

梯形图符号：

STC(040)　置进位标志(CY)

CLC(041)　进位标志(CY)清零

2. 置位指令 SET 和复位指令 RSET

（1）置位指令 SET

梯形图符号：

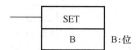

SET 在执行条件为 ON 时，把操作位变为 ON，时序图如图 2-73 所示。

（2）复位指令 RSET

梯形图符号：

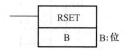

RSET 在执行条件为 ON 时，把操作位变为 OFF，时序图如图 2-74 所示。

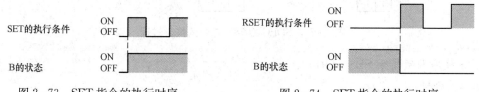

图 2-73　SET 指令的执行时序　　　　图 2-74　SET 指令的执行时序

3. 七段译码指令 SDEC（078）

梯形图符号：

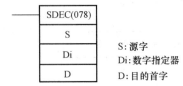

S：源字
Di：数字指定器
D：目的首字

把指定数字中的十六进制数转换成相应的 8 位 7 段显示码，并把它存入指定目的字中的高或低 8 位，指令的执行过程如图 2 - 75 所示。

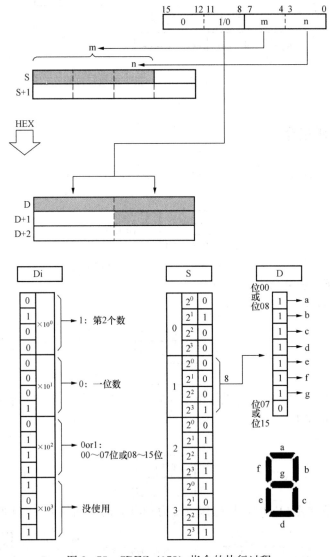

图 2 - 75　SDEC（078）指令的执行过程

4. 子程序调用指令 SBS（091）

梯形图符号：

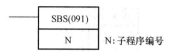

5. 子程序入口指令 SBN（092）和子程序返回指令 RET（093）

（1）子程序入口指令 SBN（092）

梯形图符号：

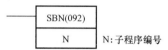

（2）子程序返回指令 RET（093）

梯形图符号：

调用指定子程序并执行该子程序。通过指定子程序号来开始调用子程序，其过程如图2-76所示。

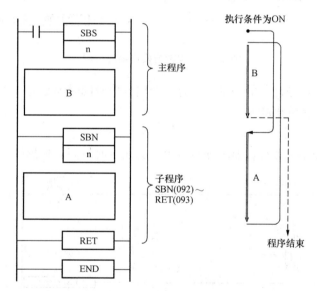

图 2-76　调用指定子程序执行过程

6. 串行通信指令

（1）串行通信发送指令：TXD（236）

梯形图符号：

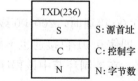

指令功能：从 CPU 单元内置的 RS-232C 端口，发送指定字节数的数据。

（2）串行通信接收指令：RXD（235）

梯形图符号：

指令功能：从 CPU 单元内置的 RS-232C 端口，读取指定字节数的数据。

2.6 综合应用

2.6.1 基本顺序指令练习

1. 触点串联指令应用

使用 3 个开关控制 1 盏灯，要求 3 个开关同时闭合时灯亮，梯形图如图 2-77 所示。

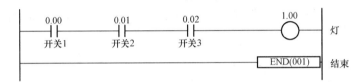

图 2-77 逻辑与操作编程举例

程序中三个输入信号是与的关系，只有三个输入信号同时满足时，才能有输出信号；若有一个信号不满足，则输出断开。

2. 触点并联指令应用

使用 3 个开关控制 1 盏灯，要求任意 1 个开关闭合时灯亮，梯形图如图 2-78 所示。

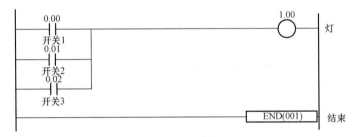

图 2-78 逻辑或操作编程举例

程序中三个输入信号是或的关系，其中三个输入信号有一个满足时，就有输出信号；若三个信号都不满足时，则输出断开。

3. 互锁逻辑电路的程序设计

如图 2-79 所示，当输入信号 0.00 接通时，200.00 线圈得电并自保持，使 1.00 得电输出，同时 200.00 的常闭触点断开，即使 0.01 再接通也不能使 200.01 动作，因此 1.01 不能输出。若 0.01 先接通，则刚好相反。在控制环节中该程序可实现信号间的互锁。

4. 二分频电路的程序设计

根据控制要求，先明确输入与输出的关系，将输入信号的频率二分频后输出。0.00、200.00、200.01、1.00 的时序关系的波形如图 2-80 所示。

根据二分频电路的时序图可设计出如图 2-81 所示的梯形图。其工作过程为当输入信号

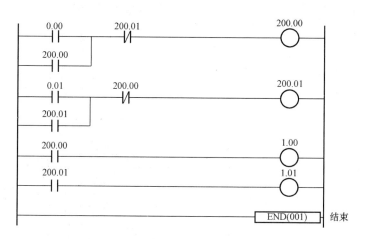

图 2-79 带互锁逻辑的或操作的编程举例

0.00 第一次有效时，将输出信号 1.00 为 ON；当输入信号 0.00 第二次有效时，将输出信号 1.00 变为 OFF，这样依次循环下去就将输入信号的频率进行了二分频。

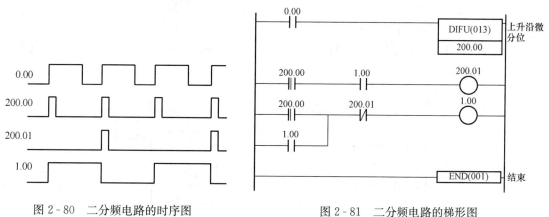

图 2-80 二分频电路的时序图

图 2-81 二分频电路的梯形图

2.6.2 定时器/计数器指令的编程练习

下面的举例为定时器和计数器指令的各种应用，包括长时间定时器、二级计数器、ON/OFF 延时、单稳脉冲位和闪烁位等。

（1）长时间定时器

第一种方法：两个 TIM 串联使用。

在这个例子中，两条 TIM 指令组合成一个 30min 的定时器。其梯形图如图 2-82 所示。

第二种方法：TIM 和 CNT 指令结合。

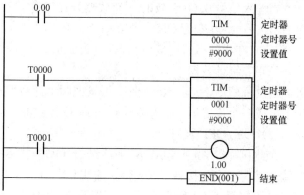

图 2-82 长时间定时器编程举例

在这个例子中，使用一条 TIM 指令和一条 CNT 指令组合成一个 500s 的定时器。其梯形图如图 2-83 所示。

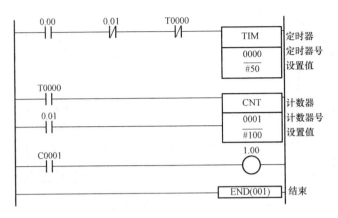

图 2-83 定时器/计数器编程举例

TIM0000 每 5s 产生一个脉冲，CNT0001 计数这些脉冲，这种组合的定时时间为 5s×100＝500s。用这种组合的定时器的定时时间，在电源中断时还能保持当前值。

第三种方法：时钟脉冲与 CNT 指令结合。

在此例中，CNT 指令对 1.0s 时钟脉冲进行计数，从而产生一个 100s 定时器。梯形图如图 2-84 所示。

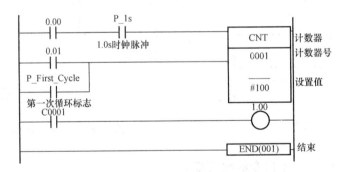

图 2-84 长时间定时器编程举例

当输入信号 0.00 有效时，计数器开始工作，计数 100 个脉冲后，计数器 C0001 输出，使输出信号 1.00 变为 ON。当第一个循环标志与计数器的复位输入有效时，计数器的 PV（当前值）在程序执行时复位为 SV（设定值）。

（2）二级计数器

当设置值 SV 大于 9999 时，可以把两个计数器进行组合。这种情况下，使用两个 CNT 指令组成一个设置值 SV 为 20000 的 BCD 计数器。其梯形图如图 2-85 所示。

（3）ON/OFF 延时

在此例中，两个 TIM 定时器结合 OUT 指令组成一个 ON 延时和 OFF 延时功能，在输入信号 0.00 接通 5.0s 后，输出信号 1.00 变为 ON，而在输入信号 0.00 断开 3.0s 后，输出信号 1.00 变为 OFF。其梯形图如图 2-86（a）所示，动作时序如图 2-86（b）

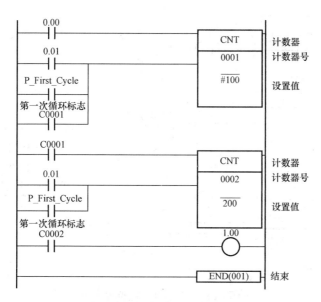

图 2-85　二级计数器编程举例

所示。

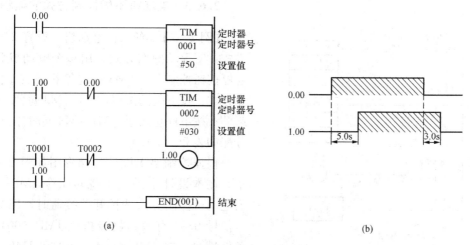

| (a) | (b) |

图 2-86　ON/OFF 延时编程举例

(a) 梯形图；(b) 时序图

（4）单稳脉冲位

TIM 定时器与 OUT 或 OUT NOT 结合去控制特定位 ON 或 OFF 状态的持续时间。如图 2-87 所示，输入信号 0.00 变为 ON 后输出信号 1.01 变为 ON，并保持 1.5s（T0001 的 SV）与输入信号有效的时间无关。

（5）闪烁位

用定时器设计输出脉冲的周期和占空比可调的振荡电路。

结合两个 TIM 定时器可在执行条件为 ON 时，以规定的间隔使某一位为 ON 和 OFF。在此例中，只要输入信号 0.00 为 ON，1.0s 后输出信号 1.00 变为 ON，1.5s 后又重新变为 OFF，如图 2-88 所示。

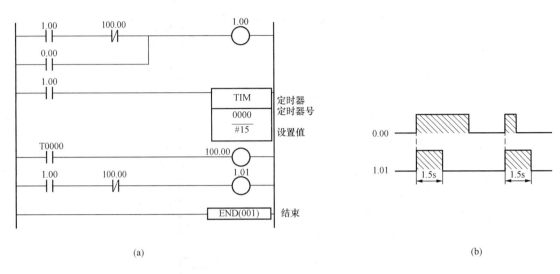

(a)

(b)

图 2 - 87 单稳脉冲位编程举例

(a) 梯形图；(b) 时序图

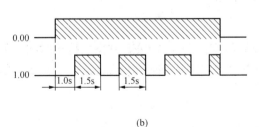

(a)

(b)

图 2 - 88 闪烁位编程举例

(a) 梯形图；(b) 时序图

2.6.3 电动机不同控制方式的编程练习

【例 2 - 7】 有三台电动机，设置 2 种起停方式：①手动操作方式：用每个电动机各自的起停按钮控制 M1～M3 的起停状态。②自动操作方式：按下起动按钮，M1～M3 每隔 5s 依次起动；按下停止按钮，M1～M3 同时停止。I/O 分配如表 2 - 15 所示。

根据控制要求设计的梯形图如图 2 - 89 所示。在本设计中采用了跳转指令 JMP—JME，当电动机控制方式选择开关接通时，PLC 的输入信号 0.02 有效，跳转指令 JMP（004）♯0 条件满足，在 JMP（004）♯0 和 JME（005）♯0 之间的程序顺次执行，而在 JMP（004）♯1 和 JME（005）♯1 之间的程序则不执行，此时可实现各个电动机的单独控制。当电动机控制方式选择开关断开时，PLC 的输入信号 0.02 为 OFF，跳转指令 JMP（004）♯1 条件满足，在 JMP（004）♯1 和 JME（005）♯1 间的程序顺次执行，而在 JMP（004）♯0JME（005）♯0 间的程序则不执行，此时可实现电动机顺序自动控制。其控制过程如图 2 - 89 所示。

表 2 - 15   三台电动机不同控制方式 I/O 分配

PLC 地址	说明	PLC 地址	说明
0.00	起动按钮	1.00	电动机 M1
0.01	停止按钮	1.01	电动机 M2
0.02	方式选择	1.02	电动机 M3
0.03	M1 起动按钮	0.05	M2 起动按钮
0.04	M1 停止按钮	0.06	M2 停止按钮
0.07	M3 起动按钮	0.08	M3 停止按钮

2.6.4 改造三速异步电动机的继电器控制的编程练习

【例 2 - 8】 将三速异步电动机的继电器控制电路改造成 PLC 的控制方式，设计硬件原理图及控制程序。

三速异步电动机的继电器控制，其控制电路如图 2 - 90 所示。

对于继电器控制电路的改造问题，遵循的原则为必须保留原电路的功能，并在此基础上克服继电器控制固有的缺点，并完善其控制功能。因为继电器控制电路大多已经过实际的应用，其控制逻辑是正确的，针对这种情况可根据其控制的逻辑关系直接设计控制梯形图，经过初步改造的梯形图程序如图 2 - 91 所示。

经过初步改造后存在的问题：

（1）由继电器电路图可以看出，与起动按钮 SB1 并联的三个常开触点与停车按钮 SB2 共同控制电动机的起动和加速电路，为简化梯形图程序，使用内部辅助继电器 200.00 代替以上功能，这是改造继电器电路常用的方法。

（2）定时器 T0002 的常开触点不能代替时间继电器 KT2 的瞬动触点的功能，需要使用内部辅助继电器 200.01 的常开触点替换。

（3）对于受 200.00 常开触点控制的各条支路，如果使用语句表编程，

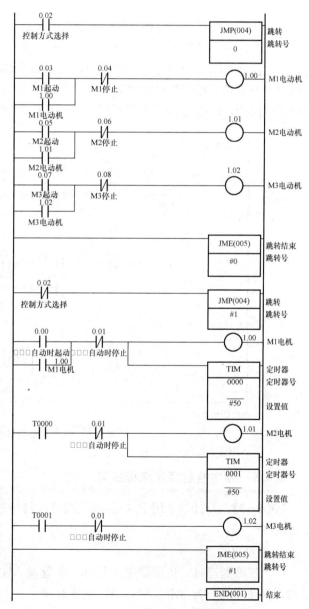

图 2 - 89 三台电动机不同控制方式控制梯形图

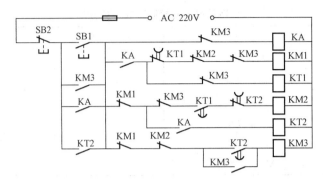

图 2 - 90 某三速异步电动机的继电器控制电路图

需要使用暂存继电器 TR 指令，程序的逻辑关系比较复杂，建议将各条支路分开设计。

经过改进后的梯形图程序如图 2 - 92 所示。图中用了五个 200.00 常开触点控制各条支路，为了使梯形图更加简化和条理清晰，还可以采用互锁和互锁指令（IL—ILC）来实现。采用 IL—ILC 改造的梯形图程序如图 2 - 93 所示。当 IL 指令条件满足时，IL—ILC 之间的程序顺序执行；IL 指令条件不满足时，IL—ILC 之间的程序复位，断开输出。

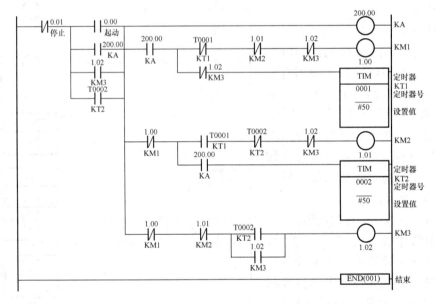

图 2 - 91 初步改造的梯形图程序

2.6.5 顺序控制程序编程练习

【例 2 - 9】 设计一个用 PLC 控制的四节皮带传送带控制程序。其控制动作示意图如图 2 - 94 所示。

1. 控制要求

（1）正常起动时，传送带上无物体，先起动 M1 的皮带机，2s 后再依次起动其他的皮带机，其顺序为 M1、M2、M3、M4 依次起动。

（2）停止时，为使传送带上不留物料，要求顺物料流动方向按一定时间间隔顺序停止，

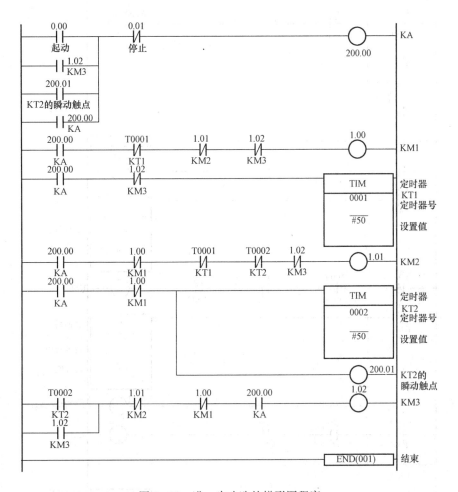

图 2-92　进一步改造的梯形图程序

先停止最初的皮带机，1s 后再依次停止其他的皮带机，其顺序为 M1、M2、M3、M4 依次停止。

(3) 当某条传送带发生故障时，按下紧急停止按钮，传送带应立即停止工作。

(4) 故障后起动，为避免前段传送带上造成物料堆积，要求按物料流动相反方向并以一定的时间间隔顺序起动，其顺序为 M4、M3、M2、M1 依次起动。

(5) 要求各个传送带都具有点动功能。

2. I/O 分配及硬件原理图

根据控制要求设计的硬件原理图如图 2-95 所示。

(1) 输入信号：起动按钮 SB1—0.00、停止按钮 SB2—0.01、故障紧急停止按钮 SB3—0.02、自动/手动选择开关 SA1—0.03、M1 点动按钮 SB4—0.04、M2 点动按钮 SB5—0.05、M3 点动按钮 SB6—0.06、M4 点动按钮 SB7—0.07。

(2) 输出信号：KM1—1.00、KM2—1.01、KM3—1.02、KM4—1.03。其中，KM1、KM2、KM3、KM4 是分别控制电动机 M1、M2、M3、M4 的接触器线圈。

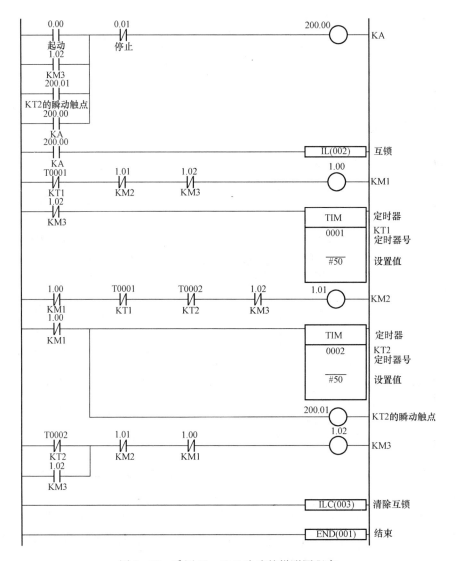

图 2-93 采用 IL—ILC 改造的梯形图程序

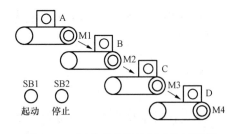

图 2-94 四节传送带控制动作示意图

3. 控制梯形图设计

根据四节传送带控制要求设计的梯形图，如图 2-96 所示。

正常情况下起动，按下 SB2，输入信号 0.01 输入给 PLC，四节传送带顺序起动运行，其顺序为 M1、M2、M3、M4 依次起动，根据需要调整定时器的延时时间，观察程序的运行结果是否符合要求；正常情况下停止，按下停止 SB1 按钮时，四节传送带应顺序停止运行，其顺序为 M1、M2、M3、M4 依次停止；当某条传送带发生故障时，按下紧急停止按钮 0.02 有效，传送带应立即停止工作；系统发生故障后重新起动，其顺序为 M4、M3、M2、M1 依次起动。

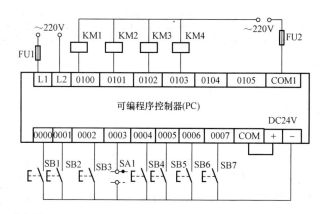

图 2-95 四节传送带控制系统硬件原理图

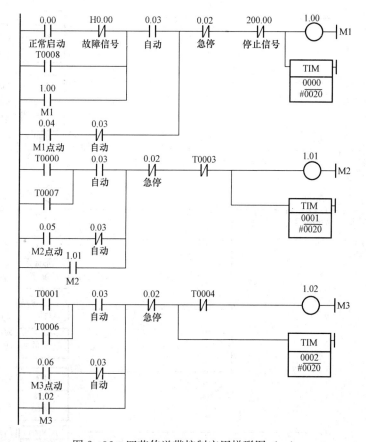

图 2-96 四节传送带控制应用梯形图（一）

2.6.6 移位指令的编程练习

SFT 指令的应用梯形图如图 2-97 所示。输入 0.02 始终为 ON，在移位脉冲 P_1s 作用下，观察移位寄存器的移位输出。改变输入 0.02 接通的时间，观察移位寄存器移位的状态。

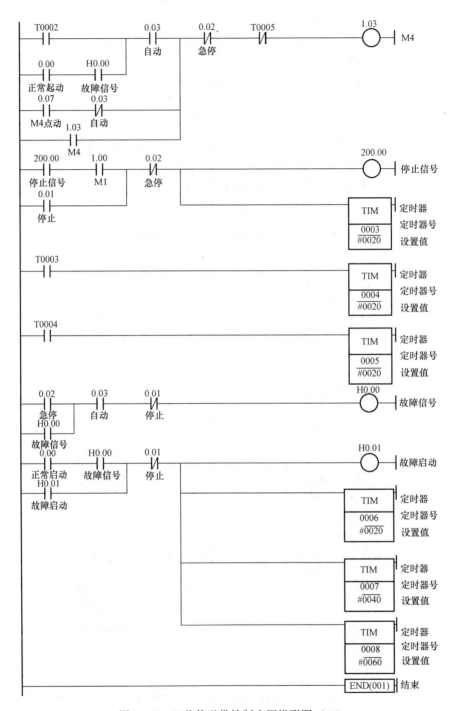

图 2-96 四节传送带控制应用梯形图（二）

2.6.7 比较指令 CMP 的编程练习

【例 2-10】 比较指令 CMP 输出结果编程练习。

比较指令 CMP（020）编程举例如图 2-98 所示。比较指令 CMP（020）中的数据 1

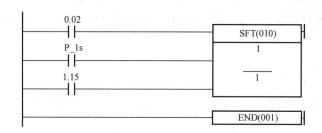

图 2 - 97 SFT 的应用梯形图

（10 通道）和数据 2（20 通道）的内容可通过传送指令写入，其比较结果通过特殊标志位（大于、等于和小于）输出，控制输出位分别为 1.00、1.01 和 1.02。

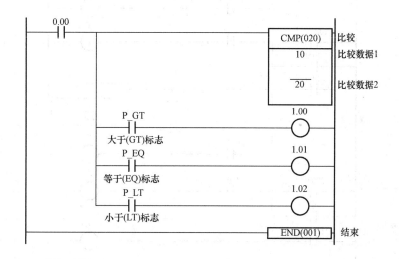

图 2 - 98 CMP 指令编程举例

【例 2 - 11】 利用比较指令 CMP 来监视 TIM0000 的当前值。

TIM0000 设定值为 30s，用两个比较指令 CMP 来监视它的当前值，第一个比较指令 CMP 的常数为 10s，第二个 CMP 的常数为 20s，当 TIM0000 开始定时后，10s 后第一个 P_EQ 接点变为 ON，将 200.00 置为 ON，再由 200.00 将输出信号 1.00 置为 ON；TIM0000 定时到 20s 时，第二个 P_EQ 接点变为 ON，将 200.01 置为 ON，再由 200.01 将 1.01 置为 ON，30s 后 TIM0000 定时时间到，将 1.02 置为 ON。应用梯形图如图 2-99 所示。

值得注意的是，在程序中两次使用特殊标志位 P_EQ（等于），第一标志位 P_EQ 的输出结果只取决于其前面的比较指令的比较结果；第二标志位 P_EQ 的输出结果只取决于其前面的第二条比较指令的比较结果，和第一条比较指令的输出结果无关。

【例 2 - 12】 控制路灯的定时接通和断开。

控制要求：路灯 18∶00 时开灯，06∶00 时关灯，试编程实现。

路灯控制的关键在于设计时钟程序，对于 CJ1 系列 PLC 的 CPU 内部本身具备时钟输出，内部特殊寄存器单元 A351～A354 中存放实时的时钟，其中 A351 存放分和秒、A352

存放时和日、A353 存放月和年、A354 中存放星期。根据路灯的控制要求,只需要小时的时钟,而小时的时钟存放在 A352 的低八位中。控制路灯的定时接通和断开,控制梯形图如图 2-100 所示。

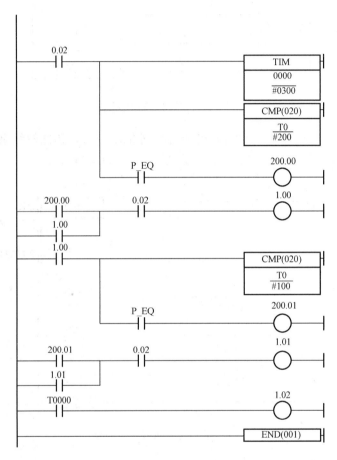

图 2-99 CMP 的应用梯形图

在图 2-100 中,使用特殊寄存器单元 A352,其高八位存储的是日期的时钟,低八位存储的是小时的时钟。在控制程序中只需要小时的时钟,因此将其高八位屏蔽。路灯控制起动后,A352 的内容存入 H0 中,再将 H0 的高八位屏蔽,并将时钟存入 H1(小时的时钟)。然后判断 H1 的内容,当 H1 中时钟的变化在大于 18 或小于 6 的条件时满足要求,使输出 1.00 有效,控制路灯点亮。这样就满足路灯 18:00 时开灯,06:00 时关灯控制要求。

2.6.8 数据传送、运算指令编程练习

1. MOV 指令的应用

【例 2-13】 使用 MOV 指令改变 TIM0000 的设定值。

DM0000 通道的内容作为 TIM0000 的设定值。当 0.02 为 ON 时,TIM0000 被设定为 10s 定时,经过 10s 之后,输出 1.00 变为 ON;当 0.03 为 ON 时,定时器设定为 20s,20s

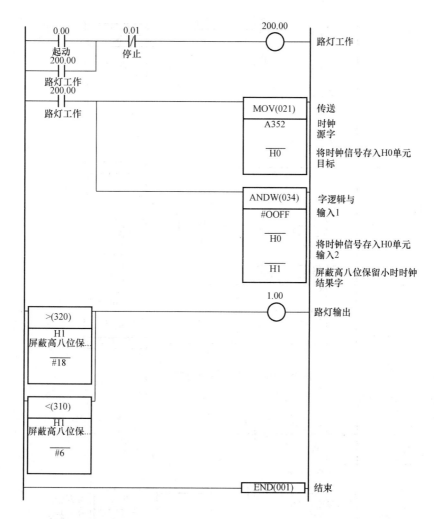

图2-100 控制路灯的定时接通和断开梯形图

后输出1.01变为ON；如果0.02和0.03同时为ON，则TIM0000不工作。应用梯形图如图2-101所示。

【例2-14】 用定时器和比较指令组成占空比可调的脉冲发生器。

由比较指令和定时器T0000组成脉冲发生器，比较指令用来产生脉冲宽度可调的方波，脉宽的调整由比较指令的第二个操作数实现，梯形图程序如图2-102所示。脉冲波形如图2-103所示。

2. 运算指令编程练习

【例2-15】 4位BCD码加法指令的应用。

4位数+4位数的和为4位数或5位数。

将4位数被加数放入DM0000通道中，加数放入DM0001中，和存入DM0002中。若和为5位数DM0003中送入1；为4位数DM0003中送入0。应用梯形图如图2-104所示。

【例2-16】 减法指令的应用。

被减数存入到DM0000中，减数存入DM0001中，差存入到DM0002中，若有借位将

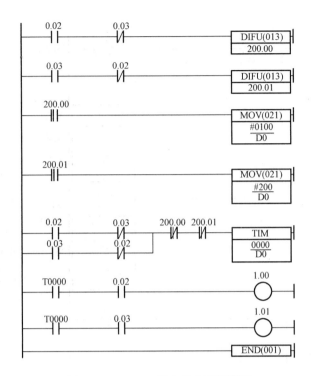

图 2-101 MOV 指令的应用梯形图

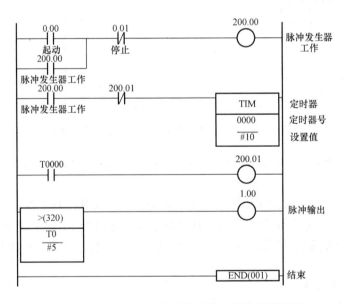

图 2-102 占空比可调的脉冲发生器控制梯形图

DM0002 中的内容取反。其应用梯形图如图 2-105 所示。

2.6.9 流动彩灯控制编程练习

【例 2-17】 用数据传送指令实现 8 个彩灯同时点亮和熄灭。

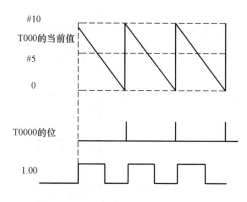

图 2-103 脉冲发生器的脉冲波形

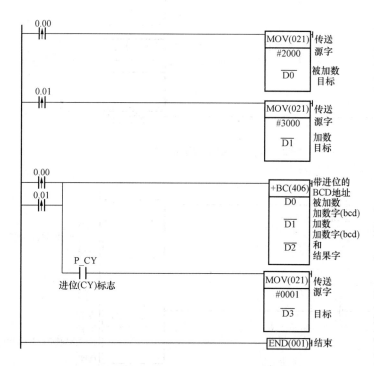

图 2-104 4 位 BCD 码指令的应用梯形图

I/O 分配：0.00 为起动信号，0.01 为停止信号，8 个彩灯分别由输出信号 1.00～1.07 驱动，对应的梯形图程序如图 2-106 所示。

【例 2-18】 流动彩灯的编程练习。

1. 控制要求

(1) 流动彩灯的流动方向可由外部开关控制。

(2) 彩灯按顺序 A～H 依次点亮（间隔 1s），然后重复上述过程进行循环。

(3) 选择流动彩灯流动方向按顺序 H～A 依次点亮（间隔 1s），然后重复上述过程进行循环。

(4) 可预置流动彩灯同时点亮的个数 1～4，改变其变化规律。

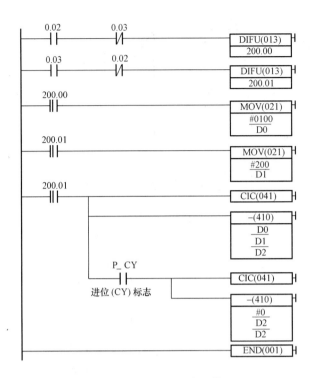

图 2 - 105 减法的应用梯形图

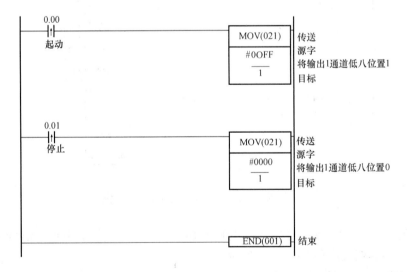

图 2 - 106 8个彩灯同时点亮和熄灭的控制梯形图

2. 硬件原理接线图

根据流动彩灯控制要求设计的硬件原理接线图如图 2 - 107 所示。

输入信号：彩灯流动方向选择开关 SA1—0.01、停止按钮 SB1—0.02、起动按钮 SB2—0.03、1 号预置按钮 SB3—0.04、2 号预置按钮 SB4—0.05、3 号预置按钮 SB5—0.06、4 号预置按钮 SB6—0.07。

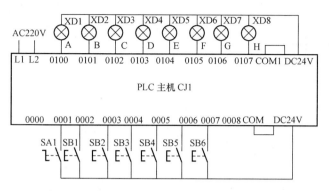

图 2 - 107　流动彩灯实验的硬件原理接线图

输出信号：8 个彩灯（A～H）—1.00～1.07。

3. 控制梯形图

根据流动彩灯控制要求设计的梯形图如图 2 - 108 所示。

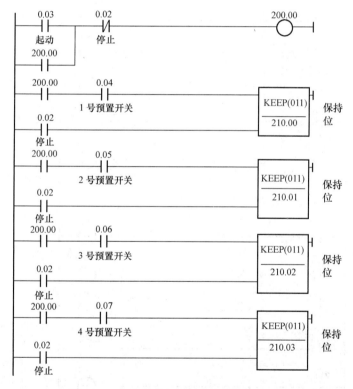

图 2 - 108　流动彩灯实验参考梯形图（一）

4. 工作过程

（1）选择流动彩灯的流动方向，将 SA1 接通输入信号 0.01 有效。

（2）按下 SB1，彩灯按顺序 A～H 依次点亮（间隔 1s），然后重复上述过程进行循环。按下 SB2，流动彩灯停止工作。

（3）将 SA1 断开，输入信号 0.01 无效，按下 SB1，流动彩灯流动方向按顺序 H～A 依次点亮（间隔 1s），然后重复上述过程进行循环。按下 SB2，流动彩灯停止工作。

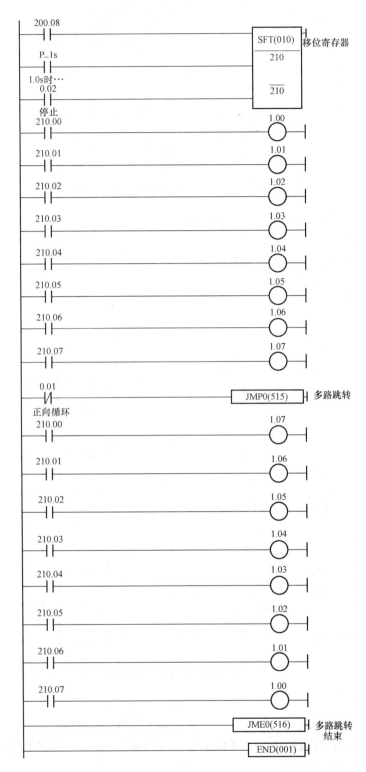

图 2-108 流动彩灯实验参考梯形图（二）

（4）改变流动彩灯的变化规律，如使两个彩灯同时点亮，然后进行循环。

2.6.10 电动机起动、制动程序编程练习

【例2-19】 电动机自动往复循环的正反转 PLC 控制编程练习。

1. 控制要求

电动机正向起动，当按下 SB2 时，输入信号 0.01 有效，电动机正向起动，压下行程开关 SQ1，输入信号 0.03 有效，电动机自动反转。电动机反向起动，当按下 SB3 时，输入信号 0.02 有效，电动机反向起动，压下行程开关 SQ2，输入信号 0.04 有效，电动机自动反转。电动机反向运行过程与正向相同。若长时间不能压下行程开关，电动机应自动停止。当电动机超载时，输入信号 0.05 有效，电动机应立即停止。电动机在任意时刻都能停止。

2. 硬件原理接线图

硬件原理接线图如图 2-109 所示。

输入信号：停止按钮 SB1—0.00、正向起动按钮 SB2—0.01、反向起动按钮 SB3—0.02、正向限位行程开关 SQ1—0.03、反向限位行程开关 SQ2—0.04、热继电器 FR—0.05。

输出信号：正向接触器 KM1—1.00、反向接触器 KM2—1.01。

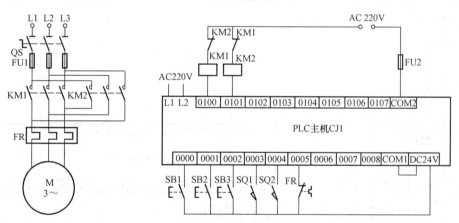

图 2-109 电动机正反向控制应用硬件原理接线图

3. 控制梯形图

电动机正反向控制应用梯形图如图 2-110 所示。

【例2-20】 电动机 Y-△起动程序编程练习。

1. Y-△降压起动的控制过程

在整个控制过程中，保证接触器 KM3 接通或断开的情况下无电弧产生。KM2 与 KM3 之间需设计电气互锁，在软件方面也应采取措施，确保线路安全可靠。同时应设有必要的保护环节。

控制过程如下：

$$KM3(+) \xrightarrow{0.5s} KM1(+) \xrightarrow{5s} KM1(-) \xrightarrow{0.5s} KM3(-) \xrightarrow{0.5s} KM2(+) \xrightarrow{0.5s} KM1(+)$$

2. 控制要求

（1）四个 0.5s 的延时时间分别用四个定时器，设计其程序。

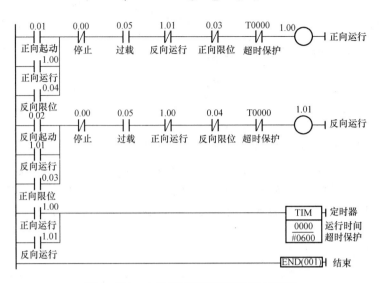

图 2 - 110 电动机正反向控制应用梯形图

（2）四个 0.5s 的延时时间用一个定时器，设计其程序。

3. 硬件原理接线图

硬件原理接线图如图 2 - 111 所示。

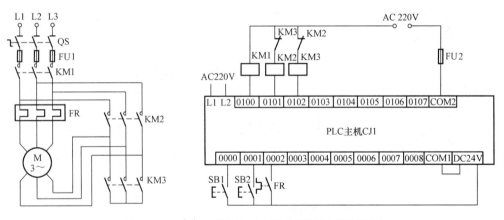

图 2 - 111 丫-△降压起动的控制硬件原理接线图

输入信号：SB1—0.00 停止信号、SB2—0.01 起动信号。

输出信号：KM1—1.00 为电源接触器线圈、KM3—1.01 为丫接接触器线圈、KM2—1.02 为△接接触器线圈。

4. 参考梯形图

（1）应用梯形图一

4 个 0.5s 的延时时间使用 4 个定时器，控制梯形图如图 2 - 112 所示。

（2）应用梯形图二

4 个 0.5s 的延时时间使用 1 个定时器，控制应用梯形图如图 2 - 113 所示。需要说明的是起动信号的时间应大于 0.5s 且小于 5.5s，否则程序的执行结果将出现错误。

【例 2 - 21】 PLC 控制电动机正反转反接制动编程练习。

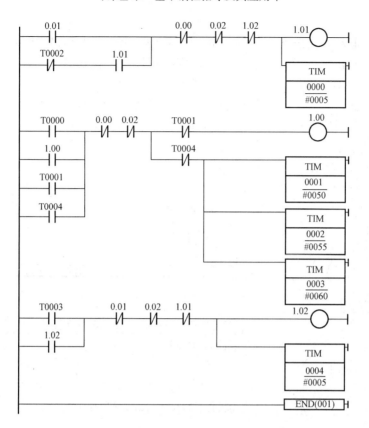

图 2-112 采用 5 个定时器控制应用梯形图

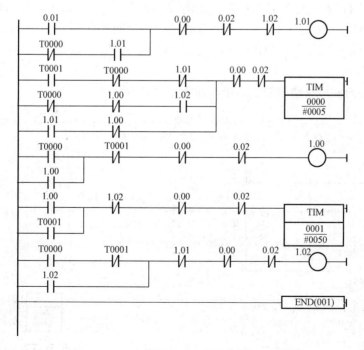

图 2-113 采用 2 个定时器控制应用梯形图

1. 控制要求

电动机正向起动，当按下 SB2 时，输入信号 0.01 有效，电动机正向起动运行。按下停止按钮时，电动机进入反接制动状态，当速度接近零时，接触器 KM2 复位，反接制动结束。电动机反向起动 SB3 时，输入信号 0.02 有效，电动机正向起动运行，电动机反向制动过程与正向相同。若长时间不能压下行程开关，电动机应自动停止。当电动机超载时，输入信号 0.05 有效，电动机应立即停止。电动机在任意时刻都能停止。

2. 硬件原理接线图

硬件原理接线图如图 2-114 所示。

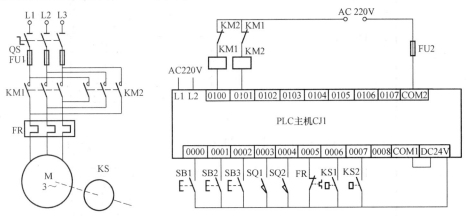

图 2-114　电动机正反转反接制动硬件原理接线图

输入信号：停止按钮 SB1—0.00、正向起动按钮 SB2—0.01、反向起动按钮 SB3—0.02、正向限位行程开关 SQ1—0.03、反向限位行程开关 SQ2—0.04、热继电器 FR—0.05、速度继电器正向触点 KS1—0.06、速度继电器反向触点 KS2—0.07。

输出信号：正向接触器 KM1—1.00、反向接触器 KM2—1.01。

3. 控制梯形图

电动机正反向反接制动控制梯形图，如图 2-115 所示。

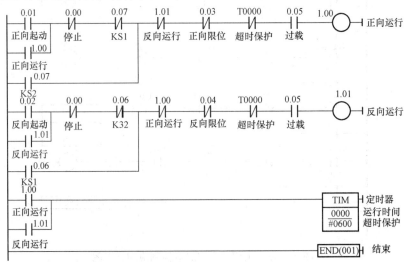

图 2-115　电动机正反向反接制动控制梯形图

按下起动按钮 SB2，输入信号 0.01 有效，电动机正向起动运行，输入信号 0.06 有效，为反接制动做好准备。按下停止按钮 SB1，输入信号 0.00 有效，电动机进入反接制动状态，当速度接近零时，输入信号 0.06 断开，输出信号 1.01 断开，接触器 KM2 复位，反接制动结束。电动机反向运行的制动过程与正向相同，这里就不再详细分析了。若电动机拖动工作台运行长时间不能压下行程开关，则定时器 T0000 动作，电动机自动停止。当电动机超载时，输入信号 000005 有效，电动机应立即停止。值得注意的是，在整个反接制动过程中应始终按下停止 SB1，否则电动机将会反向运行。

2.6.11 多种液体混合装置控制编程练习

1. 控制要求

（1）初始状态

多种液体混合装置的结构示意图，如图 2-116（a）所示。初始状态是各阀门关闭，容器内无液体。即，YA1 = YA2 = YA3 = OFF；SQ1 = SQ2 = SQ3 = OFF；M = OFF。

（2）起动操作

按下起动按钮，开始工作：

1）YA1 = ON，液体 A 开始进入容器，当液体达到 SQ3 时，YA1 = OFF，YA2 = ON，开始注入 B 液体。

2）液面达到 SQ1 时，YA2 = OFF，M = ON，开始搅拌。

3）混合液体搅拌均匀后（设时间为 30s），M = OFF，YA3 = ON，放出混合液体。

4）当液体下降到 SQ2 时，SQ2 从 ON 变为 OFF，再过 20s 后容器放空，关闭 YA3，YA3 = OFF；完成一个操作周期。

5）只要没按下停止按钮，则自动进入下一操作周期。

（3）停止操作

按下停止按钮，则在当前混合操作周期结束后，才停止操作，系统停止时与初始状态。

2. 硬件原理接线

根据多种液体混合装置控制要求设计的硬件原理接线图，如图 2-116（b）所示。

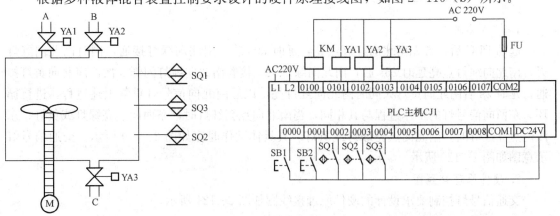

（a）　　　　　　　　　　　　　　（b）

图 2-116　多种液体自动混合装置结构示意和硬件接线图

（a）结构示意图；（b）硬件接线图

3. 控制梯形图

根据多种液体混合装置控制要求设计的参考梯形图如图 2 - 117 所示。

（1）起动操作

1）按下起动按钮 SB1，控制系统开始工作，移位寄存器输出 H0.00 有效，控制 1.01 输出，YA1 接通，液体 A 开始进入容器。

2）当液体达到 SQ3 时，移位寄存器再次移位输出 H0.01 有效，H0.00 断开，控制 1.02 输出，YA1 断开，YA2 接通，开始注入 B 液体。

3）当液面达到 SQ1 时，移位寄存器再次移位输出 H0.02 有效，H0.01 断开，控制 1.02 输出，YA2 断开，M = ON 开始搅拌。

4）混合液体搅拌均匀后（设时间为 30s），移位寄存器再次移位输出 H0.03 有效，H0.02 断开，控制 1.03 输出，YA3 接通，放出混合液体。

5）当液体下降到 SQ2 时，SQ2 从 ON 变为 OFF，计数器 C0001 开始工作，再过 20s 后容器放空，YA3 断开，完成一个操作周期。

6）只要没按下停止按钮，则自动进入下一操作周期。

（2）停止操作

按下停止按钮，则在当前混合操作周期结束后，才停止操作，系统停止时回到初始状态。

当停止信号 0.01 有效时，将保持继电器 H1.15 复位，断开下次循环的起动信号。

若在液体混合控制中，液体搅拌所需的时间要求可调，分别为 20min 和 10min，如何设计控制程序？

通过分析上述程序可知，若想改变液体搅拌所需的时间可以通过改变计数器的设定值。可以分别设置两个按钮选择所需控制时间。

I/O 分配：0.05—选择 10min，0.06—选择 20min，控制液体搅拌时间的梯形图程序如图 2 - 117 所示。

2.6.12 交通灯控制程序编程练习

1. 控制要求

起动 PLC 后，首先南北向红灯点亮，延时 30s 后，南北向绿灯接通，同时南北向红灯灭，南北向绿灯点亮延时 25s 后，南北向绿灯灭，接着南北向绿灯闪烁 3 次，南北向黄灯接通，延时 2s 后南北向黄灯灭同时南北向红灯亮，以后南北向信号灯重复上述过程，进行循环。东西向信号灯的工作过程与其相同，当南北向点亮红灯时，东西向点亮绿灯或黄灯；东西向点亮红灯时，南北向点亮绿灯或黄灯。其具体动作时序如图 2 - 119 所示。交通信号灯示意图如图 2 - 120 所示。

2. 硬件原理接线图

交通信号灯控制要求设计的硬件原理接线图如图 2 - 121 所示。

输入信号：起动信号 SB1—0.00、停止信号 SB2—0.01。

输出信号：南北向红灯 XD1—1.00、南北向黄灯 XD2—1.01、南北向绿灯 XD3—1.02、东西向红灯 XD4—1.03、东西向黄灯 XD5—1.04、东西向绿灯 XD6—1.05。

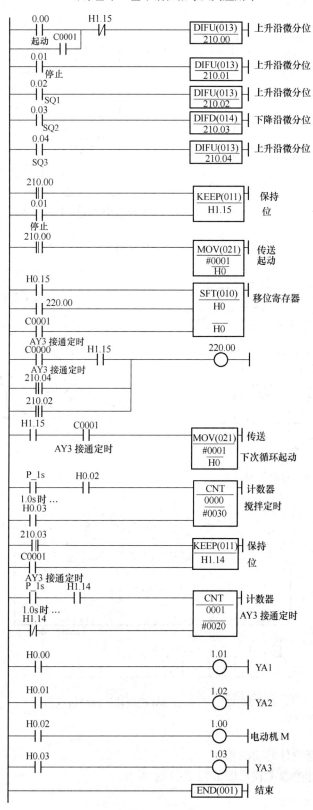

图 2-117 多种液体自动混合装置应用梯形图

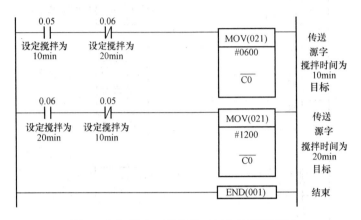

图 2-118 设定两种搅拌时间的控制梯形图

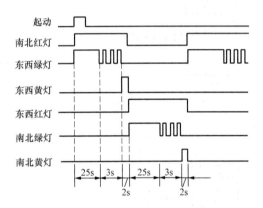

图 2-119 交通信号灯控制时序图

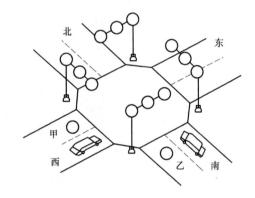

图 2-120 交通信号灯控制示意图

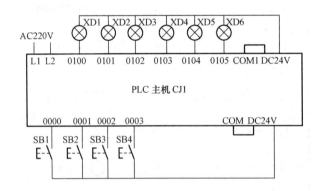

图 2-121 交通信号灯控制硬件原理接线图

3. 参考梯形图

(1) 采用定时器设计的梯形图

采用定时器设计的参考梯形图如图 2-122 所示。

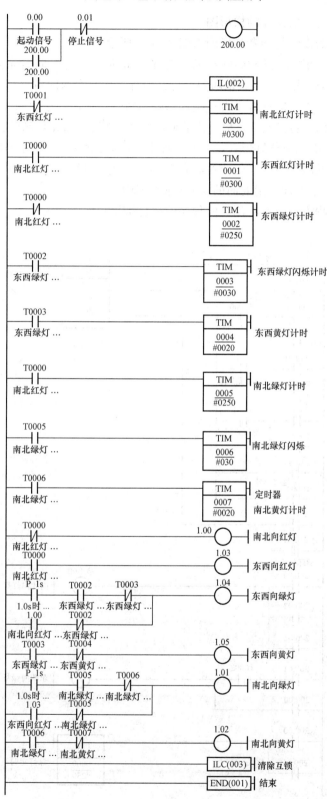

图 2-122 采用定时器控制交通信号灯应用梯形图

（2）采用移位寄存器设计的梯形图

采用移位寄存器设计的参考梯形图如图 2-123 所示。

当按下 SB1 时，输入信号 0.00 有效。首先南北向红灯亮，同时东西向绿灯亮，延时 25s 后，东西向绿灯熄灭，紧接着东西向绿灯又闪烁 3 次，东西向黄灯接通，2s 后东西向黄灯熄灭，在此过程中南北向红灯一直点亮。东西向黄灯熄灭后，东西向红灯点亮，同时南北向绿灯点亮，南北向绿灯延时 25s 后，南北向绿灯灭，接着南北向绿灯闪烁 3 次，南北向黄灯接通，延时 2s 后南北向黄灯熄灭，在此过程中东西向红灯一直点亮。南北向黄灯熄灭后，南北向红灯点亮，同时东西向绿灯点亮，以后重复上述过程，进行循环。按下 SB2 时，输入信号 0.01 有效，东西向、南北向的信号灯同时熄灭。

两个程序的编程方法虽然不同，但程序的运行结果相同。

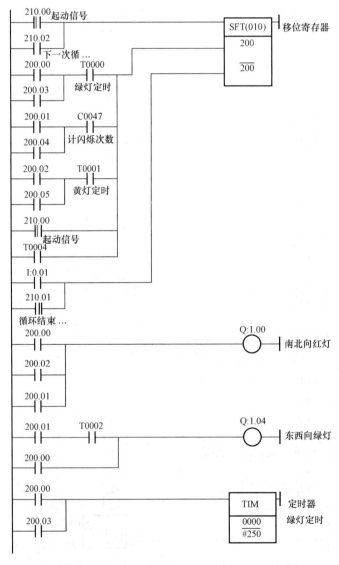

图 2-123 采用移位寄存器控制交通信号灯应用梯形图（一）

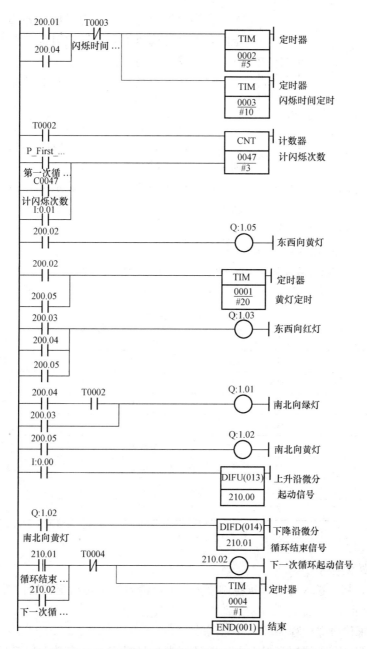

图 2-123　采用移位寄存器控制交通信号灯应用梯形图（二）

2.6.13　加工中心刀具库控制编程练习

1. 控制要求

数控加工中心的刀具库在工件加工过程中，根据加工工艺要求进行自动换刀。加工中心刀具库选择控制板结构示意图如图 2-124 所示。图中 SIN1～SIN6 是六个刀具到位信号开关，PO1～PO6 是六个刀具请求信号按钮。"符合"和"换刀"是两个指示灯，刀具盘由电动机驱动控制，PLC 只要给出电动机的两个控制信号顺/逆即可。

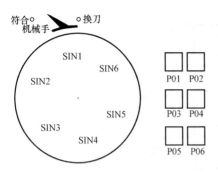

图 2-124 加工中心刀具库选择
控制板结构示意图

在换刀控制过程中，刀具库中各刀具的位置是固定的，刀具的选择指令是以刀具编号为存取地址来控制存取刀具动作的。其控制要求如下：

（1）按下刀具选择按钮，控制开始，PLC 记录当前刀号 A，等待请求。

（2）按请求信号，PLC 记录请求刀号 B。

（3）刀具盘按照离请求刀具号最近的方向转动，到位符合后，显示符合指示。

（4）机械手开始换刀，显示换刀指示闪烁，5s 后结束。

（5）记录当前刀号等待请求。

换刀过程中，其他请求信号均视为无效。

2. PLC 硬件 I/O 信号的确定

I/O 信号分配表见表 2-16。

表 2-16　　　　　　　　I/O 信 号 分 配 表

输入信号	功能说明	输入信号	功能说明
0.00	SIN1	0.02	SIN2
0.08	SIN5	0.10	SIN6
0.05	PO3	0.07	PO4
0.04	SIN3	0.06	SIN4
0.01	PO1	0.03	PO2
0.09	PO5	0.11	PO6
1.00	正转	1.01	反转
1.02	换刀	1.03	符合

3. 控制梯形图

（1）上电初始化程序

PLC 上电后，将 1 送入刀具请求控制字 W1 中，使刀具盘转动至初始位置，其控制梯形图如图 2-125 所示。

（2）刀具请求信号登记程序

将刀具请求信号存入控制字 W1 中，刀具请求信号只有一个有效，以最后登记的为准。其控制梯形图如图 2-126 所示。

（3）刀具位置信号登记程序

将刀具位置信号存入控制字 W2 中，刀具位置信号只有一个有效。其控制梯形图如图 2-127 所示。

（4）刀具盘转动及换刀程序

当刀具位置信号 W2 与请求登记刀具号 W1 比较，若 W2 大于 W1 时，将 W2-W1 其结果存入 W3 中；若 W2 小于 W1 时，将 W1-W2 其结果存入 W3 中。保证 W3 的数据大于 0，再判断 W3 中的数据，若 W3 中的数据小于常数 3，则将控制字 ♯0001 送入 W4 中，同时将

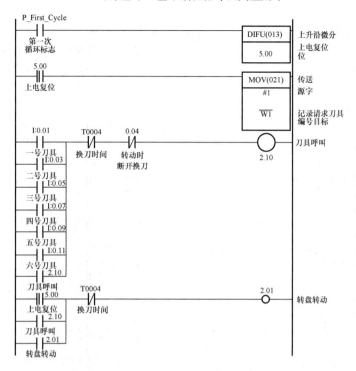

图 2-125 上电初始化程序

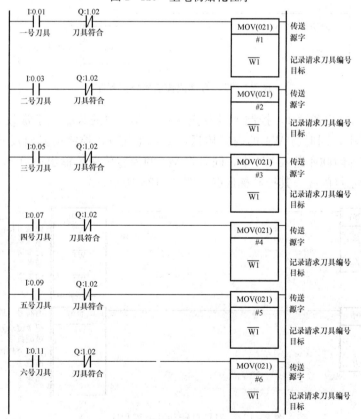

图 2-126 刀具请求信号登记程序

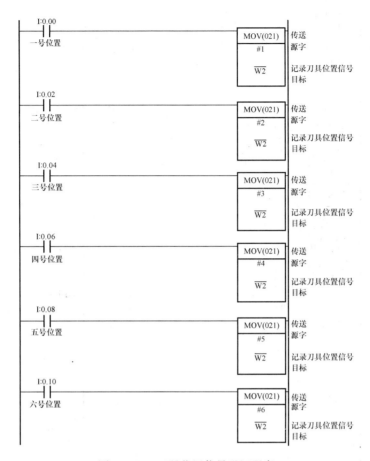

图 2-127　刀具位置信号登记程序

W4 的内容传送给输出通道 1，控制刀具盘正转；若 W3 中的数据大于常数 3，则将控制字 ♯0002 送入 W4 中，同时将 W4 的内容传送给输出通道 1，控制刀具盘反转。若 W2 等于 W1 时，将控制字♯0004 送入 W4 中，同时将 W4 的内容传送给输出通道 1，控制机械手换刀，同时换刀指示灯闪亮。其控制梯形图如图 2-128 所示。

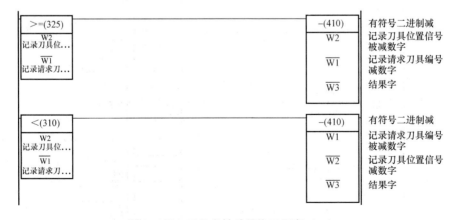

图 2-128　刀具盘转动及换刀程序（一）

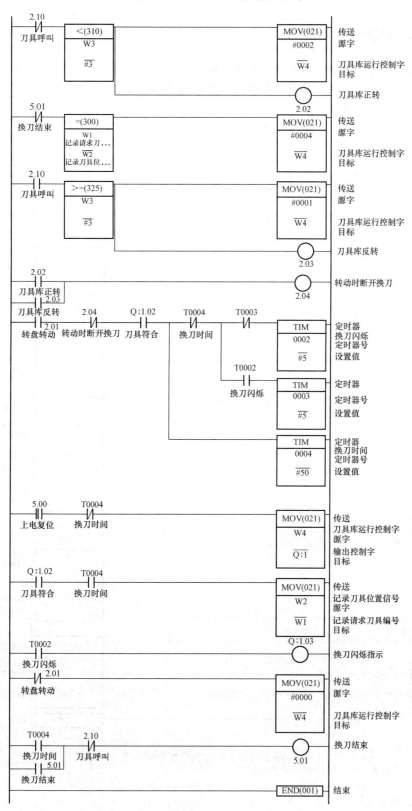

图 2-128 刀具盘转动及换刀程序（二）

2.6.14 滤波程序编程练习

在模拟量数据采集中，为了防止干扰，经常通过程序进行数据滤波，其中一种方法为平均值滤波法。要求连续采集五次数作平均，并以其值作为采集数。这五个数通过五个周期进行采集。根据控制要求设计的控制梯形图，如图 2 - 129 所示。

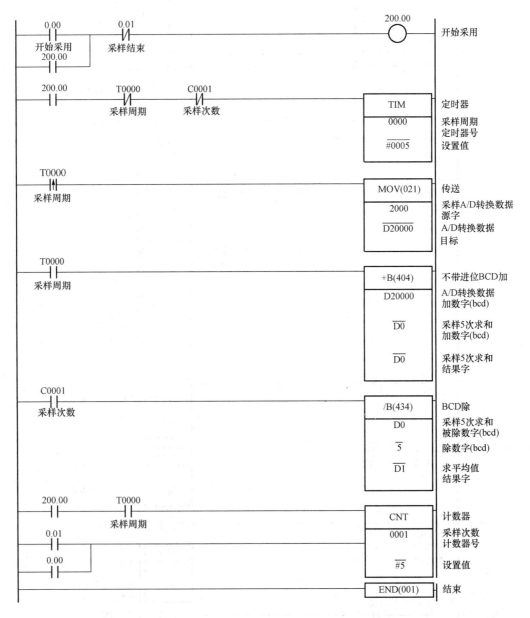

图 2 - 129 滤波程序控制梯形图

2.6.15 自动循环送料装置综合编程练习

以自动循环送料装置作为被控对象，采用 PLC 实现其控制功能。自动循环送料装置的控制方式分为手动工作方式和自动工作方式。手动工作方式可以实现对电动机的点动控制。自动工作方式为送料装置循环工作方式，而循环次数的设定分为手动按钮置数和程序置数两种选择方式。

1. 自动循环送料装置控制要求

送料车的运行过程，其控制过程如图 2-130 所示。

（1）送料车由原位出发，前进至 A 处压下 SQ2 停止，延时 30s 自动返回至原位压下 SQ1 停止，再延时 30s 自动前进，经过 B 不停前进至 B 点压下 SQ3 停止，再延时 30s 自动返回原位停。

（2）在原位再停留 30s，再自动前进，按上述过程自动循环。

（3）要求循环到预定次数，送料车自动停止在原位。

（4）循环次数可有多种设定方式。

（5）在运行的任意位置停止，停止后可手动返回原位。

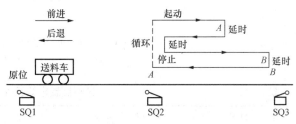

图 2-130　自动循环送料装置工作过程示意图

2. I/O 点的确定

根据控制要求及送料装置的工作过程，确定 I/O 点见表 2-17。从节省 PLC 的 I/O 点数的角度考虑，因停止按钮的作用与过载保护的热继电器的作用相同，都是使电动机停止运行，因此将其合并为一点，并且都使用了其常闭触点。

表 2-17　　　　　　　　　　　　送料装置 I/O 状态一览表

输入信号	功能说明	输入信号	功能说明
0.00	正向起动 SB1	0.05	自动工作方式 SA2
0.01	反向起动 SB2	0.06	手动工作方式 SA2
0.02	原位 SQ1	0.07	手动置数按钮 SB3
0.03	A 点 SQ2	0.08	过载 FR 和停止按钮 SB4
0.04	B 点 SQ3	0.09	手动/程序置数选择 SA1
1.00	正向接触器线圈 KM1	1.01	反向接触器线圈 KM2

说明：KM1、KM2 为拖动送料车装置电动机正、反向运行的接触器。

3. 电气原理

根据控制要求设计电气原理图，如图 2-131 所示。

根据自动循环送料控制装置电气原理图，选择电器元件的型号和个数，表 2-18 为送料控制装置所用电器元件一览表。

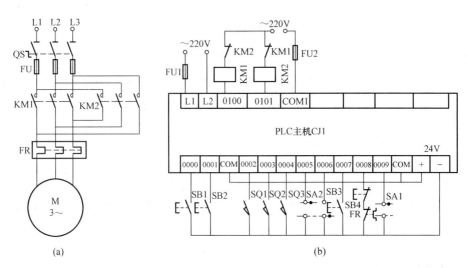

图 2-131 自动循环送料控制装置电气原理图
（a）主电路；（b）PLC硬件原理图

表 2-18 送料装置电器元件一览表

电器元件名称	型 号	使用个数	备 注
转换开关	HZ15	1	—
电动机	Y801-4	1	—
交流接触器	LC1-12	2	需配辅助触点组件
热继电器	JR20-20	1	热元件 0.6~1.2A
控制按钮	LY3	6	—
行程开关	LX33	3	—
主令开关	LW6	2	—
熔断器	RL6	2	熔体电流 2A
熔断器	RL6	3	熔体电流 10A
PLC主机	CJ1-CPU12	1	—
输入单元	CJ1W-ID211	1	16 点输入
输出单元	CJ1W-OC201	1	8 点输出

4. 系统工作流程图

根据控制要求及送料装置的工作过程设计的流程图如图 2-132 所示。

5. 控制系统参考梯形图

根据自动循环送料控制装置控制要求设计的梯形图，如图 2-133 所示。

6. 工作过程

（1）工作方式选择开关 SA2 手动方式时，PLC 输入信号 0.06 有效，自动循环送料装置处于手动工作状态，按下 SB1 或 SB2 时，输入信号 0.06 切断输出信号 1.00 或 1.01 的自锁控制回路，此时电动机处于点动控制状态，同时短接 0.03 的常闭触点，使电动机前进至 A 点不停。

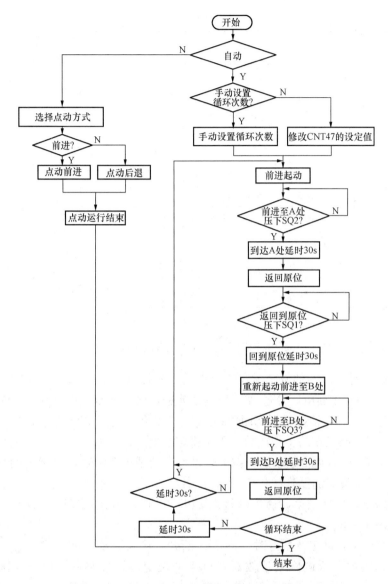

图 2-132 自动循环送料控制装置软件控制流程图

（2）工作方式选择开关 SA2 自动方式时，PLC 输入信号 0.05 有效，自动循环送料装置处于自动工作状态。再将 SA1 接通，输入信号 0.09 有效，系统工作在手动置数工作状态，按下手动置数按钮 SB3，通过上位机观察 12 通道内容的变化，假如循环 3 次，则按下 SB3 按钮 3 次，12 通道内容的数据为 3，按下正向起动按钮 SB1，输出信号 1.00 有效，接触器 KM1 接通，送料车由原位出发，前进至 A 处压下 SQ2，输入信号 0.03 接通，其常闭触点断开，使接触器 KM1 断电，电动机停止运行。同时定时器 T0001 工作，延时 30s 后输出信号 1.01 有效，使接触器 KM2 接通，电动机反转，送料车自动返回至原位，压下 SQ1，输入信号 0.02 有效，其常闭触点断开，使接触器 KM2 断电，电动机停止运行。此时定时器 T2 工作，延时 30s 后输出信号 1.00 有效，接触器 KM1 接通，送料车由原位继续出发，前进至 A 处压下 SQ2，在此过程中计数器 C0046 记录行程开关 SQ2 的动作次数，当 SQ2 动作

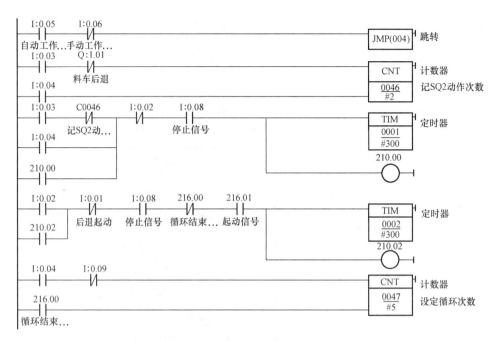

图 2-133　自动循环送料控制装置应用梯形图（一）

两次后，达到计数器 C0046 的设定值，其触点动作短接输入信号 0.03，虽然其常闭触点断开，但输出信号 1.00 不断电，经过 A 不停继续前进，前进至 B 点压下 SQ3，输入信号 0.04 有效，其常闭触点断开，使接触器 KM1 断电，电动机停止运行。到达 B 点处后，12 通道的数据自动加 1，记录已工作的工作次数，再次将定时器 T0001 接通，延时 30s 自动返回原位停，在原位再停留 30s，再自动前进，按上述过程自动循环 3 次后，12 通道的数据自记录已工作的次数为 3，与设定的循环次数 13 通道的数据比较，此时 12 通道和 13 通道的数据相等，程序自动判断，循环结束，使内部接点 216.00 有效，切断定时器 T0002 的工作回路，送料装置自动停在原位。

（3）在系统处于自动工作状态时，将 SA1 断开，输入信号 0.09 无效，系统工作在程序置数工作状态，通过上位机修改计数器 C0047 的设定值，假如系统循环 5 次，将计数器 C0047 的设定值定为 5 即可，按下正向起动按钮 SB1，送料车由原位出发，前进至 A 处压下 SQ2 停止，延时 30s 自动返回至原位压下 SQ1 停止，再延时 30s 自动前进，经过 A 不停前进至 B 点压下 SQ3 停止，再延时 30s 自动返回原位停止，在原位停留 30s，再自动前进，按上述过程自动循环 5 次后，使内部接点 216.00 有效，切断定时器 T0002 的工作回路，送料装置自动停在原位。

（4）在送料装置运行过程中，按下开始按钮 SB4，输入信号 0.08 断开，送料装置应立即停止运行。

（5）在送料装置运行过程中，发生过载时，热继电器 FR 动作其常闭触点断开，输入信号 0.08 断开，送料装置应也立即停止运行。

在实际工作过程中，对于 C0046 的复位信号问题的考虑：为了保证送料装置能够正确的工作，应在原位起动时将其复位，使其能够正确的计数。可将正向起动输入信号并联到计数器的复位端。

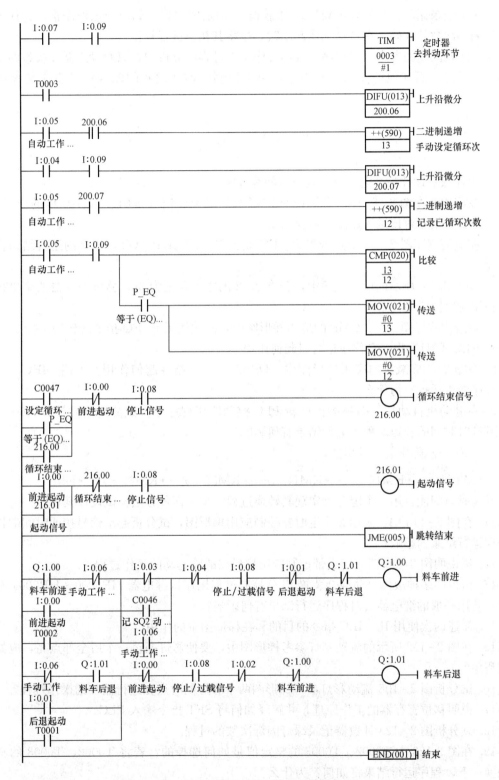

图 2-133　自动循环送料控制装置应用梯形图（二）

而对于记录循环次数的计数器、12 通道和 13 通道的数据，如出现意外停止，为保证下次工作循环次数的准确，在自动工作起动时，也将其初值进行复位。

对于防抖问题的考虑，在程序设计和程序工作过程的分析中，只对设定循环次数的按钮进行防抖考虑，而其他的开关没有考虑，对于检测已循环次数的输入信号也应考虑防抖问题。

思 考 题

1. 用计数器设计一个定时器，延时时间为 30s。

2. 在应用程序图 2 - 85 中，分别说明 CNT0001 的复位信号 0.01、CNT0001 的作用。

3. MOV 指令对传送的数据有何要求？

4. 在应用程序图 2 - 98 中，若将 P _ EQ 改为 P _ LT 或 P _ GT，程序的运行结果将如何变化？

5. 在图 2 - 97 所示的应用程序中，若将 0.02 的输入时定为 3s，移位寄存器的结果将如何？请用时序图说明。

6. 在应用程序图 2 - 99 CMP 的应用梯形图中，两次使用 P _ EQ 指令的作用是什么？

7. CLC（041）指令在程序运行时起何作用？

8. 在图 2 - 105 减法的应用梯形图中，DIFU（013）指令起何作用？不用 DIFU（013）指令程序能否运行？为什么？

9. 在电动机自动往复循环的正反转 PLC 控制应用程序中，试分析定时器 T0000 的作用。其延时时间的长短对程序运行结果有何影响？

10. 在 丫-△ 降压起动过程中，

$$KM3(+) \xrightarrow{0.5s} KM1(+) \xrightarrow{5s} KM1(-) \xrightarrow{0.5s} KM3(-) \xrightarrow{0.5s} KM2(+) \xrightarrow{0.5s} KM1(+)$$

其延时时间能否用一个定时器实现其转换过程？采用何种方法？试设计其程序。

11. 在图 2 - 113 中，采用 2 个定时器控制应用梯形图，试分析起动信号接通时间的长短对程序运行结果的影响？

12. 试说明图 2 - 96 四节传送带控制应用梯形图故障起动的工作过程。

13. 试说明多种液体自动混合装置 PLC 控制过程用保持继电器 HR0000～HR0004 有何优点？若用一般的继电器会对程序运行结果有何影响？

14. 简述两次使用 IL、ILC 指令的目的和在梯形图中的作用。

15. 在图 2 - 108 所示的流动彩灯参考梯形图中，要使彩灯亮至一个后全部点亮，应如何修改程序？

16. 试分析图 2 - 108 流动彩灯参考梯形图两个彩灯同时点亮进行循环的操作过程。

17. 说明移位寄存器的工作原理，并解释如何将 SFT 指令输入 PLC。

18. 试分析图 2 - 123 计数器记录绿灯闪烁次数的过程。

19. 在图 2-123 中 T0002、T0003 的整定值是如何选择的？若将 T0002、T0003 的整定值调换一下，程序运行结果将如何？为什么？

20. 试分析图 2 - 123 中东西向绿灯的闪烁过程。

21. 试分析移位寄存器的数据输入端信号保持时间的长短对程序运行结果的影响。

22. 试分析＋＋(590) 指令的工作过程。

23. 试分析图 2 - 131 自动循环送料控制装置电气原理图中接触器的两个常闭触点的作用。

24. 试分析图 2 - 133 自动循环送料控制装置应用梯形图中置数按钮是如何防抖的？

25. 试分析图 2 - 133 自动循环送料控制装置应用梯形图中计时器 C0046 的作用。

第3章

欧姆龙 PLC 编程工具

对于复杂的 PLC 控制程序，设计的工作量很大，若考虑稍有不周，就会留下隐患或漏洞，程序执行时，一旦条件满足 PLC 就会输出错误动作，产生所谓的软件故障。程序只有经过反复调试才能发现其中的不足，通过不断的修改才能逐步完善起来。从事 PLC 应用的专业人员既要有高水平的编程能力，能够编写出高质量的程序，也要有高水平的调试能力，能在短时间内发现程序中存在的问题，找到解决办法，迅速地加以解决。能够熟练使用程序的调试工具，掌握调试方法和调试技巧是 PLC 专业人员必须具备的一项基本技能。

CX-One 是一个 FA 集成工具包，它集成了欧姆龙 PLC 和元器件的所有支持软件。在一台个人计算机上，就可以实现对欧姆龙的 CPU 总线单元、特殊 I/O 单元和器件的设置，以及网络的启动/监视，从而提升了 PLC 系统的组建效率。CX-One 软件由以下几部分组成：

CX-Programmer PLC 编程软件（支持功能块，结构文本）；

CX-Integrator 网络配置软件；

CX-Simulator PLC 仿真软件（支持 CS1，CJ1）；

NS-Designer NS 系列触摸屏组态软件；

CX-Motion 运动控制软件；

CX-Motion-NCF NCF 系列运动控制软件；

CX-Position 位置控制软件；

CX-Protocol 协议创建软件；

CX-Process Tool 过程控制软件；

Face Plate Auto-Builder for NS NS 系列触摸屏画面自动生成软件；

CX-Thermo 器件参数调节软件；

Switch Box 调试支持软件。

本章将着重介绍 Windows 环境下的梯形图编程软件 CX-Programmer（简称为 CX-P）的应用，同时介绍手持型编程器的基本操作，以便满足不同的调试场合。

3.1 欧姆龙编程软件 CX-P 概述

1. CX-P 编程软件简介

CX-P 是一个用于对 OMRON C 系列 PLC 建立、测试和编译程序的工具，也是一个支持 PLC 设备和这些 PLC 所支持的网络设备进行通信的方便工具。

CX-P 在运行微软 Windows 环境（Microsoft Windows 95 或者更新版本，或 Microsoft Windows NT 4.0 或者更新版本）的标准 IBM 及其兼容（基于 Pentium 或者更高）台式机

上面运行。

CX-P 文件的扩展名为"CXP"或"CXT","CXP"或"CXT"的压缩形式，通常使用的是"CXP"。CX-P 的文件称为工程，CX-P 以工程来管理 PLC 的硬件和软件。

CX-P 从版本 6.0 开始，除了独立封装、独立安装外，还与 OMRON 其他的各种支持软件（如 CX-Simulator、NS-Designer 等）集成一体，形成了一个工厂自动化工具软件包，称为 CX-P。因此，CX-P 版本 6.0 及以后的版本可从 CX-P 中选择其中的一部分功能安装。

2. CX-P 的通信口

CX-P 支持 Controller Link、Ethernet、Ethernet（FINS/TCP）、SYSMAC Link、Fins-Gateway、SYSMAC WAY、Toolbus 接口。

CX-P 与 PLC 通信时，通常使用计算机上的串行通信端口，即选 SYSMAC WAY 方式。大多为 RS-232C 端口，有时也用 RS-422 端口。PLC 则多用 CPU 单元内置的通信端口，也可用 Host Link 单元的通信端口。

CX-P 使用串行通信端口与 PLC 通信时，要设置计算机串行通信端口的通信参数，使其与 PLC 通信端口相一致，两者才能实现通信。简单的做法是计算机和 PLC 都使用默认设置，PLC 可用 CPU 单元上的 DIP 开关（如果有）设定通信参数为默认的。如果无法确定 PLC 通信接口的参数，可以使用 CX-P 的自动在线功能，在"PLC"菜单中，选中"自动在线"项，选择使用的串行通信端口后，CX-P 会自动使用各种通信参数，尝试与 PLC 通信，最终建立与 PLC 在线连接。

CX-P 支持 C、CV/CVM1、CS1、CJ1、CP1H、CP1E 等 OMRON 全系列的 PLC，还支持 IDSC、NSJ、FQM。

3. CX-P 特性

CX-P 是一个用来对 OMRON PLC 进行编程和对 OMRON PLC 设备配置进行维护的工具。CX-P 最新的版本为 9.3，它的主要特性如下：

（1）Windows 风格的界面，可以使用菜单、工具栏和键盘快捷键操作。用户可自定义工具栏和快捷键。鼠标可以使用拖放功能，使用右键显示上下文菜单进行各种操作等。

（2）在单个工程下支持多个 PLC，一台计算机可与多个 PLC 建立在线连接，支持在线编程；单个 PLC 下支持一个应用程序，其中，CV/CVM1、CS1、CJ1、CP1H、CP1E 系列的 PLC，可支持多个应用程序（任务）；单个应用程序下支持多个程序段，一个应用程序可以分为一些可自行定义的、有名字的程序段，因此能够方便地管理大型程序。可以一人同时编写、调试多个 PLC 的程序；也可以多个人同时编写、调试同一 PLC 的多个应用程序。

（3）提供全清 PLC 内存区的操作。对 PLC 进行初始化操作，清除 CPU 单元的内存，包括用户程序、参数设定区、I/O 内存区。

（4）可对 PLC 进行设定，例如，CX-P 对 CPM1A，可设定"启动"、"循环时间"、"中断/刷新"、"错误设定"、"外围端口"和"高速计数器"，设定下载至 PLC 后生效。

（5）支持梯形图、语句表、功能块和结构文本编程。梯形图、语句表是最常用的编程语言，OMRON 的 PLC 都支持，除此之外，OMRON 的 CS1、CJ1、CP1H 等新型号的 PLC 还可用功能块和结构文本语言编程。

（6）CX-P 除了可以直接采用地址和数据编程外，还提供了符号编程的功能，编程时使用符号而不必考虑其位和地址的分配。符号编程使程序易于移植、拖放。

（7）可对程序（梯形图、语句表和结构文本）的显示进行设置，例如，颜色设置，全局符号、本地符号设为不同的颜色，梯形图中的错误显示设为红色，便于识别。

（8）程序可分割显示以监控多个位置。一个程序能够在垂直的和水平的分开的屏幕上被显示，可同时显示在 4 个区域上，这样可以监控整个程序，同时也监控或输入特定的指令。

（9）提供丰富的在线监控功能，方便程序调试。为了检查程序的逻辑性，监视可以暂时被冻结等。CX-P 与 PLC 在线连接后，可以对 PLC 进行各种监控操作，例如，置位/复位，修改定时器/计数器设定值，改变定时器/计数器的当前值，以十进制、有符号的十进制、二进制或十六进制的形式观察通道内容，修改通道内容等。

（10）可对 PLC I/O 表进行设定，为 PLC 系统配置各种单元（板），并对其中的 CPU 总线单元和特殊 I/O 单元设定参数。I/O 表设计完成后要下载到 PC 中进行登记，一经 I/O 表登记，PLC 运行前将检查其实际单元（板）与 I/O 表是否相符，如不符 PLC 不能运行，这样可避免出现意外情况。

（11）可对 PLC 程序进行加密。OMRON C 系列的 PLC 用编程器和 CX-P 都可以做加密处理，在程序的开头编一小段包含密码的程序，密码为 4 位数字。而 CV/CVM1、CS1、CJ1、CP1H 只能用 CX-P 设置密码，密码为 8 位字母或数字。

（12）通过 OMRON CX-Server 软件的应用，可以使 PLC 与它支持的各类网络进行全面通信，使用 CX-Server 中的网络配置工具 CX-Net 可以设置数据连接和路由表。

（13）具有远程编程和监控功能。上位机通过被连接的 PLC 可以访问本地网络或远程网络的 PLC。上位机还可以通过 Modem，利用电话线访问远程 PLC。

3.2 CX-P 的使用

计算机辅助编程便于程序管理，提高系统的性能和运行效率，具有简易编程器无法比拟的优越性，是一种广泛应用的编程方式。目前，计算机的编程软件已成为主流的编程工具。能够熟练使用程序的调试工具，掌握调试方法和调试技巧是 PLC 专业人员必须具备的一项基本技能。

3.2.1 CX-P 的基本设定

1. CX-P 的启动

在 Windows 环境下启动 CX-P 软件，如图 3-1 所示，也可单击计算机桌面上的快捷方式 启动。首先显示软件的版本如图 3-2 所示，然后进入主画面后，显示 CX-P 创建或打开工程后的主窗口，如图 3-3 所示。

图 3-1 启动 CX-P

CX-P 提供了一个生成工程文件的功能，此工程文件包含按照需要生成的多个 PLC。对

图3-2 软件的版本

图3-3 CX-P主窗口

于每一个PLC，可以定义梯形图、地址和网络细节、内存、I/O、扩展指令（如果需要的话）和符号。

CX-P编程时的操作有建立新工程、生成新符号表、输入梯形图程序、编译程序等。

2. 编程的准备工作

在"文件"菜单中选择"新建"项，或单击标准工具条中的"新建"按钮，出现"更改PLC"的对话框，如图3-4所示。

在"设备名称"栏输入用户为PLC定义的名称。

在"设备类型"栏选择PLC的系列，如图3-5所示。单击右边"设定"按钮可进一步配置CPU型号，如图3-6所示。

图3-4 "更改PLC"对话框

图3-5 配置PLC设备

在"网络类型"栏选择PLC的网络类型，一般选择系统默认项"Toolbus"即可，如图3-7所示。单击右边"设定"按钮，选择"驱动"选项，设定通信端口和波特率，如图3-8所示。

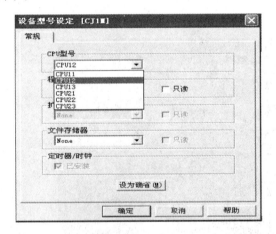

图3-6 选取CPU型号

图3-7 网络类型的选择

上述设置完成后，在主窗口中出现了工程窗口和梯形图编辑窗口。在工程栏中双击"新工程"图标下的"新PLC"项，可以进入"变更PLC"对话框，如图3-9所示。在该对话框中可以修改已选定的PLC的型号等内容，单击"确定"按钮，表明建立了一个新工程。若需要注释可在"注释"栏输入与此PLC相关的注释。若单击"取消"按钮，则放弃操作。

在工程窗口中，单击"设置"按钮，出现"网络设置"对话框，选择"上位机链接端口"项，可以选择计算机的通信端口、设定通信参数等。计算机与PLC的通信参数应设置一致，否则不能通信，如图3-10所示。

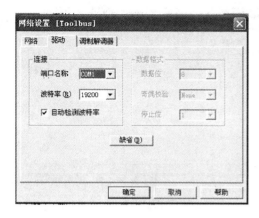

图 3-8　网络设置窗口　　　　　　　　　图 3-9　"变更 PLC"对话框

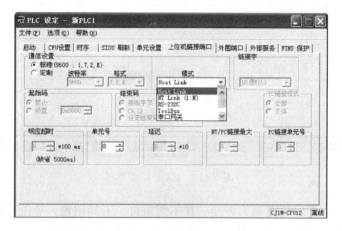

图 3-10　计算机的通信端口、通信参数设定

3.2.2　CX-P 窗口介绍

一、主窗口

当 PLC 配置设定完成后，即可在梯形图编辑窗口编辑梯形图程序，如图 3-11 所示。CX-P 主窗口的组成如下。

1. 标题栏

显示打开的工程文件名称、编程软件名称和其他信息。

2. 菜单栏

将 CX-P 的全部功能按各种不同的用途组合起来，以菜单的形式显示，如图 3-12 所示。

主菜单有 10 个选项：文件、编辑、视图、插入、PLC、编程、模拟、工具、窗口、帮助。单击主菜单，会出现一个下拉菜单，其中的各个命令项表示该主菜单选项下所能进行的操作。

CX-P 的全部功能都可以通过主菜单实现。具体操作时，先选中操作对象，然后到主菜单中单击相应的选项，在下拉子菜单中选择各种命令。CX-P 除了通过主菜单操作外，还可

图 3-11 CX-P 主窗口

图 3-12 CX-P 的菜单栏

以通过上下文菜单，有时后者更为方便。在不同窗口、不同位置，单击鼠标右键，会弹出一个菜单，此即上下文菜单，显示的各个命令项表示能够进行的操作。

3. 工具栏

将 CX-P 中经常使用的功能以按钮的形式集中显示，工具栏内的按钮是执行各种操作的快捷方式之一。工具栏中有多个工具条，可以通过"视图"菜单中的"工具栏"来选择要显示的工具条。下面详细介绍标准工具条，其他工具条用到时再介绍。

（1）标准工具条

CX-P 的标准工具条如图 3-13 所示，与 Windows 界面相同，使用 Windows 的一些标准特性。

图 3-13 CX-P 标准工作栏

1）新建、打开和保存：新建、打开和保存是对工程文件的操作，与 Windows 应用软件的操作方法是一样的。

2）打印、打印预览：CX-P 支持打印的项目有梯形图程序、全局符号表和本地符号表等。

3）剪切、复制和粘贴：可以在工程内、工程间、程序间复制和粘贴各个对象；可以在梯形图程序、助记符视图、符号表内部或两者之间来剪切、复制和粘贴各个对象，例如，文本、接触点和线圈。

4）拖放：在能执行剪切/复制/粘贴的地方，通常都能执行拖放操作，单击一个对象后，按住鼠标不放，将鼠标移动到接受这个对象的地方，然后松开鼠标，对象将被放下。例如，可以从符号表里拖放符号，来设置梯形图中指令的操作数；可以将符号拖放到监视窗口，也可以将梯形图元素（接触点/线圈/指令操作数）拖放到监视窗口中。

5）撤消和恢复：撤消和恢复操作是对梯形图、符号表中的对象进行的。

6）查找和替换：能够对工程工作区中的对象在当前窗口中进行查找和替换。在工程工作区使用查找和替换功能，此操作将搜索所选对象下的一切内容。例如，当从工程工作区内的一个 PLC 程序查找文件时，该程序的本地符号表也被搜索；当从工程对象开始搜索时，将搜索工程内所有 PLC 中的程序和符号表。也可以在相关的梯形图和符号表窗口被激活的时候开始查找，这样，查找就被限制在一个单独的程序或者符号表里面。

查找和替换可以是文本对象（助记符、符号名称、符号注释和程序注释），也可以是地址和数字。

在"查找"对话框中，单击"报表"按钮来产生一个所有查找结果的报告。一旦报告被生成，将显示在输出窗口的"寻找报表"窗口。

7）删除：PLC 离线时，工程中的大多数项目都可以被删除，但工程不能被删除。PLC 处于离线状态时，梯形图视图和助记符视图中所有的内容都能被删除。

8）重命名一个对象：PLC 离线时，工程文件中的一些项目可被重命名，例如，为工程改名，向 PLC 输入新的名称等。

（2）梯形图工具条

如图 3-14 为梯形图工具条，主要用于梯形图的编辑。

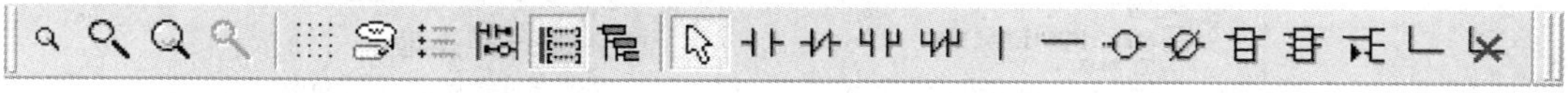

图 3-14 梯形图工具条

（3）插入工具条

用于新 PLC、新程序（任务）、新段、新符号插入操作。

（4）符号表工具条

用于符号表的显示或检查操作。

（5）PLC 工具条

PLC 工具条如图 3-15 所示，主要用于 CX_P 与 PLC 通信，例如，联机、监控、脱机、上载、下载、微分监控、数据跟踪或时间图监视器、加密、解密等。

（6）程序工作条

CX-P 的程序工作条如图 3-16 所示，主要用于选择监控、程序编译、程序在线编辑。

（7）查看工具条

CX-P 的查看工具条如图 3-17 所示，主要用于显示窗口的选择。

图 3-15　PLC 工具条

图 3-16　CX-P 的程序工作条

图 3-17　CX-P 查看工具条

图 3-18　CX-Simulator 在线模拟仿真器工具条

（8）CX-Simulator 在线模拟仿真器工具条

CX-Simulator 在线模拟仿真器工具条如图 3-18所示。

4. 状态栏

位于窗口的底部，状态栏显示即时帮助、PLC 在线/离线状态、PLC 工作模式、连接的 PLC 和 CPU 类型、PLC 扫描循环时间、在线编辑缓冲区大小和显示光标在程序窗口中的位置。可以通过"视图"菜单中的"状态栏"命令来打开或关闭它。

二、CX-P 工程

在工程工作区，工程中的项目以分层树形结构显示，如图 3-19 所示。分层树形结构可以压缩或扩展，工程的每一个项目都有图标相对应。在线状态下，还会显示出"错误日志"。

(a)

(b)

图 3-19　CX-P 工程窗口

（a）离线模式；（b）在线模式

对工程中的某一项目进行操作时，可以选中该项目，单击主菜单的选项，弹出下拉命令子菜单后，选择相应的命令；也可以选中该项目，单击工具栏中的命令按钮；也可以选中该项目，使用键盘上的快捷键；还可以右击该项目的图标，弹出上下文菜单后，选择相应的命令。

图中的工程、PLC、程序、任务、段这些项目均有属性设置。选中对象，单击鼠标右键，在上下文菜单中选择"属性"，即可在弹出的"属性"对话框中改名称、添加注释内容等。

下面介绍工程的各个项目及相关操作：

1. 工程

一个工程下可包括多个 PLC。对项目"工程"进行的操作有：为工程重命名、创建新的 PLC、将 PLC 粘贴到工程中、属性设置等。

2. PLC

一个 PLC 包括的项目有全局符号、I/O 表和单元设置、设置、内存、程序、功能块等。PLC 的型号不同，包括的项目会有差别，OMRON 的 CS1、CJ1、CP1H 等新型号 PLC 才有功能块。

对项目"新 PLC1【CJ1M】离线"能够进行的操作，有对 PLC 修改、剪切、复制、粘贴、删除，在线工作，改变PLC 操作模式，符号自动分配，编译所有的 PLC 程序，验证符号，传送，比较程序，属性设置等。PLC 的设置菜单如图 3-20 所示。

在 PLC 设置菜单中，双击"属性"，进入 PLC 属性设置窗口，如图 3-21 所示。用其可定义 PLC 名称，并对一些编程中的重要特性做设定。例如，"以二进制形式执行定时器/计数器"项，若选定，则可启用 TIMX 等以二进制形式执行的定时器/计数器指令；若未选定，系统默认 TIM 等以BCD 码形式执行的定时器/计数器指令。在该窗口上，若单

图 3-20 工程窗口的 PLC
的设置菜单

击"保护"标签，将出现密码设定窗口，如图 3-22 所示。在其上可键入程序保护的密码。密码为 8 位，26 个英文字母或数字。"UM 读取保护密码"是对 PLC 中所有的用户程序加密，"任务读保护密码"只是对用户程序中的一个或几个任务加密。密码设定后，CX-P 操作人员在不输入密码时，不能读取 PLC 中加密的用户程序或加密的任务。

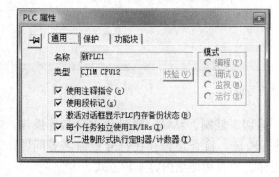

图 3-21 CX-P 属性设置窗口

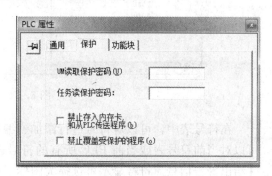

图 3-22 CX-P 密码设定窗口

3. 全局符号和本地符号表

符号表是一个可以编辑的符号列表，包括名称、数据类型、地址/值和注释等。对 CJ1 系列的 PLC，这个列表还提供关于机架位置等信息。每一个 PLC 下有一个全局符号表，当工程中添加了一个新的 PLC 时，根据 PLC 型号的不同，全局符号表中会自动添入预先定义好的符号，通常是该型号 PLC 的特殊继电器。每一个程序的各个任务下有一个本地符号，包含只有在这个任务中用到的符号，本地符号表被创建时是空的。

在符号表中，每一个符号名称在表内必须是唯一的。但是，允许在全局符号表和本地符号表里出现同样的符号名称，在这种情况下，本地符号优先于同样名称的全局符号。

双击"全局符号表"图标，可以显示出全局符号表，如图 3-23 所示。全局符号表中最初自动填进的一些预置的符号取决于 PLC 类型，例如，许多 PLC 都能生成预置的符号"P_1s"（1s 的时间脉冲）。所有的预置符号都具有前缀"P_"，不能被删除或者编辑，但用户可以向全局符号表中添加新的符号。

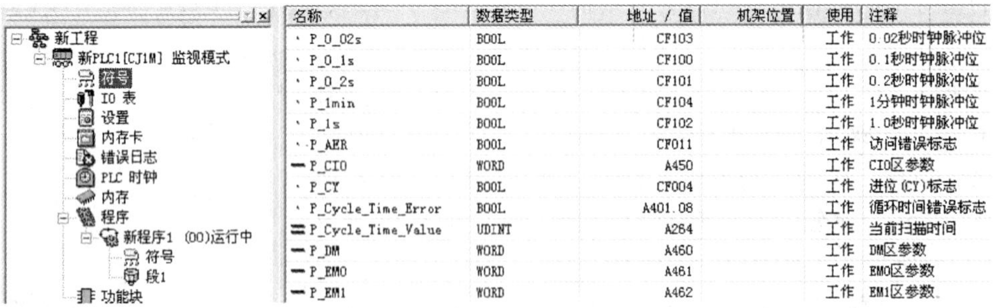

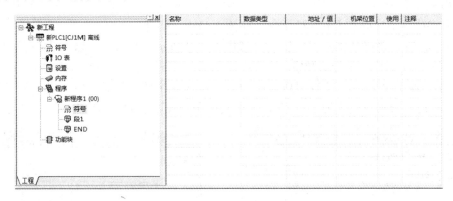

图 3-23 全局符号窗口

双击"本地符号表"图标将显示出本地符号表，如图 3-24 所示。本地符号由用户自行定义，并添加到本地符号表中。

图 3-24 本地符号窗口

在符号表中，可以对符号进行添加、编辑、剪切、复制、粘贴、删除和重命名等操作；可以对当前符号表或当前 PLC 所有的符号表进行验证，检查是否存在符号重命名等问题，并给出警告信息。符号显示可选择大图标、小图标、列表和详细内容 4 种方式。

4. I/O 表和单元设置

（1）I/O 表

模块式 PLC 的 I/O 表可自动生成，也可自行设定。自动生成时，其 I/O 地址按默认值确定。自行设定时，有的 PLC（如 CJ1 机）的地址可以按给定的地址范围选定，较灵活。

要自行设定时，可双击工程工作区的"I/O 表和单元设置"图标，将弹出 I/O 表设计窗口。该窗口提供了可能的 I/O 配置，可按系统实际配置进行选择。

I/O 表设定后，传送给 PLC 就完成了 I/O 登记。一经 I/O 表登记，PLC 运行前，CPU 就要检查实际运行模块连接与 I/O 表是否相符。如不符，则出现 I/O 确认错误，PLC 无法进入运行模式，无法工作。

自动生成的 I/O 表也可作登记。登记时，首先，CX_P 与 PLC 在线连接，且使 PLC 处于编程模式。然后双击工程工作区中的"I/O 表和单元设置"图标，等待弹出 I/O 表设计窗口。该窗口出现后，再在其上的"选项"菜单项中选"创建项"，并单击。

自动生成的 I/O 表也可不登记。这样做，当 PLC 上电时，其 CPU 不检查实际模块连接与 I/O 表（因未登记，无 I/O 表）是否相符。不管模块是如何安装的，其程序照样运行，会有一定的危险，所以一般还是推荐 I/O 表进行登记。

I/O 表登记可用 CX_P 删除。方法是：CX_P 与 PLC 在线连接，且使 PLC 处于编程模式。双击工作区中的"I/O 表和单元设置"图标，等待弹出 I/O 表设计窗口。该窗口出现后，再在其上的"选项"菜单项中选"删除项"，并单击。

（2）单元设置

在生成 I/O 表时，对选中的特殊 I/O 单元、CPU 总线单元等可以同时进行设置，例如，设置单元号等，在 I/O 表下载时，这些设置将一并传到 PLC 中。

5. 设置

系统设定区，用来设置各种系统参数。CX_P 通过单击"设置"图标进入系统设定区，进行各种设定，设定传到 PLC 后才生效。

6. 内存

CX-P 通过单击"内存"图标可以查看、编辑和监视 PLC 内存区，监视地址和符号，强制位地址，以及扫描和处理强制状态信息。

7. 程序

OMRON 的 CS1、CJ1、CP1H 等新型 PLC 支持多任务编程，把程序分成多个不同功能及不同工作方式的任务。任务有两个类：循环任务和中断任务。

在工程中，PLC 程序下可以包含多个任务。对项目"程序"可以进行的操作有插入程序（任务）、删除、属性设置等。

8. 任务

任务实际上是一段独立的具有特定功能的程序，每一个任务的最后一个指令应是 END，表示任务的结束。任务可以单独上载或下载。

在工程中，任务由本地符号、段组成。最后一个段应为 END，自动生成。

对项目"任务"进行的操作有打开、插入程序段、编译、部分传输、将显示转移到程序中指定位置、剪切、复制、粘贴、删除、重命名、属性设置等。

9. 段

为了便于对任务的管理，可将任务分成一些有名称的段，一个任务可以分成多个段，例如，段1、段2等，PLC按照顺序来搜索各段。程序中的段可以重新排序和重新命名。

可用段来储存经常使用的算法，这样段作为一个库，可复制到另一个任务中去。

对项目"段"进行的操作有打开梯形图、打开助记符、将显示转移到程序中指定的位置、剪切、复制、粘贴、删除、重命名、属性设置等。

可以直接用鼠标拖放一个段，在当前任务中拖放将改变段的顺序，也可将段拖到另一个任务中。

10. 功能模块

OMRON 的 CS1、CJ1、CP1H 等新型 PLC 可以使用功能块编程，功能块下的成员可以从 OMRON 的标准功能块库文件或其他库文件中调入，也可由用户使用梯形图或结构文本自己编辑产生。

11. 错误日志

处于在线状态时，工程工作区中的树形结构中将显示 PLC"错误日志"图标。双击该图标，出现"PLC 错误"窗口。窗口中有3个选项卡：错误、错误日志和信息。

(1) "错误"：显示 PLC 当前的错误状态。

(2) "错误日志"：显示有关 PLC 的错误历史。

(3) "信息"：可显示由程序设置的信息。信息可以被有选择的清除或全部清除。

三、CX-P 视图

对 CX-P 的视图操作时，要用到查看工具条，单击工具条中"视图"按钮将激活对应的视图，如图 3-25 所示，再次单击则窗口关闭。

四、PLC 选项

对 CX-P 的"PLC"操作，单击工具条中的"PLC"按钮将激活对应的视图，如图 3-26 所示，再次单击则窗口关闭。

五、梯形图视图

选中工程工作区中"段1"，单击工具栏中的"查看梯形图"按钮或双击段1，将显示如图 3-27 所示的梯形图视图。

梯形图视图的特征用以下名词描述。

(1) 光标：一个显示在梯级里面的当前位置的方形块。光标的位置随时显示在状态栏。

(2) 梯级（条）：梯形图程序的一个逻辑单元，一个梯级能够包含多个行和列，所有的梯级都具有编号。

(3) 梯级总线（母线）：左总线是指梯形图的起始母线，每一个逻辑行必须从左总线画起。梯级的最右边是结束母线，即右总线。右总线是否显示可以设定。

(4) 梯级边界：指左总线左边的区域，其中左列数码为梯级（条）编号，右列数码为该梯级的首步编号。

(5) 自动错误检测：编程时，在当前选择的梯级左总线处显示一条粗线，粗线为红色高亮表示编程出错，绿色表示输入正确。此外，梯形图中如果出现错误，则元素的文本为红色。可以通过"工具"菜单"选项"中的"外观"选项卡来定义上述的颜色和显示参数。

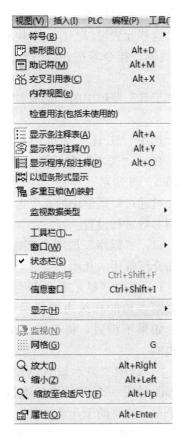

图 3-25 视图选项菜单

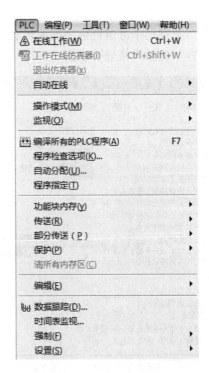

图 3-26 PLC 选项菜单

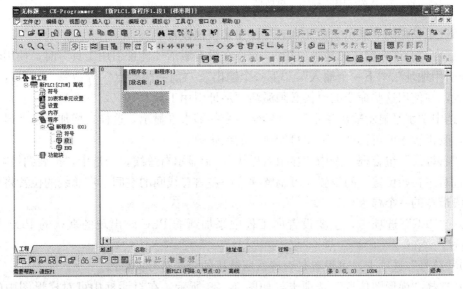

图 3-27 梯形图视图

（6）网络点：显示各个元素连接处的点。可单击工具栏中的"切换网络"按钮来显示网络。

（7）选中元素：单击梯级中的一个元素，按住鼠标左键，拖过梯级中的其他元素，选中后元素的颜色发生变化，这样就能够同时选中多个元素。这些元素可以当作一个块移动。

在用梯形图编程时，可以利用工具栏中的接触点、线圈、指令等按钮以图形方式输入程序。

在梯形图视图中可进行程序的编辑、监视等。可用"工具"菜单中的"选项"对梯形图的显示内容和显示风格进行设置。

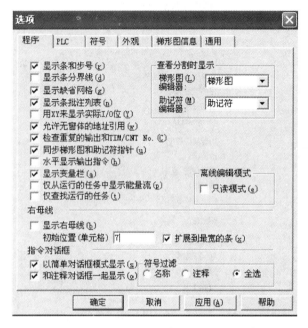

图 3-28 工具选项中"程序"对话框

选中"工具"菜单中的"选项"后，显示"选项"对话框，单击程序，如图 3-28 所示。

可通过对话框中的 6 个选项卡对一系列参数进行设置。

（1）"程序"选项卡有很多选项，下面介绍常用的几项。

1）选中"显示条和步号"，将在梯形图左边的梯级边界显示条和步号码。如果不设置，将显示一个小的梯级边框。

2）选中"显示缺省网格"，将在梯形图的每一个单元格的连接处显示一个点，这有助于元素的定位。

3）选中"显示条批注列表"，将在梯级注释的下方显示一个注释列表，为梯级里所有元素的注释。这个选项也可以通过工具栏的"显示条批注列表"按钮来快速设置。

4）选中"允许无窗体的地址引用"，允许在没有激活"地址引用工具"时，使用转移到"下一个引用地址"、"下一个输入"、"下一个输出"、"前一跳转点"等命令。如果这一项没有被设置，在使用这些命令的时候必须激活"地址引用工具"。

5）选中"水平显示输出指令"，使特殊指令能够水平显示，这样，增加屏幕上显示的梯级数目，改进程序的可读性，减少打印所需的纸张数。

6）"右母线"组合框：选中"显示右母线"，则显示右总线。当选中"扩展到最宽的条"时，通过对"初始位置"的设置，可调整梯形图左右总线间的空间，右总线的位置将自动匹配程序段最宽的一个梯级。

（2）"PLC"选项卡，主要设置向工程中添加新的 PLC 时出现的默认的 PLC 类型及 CPU 型号。

（3）"符号"选项卡，可设置是否确认所链接的全局符号的修改。

（4）选择"梯形图信息"选项卡，如图 3-29 所示，在对话框中可对梯形图中的元素（如接触点、线圈、指令和指令操作数）的显示信息进行设置。显示的信息越多，梯形图单元格就越大。为了让更多单元格能够被显示，一般只选那些需要的信息显示。

1）通过"名称"可决定显示还是隐藏符号名称，规定显示行数及在元素的上方还是下方显示。

2）通过"注释"可决定显示还是隐藏注释，规定显示的行数及显示的位置。

在监视状态下，通过设置"指令"中的选项来决定指令的监视数据的显示位置。不选"共享"时，监视数据显示在名称、地址或注释的下方；选"共享"时，监视数据与名称、地址或注释显示在一行。

3）通过"显示在右边的输出指令"可选择在输出的右边显示的一系列有关输出指令的信息，包括以下选项："符号注释"、"指令说明"、"存在的附加注释"、"操作数说明"。选中后则显示，否则不显示。

4）通过"程序/段注释"可决定显示还是隐藏程序/段注释，选"显示"，则出现在程序的开头处。

（5）"通用"选项卡，主要改变 CX-P 的窗口环境，设置 CX-P 创建或打开工程时

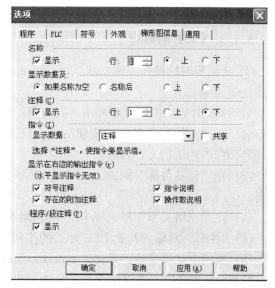

图 3-29 工具选项中"梯形图信息"对话框

的视窗风格，如可只显示梯形图窗口，其他窗口被隐藏；也可在工程工作区输出、查看和地址引用工具等窗口中选择显示。

六、助记符视图

助记符视图是一个使用助记符指令进行编程的格式化编辑器。选中工程工作区中的"段1"，单击工具栏的"查看助记符"按钮，显示"助记符"视图。

七、输出窗口

输出窗口位于主窗口的下面，可以显示编译程序结果、查找报表和程序传送结果等。

单击查看工具栏上的"切换输出窗口"按钮来激活此窗口，"输出"窗口通常显示在主窗口的下方，再次单击"切换输出窗口"按钮可关闭此窗口。"输出"窗口下方有"编译"、"寻找报表"和"传送"3 个选项，它们对应 3 个不同的窗口。

（1）"编译"窗口：显示由程序编译产生的输出。选择其中一个错误，可使梯形图相关部分高亮。"编译"窗口也能显示其他信息，例如，警告及连接信息。

（2）"寻找报表"窗口：显示在工程文件内对特定条目进行查找的输出结果。

（3）"传送"窗口：显示文件或者程序传送的结果。

要清除输出窗口，可选择上下文菜单中的"清除"命令。

要跳转到"编译"窗口或"寻找报表"窗口中指出的错误源时，双击窗口中相应的信息，使用上下文菜单中的"下一个引用"命令，跳到该窗口下一条信息所指的位置。跳转到的地方在图表工作区中使用高亮来显示。

八、查看窗口

能够同时监视多个 PLC 中指定的内存区的内容。单击查看工具栏上的"切换查看窗口"按钮来激活此窗口。"查看窗口"通常显示在主窗口的下方，它显示程序执行时 PLC 内存的值。

从上下文菜单中选择"添加"命令，"添加查看"对话框将被显示。在"PLC"栏中选择PLC，在"地址和名称"栏中输入要监视的符号或地址。如果有必要，选择"浏览"按钮来定位一个符号。

3.2.3 CX-P的编程

CX-P编程时的操作有建立新工程、生成新符号表、输入梯形图程序、编译程序等。

1. 建立新工程

启动CX-P后，窗口显示如图3-3所示。

（1）在"文件"菜单中"新建"项，或单击标准工具条中的"新建"按钮，出现如图3-4所示的"更改PLC"对话框。

（2）在"设备名称"栏输入用户为PLC定义的名称。在"设备类型"栏选择PLC的系列。

（3）在"网络类型"栏选择PLC的网络类型，一般选择"Toolbus"。

（4）"注释"栏输入与此PLC相关的注释。

（5）通过上述设定后，单击"更改PLC"对话框中的"确定"按钮，则显示如图3-11所示的CX-P主窗口，表明建立了一个新工程。若单击"取消"按钮，则放弃操作。

2. 梯形图编程

在工程工作区中双击"段1"，显示出一个空的梯形图。使用梯形图工具条中的按钮来编辑梯形图，可输入常开接点、常闭接点、线圈、指令等，单击按钮会出现一个编辑对话框，根据提示进行输入。

在编辑梯形图时，可为梯级、梯形图元素添加注释，提高程序的可读性。注释通过梯级、梯形图元素的上下文菜单中的"属性"项添加。

梯形图编辑时，除了添加，还可进行修改、复制、剪切、粘贴、移动、删除、撤销、恢复、查找、替换等操作。

编程一般按逐个梯级进行，梯级中错误的地方以红色显示，若梯级中出现错误，在梯形图梯级的左边将会出现一道红线。在梯级的上方或下方可插入梯级，已有的梯级可以合并，也可拆分，这些都可通过梯级的上下文菜单中的命令完成。在一个梯级内，通过梯形图元素的上下文菜单中的命令，可插入行、插入元素、删除行、删除元素。

（1）使用CX-P软件对图3-30所示的梯形图进行编辑。

将上述的梯形图输入到编程界面中。首先输入新接点00000，用鼠标单击梯形图状态栏的常开接点，然后将鼠标移至梯形图编辑区，输入接点编号00000，单击"确定"按钮即可，如图3-31所示。再输入新接点00001，计数器的两个输

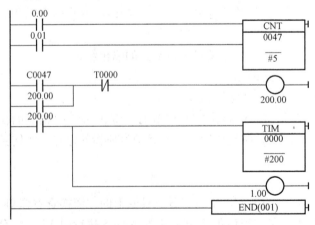

图3-30 定时器/计数器控制梯形图

入端输入完成后，输入计数器指令。

图 3-31　输入新接点

用鼠标单击梯形图状态栏的新指令图标 ⌐⊦，将鼠标移至梯形图编辑区，单击到如图 3-32 的位置，输入新指令 CNT，输入空格，再输入计数器的编号 0047，再输入空格，输入 计数器的设定值♯0005，如图 3-32 所示，最后单击"确定"按钮，至此第一段程序输入完 毕，如图 3-33 所示。

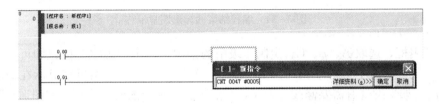

图 3-32　输入新指令

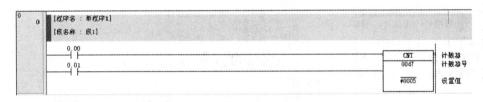

图 3-33　计数器输入

继续将梯形图输入至梯形图编辑区，输入梯形图完成后的状态如图 3-34 所示。

（2）程序的编译。

程序工具条上有两个编译按钮："编译程序" ▦ 和"编译 PLC 程序" ▧。前者只是 编译 PLC 下的单个程序，后者则编译 PLC 下的所有程序。

还可以选中工程工作区中的 PLC 对象，单击编程工具条的"编译（C）"按钮，如图 3-35 所示。单击"编译（C）"选项，系统对所编制的梯形图自动编译，并将结果显示在输出 窗口的编译标签中，如图 3-36 所示。

程序编译时，对所编写的程序进行检查，检查有 3 个等级："A"、"B" 和 "C"。等级不 同，检查的项目也不同，其中，"A" 最多，"B" 次之，"C" 最少。检查项目还可自行 定制。

选择 "PLC" 菜单中的"程序检查选项"命令，显示"程序检查选项"对话框，如图 3-37 所示，进行相应的选择，编译时将按选定的项目检查程序的正确性。在"程序检查选

图 3-34 编程结束的梯形图显示

项（K）"列表框，选取 A、B、C、定制 4 级中的某项，单击"确定"按钮即可。选择主菜单"PLC"下拉菜单的"编译所有的 PLC 程序（A）"子项，检查结果将显示在输出窗口中的编译区内。如果发现有需要修改的程序，只需把错的梯形图改写成正确的图形符号和编号即可。

图 3-35 编译对话栏

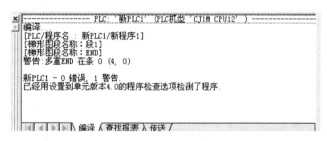

图 3-36 编译信息结果显示

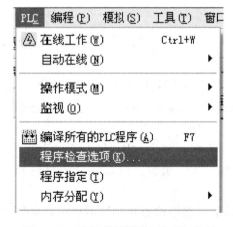

图 3-37 选择"程序检查选项"命令

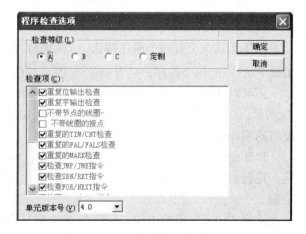

图 3-38 "程序检查选项"列表

（3）梯形图编辑

1）编辑接点和线圈

在编辑接点对话框或者编辑线圈对话框中，输入接点或者线圈的名称或者地址，或者直接在全局和本地符号列表中直接进行选择；也可以用名称或者地址定义成一个新的符号，并把其添加到本地或者全局符号表中去，如图3-39所示。编辑完成后，单击"确定"即可。梯形图编辑的操作包括指令条的复制、剪切和删除等。

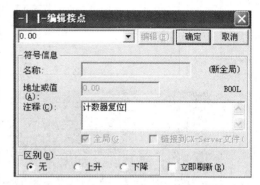

图3-39　编辑接点

2）指令条的复制

在编写梯形图时，经常会遇到结构相同的指令条，为了提高编程的效率，可使用系统的复制功能。如图3-40所示，将指令条2复制到END指令之前，先选中被复制的指令条，然后单击鼠标右键弹出快捷菜单，选取"复制（C）"命令即可。

用鼠标点击结束指令条所在的指令条，接着单击鼠标右键再次弹出快捷菜单，选取"粘贴（P）"命令即可，如图3-41所示。完成该复制后，梯形图如图3-42所示。

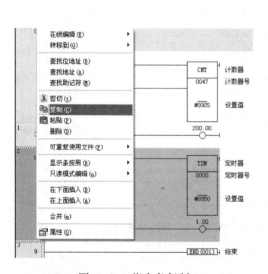

图3-40　指令条复制

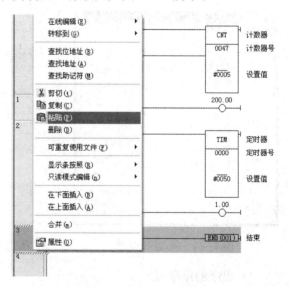

图3-41　指令条粘贴

关于剪切、删除的操作与复制的过程基本相同。

3）创建指令条注释

对于大型的程序往往是由若干相对独立的程序段组成，需要加指令条的注释，选择"编程"菜单中的"段/条管理器（S）"命令，如图3-43所示。单击显示段/条管理器的对话框如图3-44所示。希望第一条增加注释，在条注释栏写入注释的内容即可，然后单击"编辑注释"按钮完成对第一条的注释，如图3-45所示。

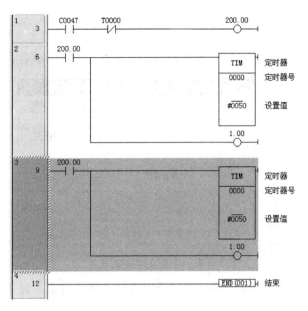

图 3-42　被复制指令条　　　　　　　　　　图 3-43　选择段/条管理器命令

图 3-44　段/条管理器

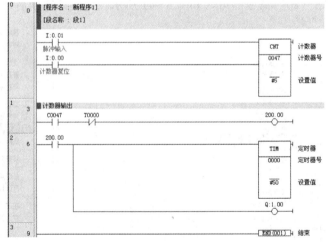

图 3-45　条注释显示

4）程序的保存

单击主菜单中"保存"按钮，弹出保存文件对话框，填入保存路径和文件夹名，单击"保存"按钮即可。

3.2.4　CX-P检查程序

1. 编译程序

当程序编制完成后，可对程序进行编译。CX-P在编译过程中会自动检查程序。检查的结果会在输出窗口表格中给出。同样以梯形图显示的程序会对非法程序部分的左母线用红色显示。

2. 检查程序

当用 CX-P 检查程序时，操作可定义程序检查等级 A、B 或 C（出错严重程度），以及用户检查级。

（1）指令处理出错

当执行一条指令，如果提供的数据不正确或试图执行一条任务之外的指令，指令处理出错就会出现。这里，在指令处理开始时所需的数据被检查，检查结果出现错误，该指令不执行。ER 标志（出错标志）将变为 ON，EQ 和 N 标志可能保持不变或变为 OFF，这取决于这条指令。如果这条指令（包括输入指令）结束，通常 ER 标志将变为 OFF。使 ER 标志变为 ON 的条件随各指令而不同。

（2）非法指令错误

非法指令错误表示想要执行的指令数据不在系统定义范围内，只要程序是用 CS/CJ 系列编程装置（包括手持编程器）生成，这样的错误一般不会出现。在实际应用中，即使这种错误出现，也把这种错误当作程序错误对待，运行将会停止（致命错误），并且非法指令标志（A29514）将会变为 ON。

（3）UM（用户内存）溢出错误

UM 溢出错误表示在为用户内存所定义的程序存储区之后存放执行指令数据，只要程序是用 CS/CJ 系列编程装置（包括手持编程器）生成，这样的错误一般不会出现。

在实际应用中，即使这种错误出现，也把这种错误当作程序出错对待，运行将会停止（致命错误），且 UM 溢出标志（A29515）将会变为 ON。

（4）检查致命错误

当执行用户程序时，CPU 检查硬件及软件错误，若存在致命错误（如 PROGRAM ERR、I/O SET ERR）发生，CPU 单元将停止运行。在工程窗口单击"错误日志"，查看详细错误信息，解决方法参阅 CJ1 系列编程手册。

（5）检查非致命错误

当执行用户程序时，CPU 检查硬件及软件错误，若存在非致命错误（如系统 FAL 错误）发生，CPU 单元不停止运行。在工程窗口单击"错误日志"，查看详细错误信息，解决方法参阅 CJ1 系列编程手册。

3.2.5 梯形图在线操作

梯形图的在线操作主要包括梯形图的在线/离线切换、程序的下载与上载、监视程序运行和在线调试等工作。

（1）离线方式与在线方式

离线方式下，CX-P 不与 PLC 通信。在线方式下，CX-P 与 PLC 通信。选用何种方式，根据需要而定。例如，修改程序必须在离线方式下进行；而要监控程序运行，则应在在线方式下进行。

在工程工作区选中"PLC"后，单击 PLC 工具条中"在线工作"按钮，将出现一个确认对话框，如图 3-46 所示。选择"是"，则计算机与 PLC 联机通信，处于在线方式；再单击"在线工作"按钮，则转换到离线方式。

CX-P 与 PLC 建立在线连接时，CX-P 选用的通信端口与计算机实际使用的要相符，而

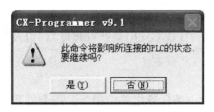

图 3-46 在线工作的对话栏

且计算机端口的通信参数要与 PLC 的相一致，否则无法建立连接。如果无法确定 PLC 端口的通信参数，建议使用 CX-P 的自动在线功能。

（2）PLC 工作模式

PLC 通常有 3 种工作模式：编程、监视和运行。工作模式可通过单击 PLC 工具条中的相应按钮来切换。

监视模式与运行模式基本相同。只是在运行模式下，计算机不能改写 PLC 内部的数据，对运行的程序只能监视；而在监视模式下，计算机可以改写 PLC 内部的数据，对运行的程序进行监视和控制。

（3）把程序传送到 PLC（下载）

当 PLC 处于在线模式时，可以将程序下载到 PLC。如果没有处于这种状态，CX-P 将自动改变模式。将 CX-P 与 PLC 建立在线连接，由于在线时一般不允许编辑，所以程序区变成灰色。如图 3-47 所示。

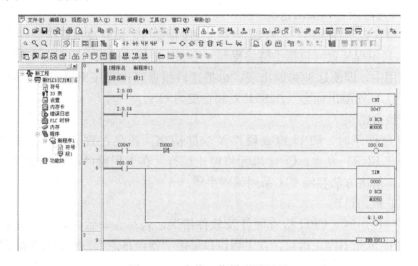

图 3-47 在线工作梯形图显示

单击 PLC 工具条上的"在线模式"按钮，把 PLC 的操作模式设为在线编程。再单击主菜单"PLC"下"传送"的"到 PLC"，如图 3-48 所示。

将显示"下载选项"对话框，如图 3-49 所示，可以选择的项目有程序、设置、I/O 表、特殊单元设置等，不同型号的 PLC 可选择的项目有区别。按照需要选择后，单击"确定"按钮，将显示如图 3-50 所示的对话框，若继续进行时，可单击"是"按钮，出现"下载…"进程窗口，如图 3-51 所示。当下载成功后，单击"确定"按钮，结束下载。

下载程序结束后，程序将被编译，随之显示一个确认对话框。梯形图程序将变灰，以防进一步被编辑。在状态条中将显示出操作模式和任务的循环时间。注意下载时，不能下载单独的程序段到 PLC 中。

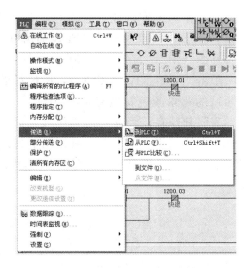

图 3-48　选择下载选项命令

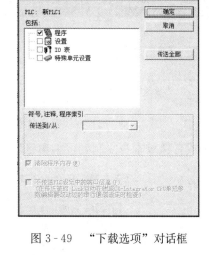

图 3-49　"下载选项"对话框

图 3-50　下载选择继续对话框

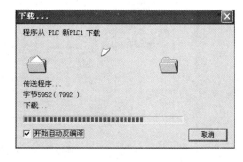

图 3-51　梯形图下载进程窗口

（4）从 PLC 传送程序到计算机（上载）

选择工程工作区中的 PLC 对象。单击 PLC 工具条上的"从 PLC"按钮，将显示"上载选项"对话框，可以选择的项目有程序、设置、I/O 表、特殊单元设置等，单击"确定"按钮确认操作，将出现"上载"窗口，开始从新 PLC 中上载程序，其过程与"下载"过程基本相同，在"上载"过程中，出现"上载"进程窗口，如图 3-52 所示。当上载成功后，单击"确定"按钮，结束上载。

图 3-52　梯形图上载进程窗口

3.2.6　在线编辑

在线状态下，程序区变成灰色，一般不能编辑或修改程序。但程序下载到 PLC 后，如果要做少量的改动，可选择在线编辑功能来修改 PLC 中的程序。

使用在线编辑功能时，要使 PLC 处在"编程"或"监视"模式下，不能在"运行"模式下。选择工具栏的在线工作按钮，将出现一个确认对话框，选择"是"按钮，PLC 进入在线工作状态。工程工作区内的图标将发生变化。梯形图程序的背景颜色将发生变化，显示

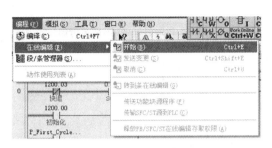

图 3-53　选择在线编辑命令

元素或者梯级本身复制到可编辑区域。

其现在不是可编辑区域。选择主菜单"编程（P）"，在下拉菜单中选中"在线编辑（E）"的"开始（B）"，如图 3-53 所示。

单击"开始（B）"按钮后，所选择的编辑区域的背景颜色发生变化，如图 3-54 所示，表明其现在已经是可编辑区域，此时可以进行在线编辑工作。但是其周围的梯级仍然不能被编辑，但是可以把这些梯级里面的

图 3-54　在线编辑的编辑区

梯形图修改完毕后，单击编程工具条中的"发送变更（S）"按钮，如图 3-55 所示，所编辑的内容将被检查同时发送到 PLC 中，一旦这些改变被传送到 PLC，编辑区域再次编程变成只读。

若想取消所做的编辑，单击程序工具条中的"取消（C）"按钮，可以取消所做的任何在线编辑，编辑区域也将变成只读，PLC 中的程序没有任何改动。

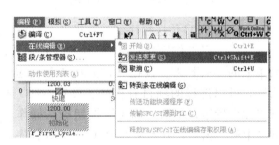

图 3-55　在线编辑发送变更选项

值得注意的是，进入在线编辑时，PLC 中的程序必须与 CX-P 上激活的程序是相同的，否则无法进入。

3.2.7　CX-P 监控

CX-P 具有强大的监控功能，可以监控 PLC 的运行，调试 PLC 的程序。

CX-P 调试程序时要和 PLC 建立在线连接，要保证梯形图窗口中显示的程序和实际 PLC 中的一致。如果不确定，使用 PLC 工具条中的"与 PLC 比较"按钮进行校验，程序不一致时，可以根据需要将 CX-P 中的程序下载，或将 PLC 中的程序上载至 CX-P 中。

在编程模式下，PLC的程序不执行，CX-P可以对PLC改变位的状态、修改通道的内容、修改定时器/计数器的设定值等。

在PLC控制系统调试时，CX-P在监控模式下可直接控制输出点的接通或断开，检查PLC输出电路的正确性，这是调试工作中重要的一步。

在监视模式下，PLC的程序执行，CX-P除了监视外，还可对PLC改变位的状态、修改通道的内容、修改定时器/计数器的设定值和当前值等，通常在监视模式下调试PLC的程序。

在运行模式下，PLC执行用户程序，CX-P不能进行改写位的状态或通道的内容等操作。

CX-P与PLC在线连接后，单击PLC工具条中的"编程模式"、"监视模式"或"运行模式"，选定PLC的工作模式，如图3-56所示。

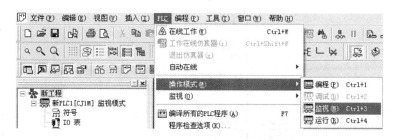

图3-56 PLC工作模式的选择

再单击"切换PLC监视"按钮，可以看到梯形图中触点接通将有"电流"通过，凡是接通的地方都有"电流"通过的标志，形象地反映了PLC的I/O点、内部继电器的通断状态，可以看到PLC中的数据变化及程序的执行结果，如图3-57所示。在监视或运行模式下执行，可以看到输入信号、输出信号的状态及定时器TIM和计数器CNT的工作时的变化过程。

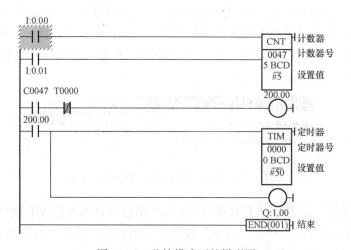

图3-57 监控模式下的梯形图

3.2.8 PLC 的程序调试

（1）强制置位

CX-P 软件中的"强制"命令，可以方便地模拟真实的控制过程，有效地验证程序的正确性。

对位的操作有强制 ON、强制 OFF、强制取消、置为 ON、置为 OFF。某一位被强制后，其状态将不受 I/O 刷新或程序的影响，不需要强制时，可以取消。在图 3-58 中，要想强制输入接点 I：0.01 为 ON，将鼠标点击强制置位的接点处，在工程工作区选中"PLC"后，单击 PLC 工具条中"强制（P）"按钮，选取子菜单中"为 ON"选项，单击后显示输入接点 I：0.01 上出现强制置位标志，绿色线条表示第一指令条逻辑导通，如图 3-59 所示。

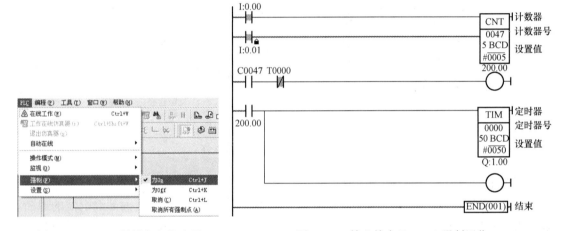

图 3-58　CX-P 强制命令的选项　　　　　图 3-59　输入接点 I：0.01 强制置位

（2）微分监视

如果位状态被置为 ON 或 OFF 时只能保持一个扫描周期，应选取微分监视。

利用微分监视器可看到上升沿或下降沿出现的情况，还有声音提示，并能够统计变化的次数。使用微分监视器时需要设置，在 PLC 菜单中，选取"监视（O）"的子菜单"微分监视（N）"，如图 3-60 所示。

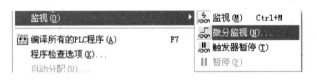

图 3-60　选择在线监视中微分监视命令

选中"微分监视"项后，出现如图 3-61 所示的窗口，填入监视的地址，选择边沿和声音，图中监视的位是 0.01。单击"开始"按钮，开始监视，微分监视器的输出如图 3-62 所示。图中的计数为 0.01 出现上升沿的变化次数。

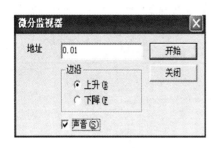

图 3-61 微分监视器对话框

图 3-62 微分监视器输出

3.2.9 在线模拟

CX-Simulator 仿真软件可以在个人计算机上模拟调试 CS/CJ CPU 单元的梯形图执行。使用 CX-Simulator，在计算机上的虚拟 CPU 单元通过 CX-P 连接后，可以实现各种在线功能，如 I/O 点的状态、监控 I/O 内存的当前值、强制/复位、微分监控、数据跟踪及在线编译等。这样可以有效地减少设备、系统的建立时间。

具有梯形图步执行、断点等调试功能：CS/CJ 具有各种检测功能，包括梯形图步执行（指令执行）、起点设定、断点设定、I/O 中断条件及扫描执行。可以通过模拟中断任务，使得调试更加接近实际状态。

现场数据收集和办公室操作的验证：从 PLC 上获取 I/O 存储的时序数据，并通过数据再造文件（CSV 格式）进行保存，通过将这些数据作为虚拟外部输入数据输入至 CXSimulator，现场 PLC 梯形图执行可以在计算机上得以再现。单击菜单"模拟（S）"，选择"在线模拟（I）"，如图 3-63 所示，则进入在线模拟的界面，如图 3-64 所示。

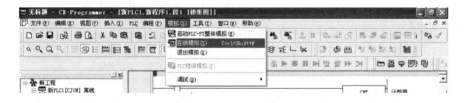

图 3-63 在线模拟选项

在线模拟的运行方式分单步运行、连续单步运行和扫描运行。其快捷方式在工具栏中都有相应的"按钮"，如图 3-65 所示。

为了更好地了解 PLC 的工作过程，下面以单步运行为例，说明 PLC 在线模拟的过程。首先单击单步运行按钮如图 3-66 所示。单击后第一个节点 0.00 变为粉色，如图 3-67 所示，意味着程序从第一条指令开始执行。继续单击单步运行按钮，如图 3-68 所示，第二个节点 0.01 变为粉色，指令执行到第二步；再继续单击单步运行，按钮如图 3-69 所示，指令执行到计数器。

为了观察计时器的工作情况，可将计数器的脉冲输入端置成"1"，再观察计数器的计数值的变化，如图 3-70 所示，可以看到计数器的当前值减 1。

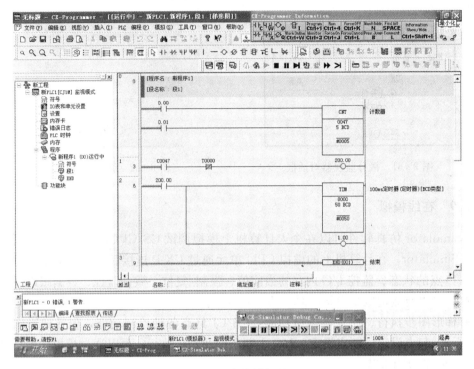

图 3-64　在线模拟界面

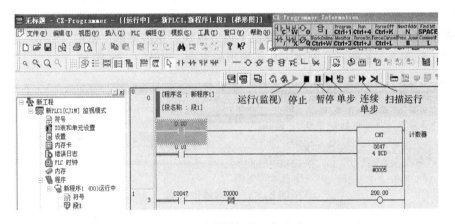

图 3-65　在线模拟的运行方式

图 3-66　在线模拟的单步运行方式选择

图 3-67　在线模拟的单步运行一

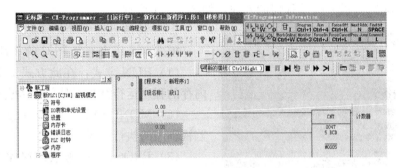

图 3-68　在线模拟的单步运行二

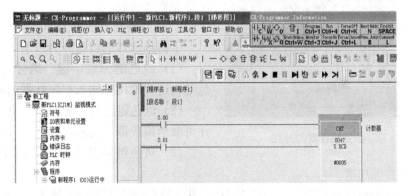

图 3-69　在线模拟的单步运行三

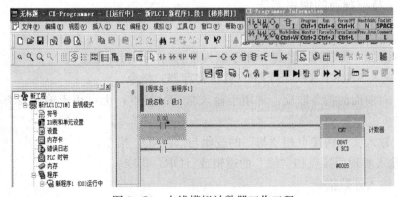

图 3-70　在线模拟计数器工作工程

通过上述操作，我们就基本上掌握了欧姆龙 CX-P 编程软件的基本使用方法。更详细的操作请参阅相关的手册。

3.3 欧姆龙 PLC 手持编程器的使用

手持编程器是 PLC 的编程工具之一，它是可以直接安装到 PLC 上的小型编程设备上，采用助记符的方式编程，较适用于程序或在现场修改参数、监视 PLC 运行状态等。

3.3.1 手持编程器简介

CJ1M 系列 PLC 的手持编程器的外观，如图 3-71 所示。

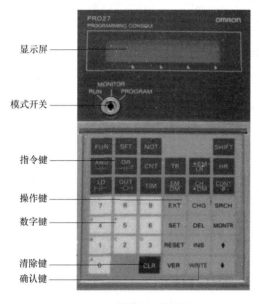

图 3-71 手持编程器的外观

1. 手持编程器的模式开关

模式开关用来选择 PLC 的 3 种工作模式。

（1）RUN 方式：在此方式下 PLC 将按照内存的程序运行结果对外部设备进行控制。

（2）MONITOR 方式：在此方式下可直接监视程序的执行情况。

（3）PROGRAM 方式：在此方式下 PLC 不执行程序，可进行程序输入、修改和清除程序存储器等功能。

2. 手持编程器的键盘

手持编程器的键盘分为以下 4 类：

（1）白色键为数字键：编号为 0～9 的白色键，这些键用来输入程序数据的数值。

（2）红色键为清除键 CLR：用来清除显示并可取消编程器当前的操作。

（3）黄色键为操作键：用来实现程序、编辑、检查、监控等功能。

（4）灰色键为指令键：除右上角的 SHIFT 外，这些键实现指令的输入。

3.3.2 手持编程器的使用方法

1. 手持编程器的键盘功能

FUN——选择一种特殊功能键，用于输入带有功能码特殊指令。

SFT——送入 SHIFT REGISTER（移位寄存器）指令。

NOT——对前面的指令取反，常用于输入常 ON 接点；也可用于输入具有微分特性的指令。

AND——输入实现两接点相"与"的逻辑与（AND）指令。

OR——输入实现两接点相"或"的逻辑或（OR）指令。

CNT——输入计数指令。

OUT——输入 OUTPUT 指令。

TIM——输入定时器指令。

TR——输入暂存继电器指令。

LR——输入连接继电器指令。

HR——输入保持继电器指令。

DM——输入数据存储指令。

CH——用于指定一个通道。

CONT——检索一个接点。

2. PROGRAM 方式

将模式开关拨在 PROGRAM 位置，在 PC 加电后显示器显示：

```
⟨PRG⟩3:JPN–⟩ENG
PASSWORD!
```

这一显示要求用户输入口令，其作用是防止对 PLC 程序未经许可的非法进入，为进入编程状态，只要依次按下 CLR MONTR 两键就能进入 PLC 程序并显示：

```
⟨PRG⟩      BZ
      3:JPN–⟩ ENG
```

若清除显示可按下 CLR，显示器将显示：

```
000000  CT00
```

至此可以将由梯形图得到的程序指令代码输入到 PLC 主机。

3. 删除内存中原有程序

在编程状态下需要清除内容或需要重新开始输入程序，可依次按下 CLR、SET、NOT 和 RESET 键，则显示：

```
000000CLR  REM ?
CHWA TCD          P
```

若再按 MONTR 键，则显示：

```
000000CLR  REM ?
0:ALL        1:TASK
```

若再按下数字 0，显示则变成：

```
000000CLR ALL ?
INT 0:NO  1:YES
```

若再按下数字 1，则显示变成：

```
000000CLR ALL ?
INT      1 : YES
```

此时若不想清除内存程序，按下 CLR 键则上述操作无效；若清除内存程序即可按下 MONTR 键，内存程序被清除，显示变成：

```
000000CLR ALL ?
INT 0:NO   1 : YES
```

按下 CLR，则显示变成：

```
000000 CLR ALL
END        1 : YES
```

此时可以开始输入程序。

4. 将程序送入 CPU

将助记符指令表 3-1 所示的程序输入到 PLC 中，首先键入 LD 指令。

表 3-1   助 记 符 指 令 表

地址	指令	数据	地址	指令	数据
000000	LD	000000	000006	OUT	020000
000001	LD	020000	000007	LD	020000
000002	CNT	0047	000008	TIM	0000
		♯0005			♯0020
000003	LD	CNT0047	000009	OUT	000100
000004	OR	020000	000010	END（001）	
000005	ANDNOT	TIM0000			

按下 LD 键，显示：

```
000000        CT00
LD              000000
```

左上角的 000000 是起始地址。LD 指令即存放在这一地址内，右下角的 000000 代表输入指令的数据，在目前输入点是 000000，其值可不变，然后将 LD 指令写到存储单元 000000，按 WRITE 键，显示：

```
000001        CT00
END(001)
```

其地址自动加 1，END（001）意味着 000001 这一地址内写入结束指令（CJ1M 主机将用户输入程序指令的下一个地址单元自动写入 END 指令），接着再按下 LD 20000 WRITE 将 LD 20000 写入 000001 地址单元，以下类推。程序的最后一个指令 END 告诉 PLC 程序已经结束，写此指令时要求用 FUN 键，数值 001 代表 END，键入 001 写入 END 指令，至此整个程序输入工作结束。

5. 程序检查

要显示指定地址的内容，需要连续两次按下 CLR 键，显示：

```
000000      CT00
```

输入指定的地址单元，按一次上或下箭头，即可显示指定地址的内容，再按↑键或↓键可以将上一单元或下一单元地址的内容显示出来。逐条检查已输入的程序，如果发现需要修改程序，只需在错误的语句上写入正确的语句即可。

6. 删除指令

若删除 OUT 020000 指令，先将程序地址移到该指令所在的地址，然后依次键入 DEL 键和↑键，这样就删除 OUT 020000 指令。同时地址单元的数据自动减 1。

7. 插入指令

若将上述删除的指令再重新插入，则可输入需要插入的指令内容 OUT 020000 后，再依次按下 INS 键和↓键。这样就将 OUT 020000 指令插入到该地址的存储单元内了。同时地址单元的数据自动加 1。

8. 检索继电器接点

地址检索：CLR　CLR　　　（地址）　　　↑或↓

指令检索：CLR　CLR　　　（地址）　　　SRCH

接点检索：CLR　CLR　　　SHIFT　　　CONT　　　（接点号）SRCH

9. 读出错误信息

在 CPU 面板上的 ALM/ERR 报警/错误指示灯提供了可视的 PLC 异常的指示。当指示灯为 ON 时，表明已发生了致命错误（表示该错误已导致程序停止运行），当指示灯闪烁时，则表明发生了非致命的错误，但程序仍在运行。一旦有错误发生时，程序会停止执行并关闭所有输出。错误产生指示灯显示见表 3-2。

表 3-2　　　　　　　　　　　错误产生指示灯显示状态

指示灯	CPU 出错	CPU 待机	致命错误	非致命错误
RUN	…	OFF	OFF	ON
ERR－ALM	ON	OFF	ON	闪烁

系统出错信息可显示在编程器屏幕上或编程软件错误日志上。在辅助区提供了很多故障信息字、标志位和错误代码。

利用 CJ1M 手持编程器的监控功能可检查出程序执行期间产生的错误。在 PLC 工作状态选择 MONITOR 方式下有效，依次按 CLR 键、FUN 键、MONTR 键即可显示出错误信息；若程序执行存在多个错误信息，就开始检查并显示出查到的首个错误信息；再按下

MONTR 键，就可以继续显示下一条错误。错误信息显示的顺序取决于错误的优先级，其中包括引起 CPU 停机的致命性错误和不会引起 CPU 停机的非致命性错误，其致命错误与非致命错误信息详细参阅 CJ1 编程手册。

若程序正确则显示：

```
ERR/MSG
CHK OK
```

根据编程器显示的故障信息或出错代码，找出出错的原因，然后根据手册的故障处置方式去排除故障，具体故障原因和处置方式可参考 CJ1 的编程手册进行对应的处理。

10. 状态检查

有时可能希望在开始控制操作之前，检查每一个继电器接点的状态（ON 或 OFF），这时一种有效的调试方式是，在运行和 MONITOR 方式下，按下 CLR 键清除显示，从首地址开始按 ↓ 键，便可以检查每一个继电器的状态；连续按下 ↓ 键，可按顺序检查每一个继电器状态。

11. 输入/输出监视

（1）利用 PLC 的监视功能可以不断监视 PLC 的工作情况。

用户可以检查某个部件是否正确的工作，或监视某个计数器值递减的情况，CJ1M 主机允许用户很容易地检查任何一个与其相连的设备的状态，这种操作把 PLC 置于 MONITOR 方式下。

如要监视上述程序中计数器 0047：键入 CLR CLR CNT 0047 SRCH 则显示出：

```
000002     CT00     FIND
CNT                 0047
```

按下 MONTR 键，显示变为：

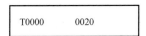

```
C0047          0005
```

如果 PLC 运行正确，计数器当前值就会发生变化，这样我们就可以监视其工作情况。

（2）快速检查计数器/定时器的值。

为了快速监视程序中的定时器和计数器的整定值，应把定时器或计数器的地址显示出来，然后按下 MONTR 键，定时器/计数器的整定值显示为：

```
T0000          0020
```

然后每按一次 ↓ 键就可看到下一个定时器/计数器的设定值。

（3）快速检查继电器状态。

用同样的方法可检查内部辅助继电器接点的状态，为此，先找到检查的内部辅助继电器地址。然后按 MONTR 键，则显示：

```
020000          OFF
```

若观察下一个继电器，按↑或↓键，即可观察下一个内部辅助继电器接点的状态。

（4）多点监视。

1）监视 TIM0000，如下操作：输入 CLR TIM0000 MONTR，则显示：

```
T0000           OFF
```

2）监视输入接点 000001，可按 SHIFT CONT000001 MONTR，显示：

```
T0000           OFF
000001          OFF
```

3）监视数据区 DM00000，可进行如下操作 DM00000 MONTR，显示：

```
DM00000             000
0                   000001
```

按下 MONTR 键可循环监视所输入各个接点的状态。

12. 读扫描周期

按下 CLR 键显示：

```
000000          CT00
```

再按下 MONTR 键，显示：

```
000000CYCLE     TIME
                1.8ms
```

其中 1.8ms 为 PLC 运行的扫描周期，所显示的时间是一个平均扫描时间。

通过上述实验步骤的操作，我们就基本上掌握了 CJ1M 手持编程器的基本使用方法。更详细的操作请参阅相关的手册。

3.4 程序调试

程序调试是 PLC 编程工作中不可缺少的一个环节。编程器、编程软件既是编程工具，也是调试工具，广泛用于 PLC 的编程与调试。功能不断完善的仿真软件正日益成为一种有效的调试工具，越来越受到工程技术人员的欢迎。

PLC 程序调试的方法有仿真调试、联机调试和现场调试。其中，仿真调试、联机调试为模拟调试，通常在实验室完成。经过模拟调试，解决程序中大部分问题后，才能去现场进行实际的调试。

3.4.1 仿真调试

在工业自动化领域，控制系统的分析、设计和系统调试中大量应用仿真技术。例如，在设计开始阶段，利用仿真技术论证方案，进行经济技术比较，优选合理方案；在设计阶段，仿真技术可帮助设计人员优选系统合理结构，优化系统参数，从而获得系统最优品质和性能；在调试阶段，利用仿真技术分析系统响应与参数关系，指导调试工作，可以迅速完成调试任务。对已经运行的系统，利用仿真技术可以在不影响生产的条件下分析系统的工作状态，预防事故发生，寻求改进薄弱环节，以提高系统的性能和运行效率。

目前，在 PLC 控制系统的设计与调试中，越来越多的使用计算机仿真技术。各个 PLC 生产厂家几乎都推出自己的 PLC 仿真软件。例如，西门子公司的最新仿真软件 S7-PLCSIM 可以仿真 S7-300 和 S7-400。三菱公司的最新仿真软件为 GX-Simulator 6.0 可以仿真 FX 全系列。欧姆龙公司的最新仿真软件为 CX-Simulator 1.5，可以仿真 CS1、CJ1 和 CP1H。PLC 仿真软件的基本功能是用计算机来模拟实际的 PLC，构造一个虚拟的 PLC，几乎所有在实际 PLC 上做的事情在虚拟的 PLC 上都可以实现，这给 PLC 开发人员带来了很大的便利。

PLC 仿真软件的作用表现在以下几方面。

（1）为 PLC 控制系统的开发提供了一种有效的辅助手段，具有经济、灵活、高效等优点。在传统的开发方式下，用户先要根据控制要求选择 PLC 机型，购买后再进行程序的设计与调试。当然，程序设计可以在购机之前做，但是程序调试必须在实际的 PLC 上进行。

有了 PLC 仿真软件，即使手头上没有 PLC，照样可以进行程序的设计与调试。用编程软件把程序输入到计算机中，在仿真软件中选择相应的 PLC 机型，确定了一个虚拟的 PLC，然后，在与实际 PLC 完全等价的虚拟 PLC 上，运行程序，完成调试。

使用 PLC 仿真软件后，用户程序的设计与调试在购买 PLC 之前就可完成。对用户来说，如果对 PLC 选型没有把握，可通过仿真考察一下 PLC 机型及配置是否与控制要求相匹配，如果不合理，及时调整或更改，非常灵活，这样做可以避免因为 PLC 机型选择不当而产生经济损失。另外，用户面对实际工程，在没有 PLC 的情况下，使用仿真软件可以提前介入，及早完成程序设计与调试，这样缩短了开发时间，加快了工程进度。

（2）为 PLC 程序调试提供强有力的手段和工具，其调试功能远胜于编程器和编程软件。

仿真软件提供了一些极为有效的调试手段和工具，例如，可以单步运行、块运行、单周期运行，可在程序中设置断点。

（3）为调试、校验 PLC 控制系统提供了完美的虚拟环境。

通过操作仿真软件可以检验系统设计的合理性和 PLC 程序设计的正确性和可靠性。大大缩短了 PLC 控制系统设计和调试周期，使成本大为降低。当 PLC 控制系统运行过程中出现问题时，可使用仿真软件模拟现场的情况，仔细分析，找出原因。

（4）为 PLC 教学提供一种全新的方法和手段，用户使用它学习 PLC 既经济又方便。

仿真软件用于教育和训练是其应用的一个重要方向。一般来讲，学习 PLC 要有硬件配置，要上机操作。PLC 仿真软件可以仿多种型号的 PLC，提供一个低成本的虚拟环境，有了它，相当于手头有了各种型号的 PLC，用户利用它可学习 PLC 指令系统，熟悉 PLC 内部器件的设置，像在实际 PLC 上一样做各种各样的实验，达到同样的学习效果。

3.4.2 联机调试

联机调试时要用到实际的 PLC，但不与实际设备连接，用开关和按钮模拟现场的输入信号，通过观察 PLC 输出点对应的发光二极管的亮/灭，来了解程序执行时 PLC 输出的结果，输出端一般不接 PLC 实际的负载（如接触器、电磁阀等）。

联机调试的工具是编程器或编程软件。调试时，利用编程器、编程软件丰富的监控功能，可以干预程序执行的过程，观察程序执行的中间结果。例如，使用位监视功能可以观察 PLC 内部器件的状态、定时器定时的过程和计数器计数的过程等，使用通道监视功能可以观察数据存储器的数值等。编程器、编程软件都有强制置位/复位的操作，这是非常有用的调试功能，只在编程调试工具上进行简单的操作，就可以使某个内部继电器 ON 或 OFF，从而控制程序的执行，达到调试的目的，灵活方便。

调试时，要充分考虑各种可能的实际情况，对系统各种不同的工作方式（如手动、半自动、全自动）都要分别调试。调试顺序程序时，顺序功能图的每一条支路、各种可能的进展路线，都要逐一检查，不能遗漏。发现问题后，应及时修改程序，直到各种情况下 PLC 的输入与输出关系完全符合要求。

对于较大的程序如果一下子全部输入到 PLC 中，调试起来会有困难，感觉无从下手，不易理出头绪。正确的做法是根据功能将程序分段，开始先输入一段，调试成功后再增加一段，这样逐步扩大程序范围，一段一段有条不紊的调试下去，最后得到正确的程序。

3.4.3 现场调试

现场调试是指在现场设备安装完毕，设备运行的各种准备工作都已到位，PLC 的控制线路接好的情况下进行的调试，这是交付用户使用之前的最后调试。现场调试不仅是对 PLC 程序调试，实际上也是对 PLC 控制系统硬件、软件总的调试。

现场调试之前，首先要实地考察，熟悉现场的情况；要精心准备，做好调试计划；要特别防止调试过程中出现人身及设备安全事故，对调试过程中可能出现的问题及采取的对策、调试中的难点和重点要心中有数。

现场调试同样要讲究方式方法，要稳扎稳打，步步推进，不可急躁冒进，具体过程如下。

（1）检查 PLC 的输入接线、输出接线，核对地址，确保接线正确。

在 PLC 断电的情况下，检查一遍接线，尤其要注意 PLC 供电电源、PLC 输入电路的电源、PLC 输出电路的电源，检查电源的接线、电源的极性、电源的电压值。

在 PLC 通电的情况下检查时，一定要让 PLC 处于编程状态。先让 PLC 输入电路通电，PLC 输出电路断电，使输入点接通或断开，观察 PLC 输入指示灯的变化，核对输入地址，检查输入线路。PLC 输入电路正确无误后，再让 PLC 输出电路通电，逐点检查 PLC 的每个输出点。这时，用编程工具的强制 ON/OFF 功能是非常方便的，将输出点强制 ON，观察对应执行元件的动作情况，核对输出地址，检查输出线路的正确性。

（2）调试手动程序。在 PLC 的输入/输出接线正确的情况下，即可调试手动程序。手动操作控制面板上的按钮或开关，观察 PLC 的输出及输出点所控制负载的动作情况。如有问题，想办法解决。

（3）调试半自动程序。手动程序调试后，即可调试半自动程序。半自动程序完成一个周期的动作，调试时观察一步步的动作，直至最后一步结束，哪一步的动作不对，找出原因并解决。

（4）调试自动程序。半自动程序调试后，即可调试自动程序。自动程序不断重复一个周期的动作，调试时多观察几个周期，以确保系统能正确无误的连续工作。

（5）可靠性检查。

完成以上调试，验证了程序功能，PLC 程序调试或 PLC 控制系统调试也就基本上完成了。但还要进行程序可靠性的检查，程序设计时就要考虑可靠性问题，现场调试时要进行实际检验。例如，按按钮是经常的操作，一般都依据正常操作步骤来设计程序，然而，操作人员也会有按错的时候，因此系统要有容错能力。PLC 程序应该保证按正常步骤操作按钮时，系统功能正常；误操作按钮时，系统是安全的，不会发生意外。再例如，突然断电是不可避免的，恢复供电后，除非有特殊要求，否则 PLC 不能马上有输出，只有在进行了必要的按钮操作后，PLC 才开始输出，这样做保证了系统的安全性，避免了意外情况发生。

思 考 题

1. PLC 的工作方式有哪几种？如何选择？

2. 在 CX-P 软件中对 PLC 进行初始设置包括哪些内容？

3. 在 CX-P 软件中定时器/计数器指令是如何输入的？

4. 在 CX-P 软件中全局符号与本地符号的区别是什么？如何设置？

5. 在 CX-P 软件中，编译程序时，出现的"错误"与"警告"信息有何区别？

6. 离线状态与在线状态的含义是什么？有何区别？如何切换？

7. 在线"强制"命令，如何使用？

8. 在 PLC 清除内存时包括哪些步骤？

9. 定时器/计数器指令是如何输入的？

10. 计数器的当前值在 PLC 掉电后会发生何种改变？定时器的当前值在 PLC 掉电后会不会改变？

11. 如何使用编程器清除 PLC 的内存？

12. 如何使用编程器监视计数器和定时器的工作过程？

13. 使用编程器在监视方式下，如何改变定时器的当前值？

14. 使用编程器多监视的过程如何操作？

第*4*章

PLC 程序设计基础

　　PLC控制系统设计针对工业现场进行,在承接项目前要做好思想和技术准备。要了解项目是属于哪一类型(开关、顺序、模拟或混合控制),了解目前同类系统的尖端应用情况,大、中、小规模应用情况,了解最新技术实际应用水平(主要是网络的应用),了解现场应用环境、使用条件、操作对象。针对项目要求,一定要保证系统经济、合理、工作安全、可靠、稳定、耐用、操作、维护及维修方便。

　　PLC控制系统的设计主要包括系统设计、程序设计、施工设计和安装调试四方面的内容。本章主要介绍PLC控制系统的设计步骤和内容、设计与实施过程中应该注意的事项,使读者初步掌握PLC控制系统的设计方法。要达到能顺利地完成PLC控制系统的设计,更重要的是需要不断地实践。

4.1　PLC程序设计的基本原则与方法

4.1.1　指令的基本知识

　　程序由指令组成。一条指令从输入到输出的基本结构如图4-1所示。

1. 驱动流向

　　通常当程序执行时,驱动流向是指令的执行条件和控制执行过程。在梯形图中,驱动流向表示执行的状态。

　　2. 输入指令

　　(1)输入指令表示一个逻辑开始和输出的执行条件,如图4-2所示。

　　(2)中间的指令输入驱动流向作为执行条件和对中间指令的输出指令的输出驱动流向,如图4-3所示。

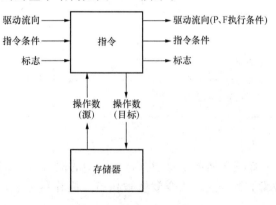

图4-1　指令的基本结构

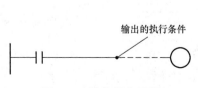

图4-2　输入指令示例

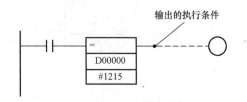

图4-3　输入指令示例

3. 输出指令

用驱动流向作为执行条件，输出指令执行所有功能，如图 4-4 所示。

4. 指令条件

指令条件是一些特殊条件，通过指令的输出影响各处指令的执行。当指令条件决定是否执行一条指令时，它比驱动流向具有更高的优先权。根据指令执行条件，一条指令可能变成不执行或可能以不同方式执行。这些指令必须在同一任务中成对使用，用于设定和取消指令条件，例如执行一条 IL（002）到 ILC（003）和 JMP0（515）到 JME0（516）的指令。

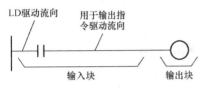

图 4-4 输出指令的执行

5. 标志

标志是在指令执行过程需要的条件和执行结果输出的特殊位，作为一种特殊的标志可分为输入标志和输出标志，见表 4-1。

表 4-1　　　　　　　　　　　　输入标志和输出标志

输 入 标 志	输 出 标 志
• 微分标志 微分结果标志。这些标志的状态是自动地输入用于所有上升沿/下降沿微分输出指令，以及 DIFU（13）/DIFD（14）指令	• 微分标志 微分结果标志。这些标志的状态是从所有上升沿/下降沿微分输出指令和 UP（521）/DOWN（522）指令自动地输出
• 进位标志 进位标志在数据移位指令和加法/减法指令中用作非定义的操作数	• 条件标志 条件标志包括 ON/OFF 标志，以及那些由指令执行结果更新的标志。在用户程序中，这些标志可由符号表示，例如 ER，CY，＞，＝，＜等而不用地址表示
• 特殊指令标志 特殊指令标志包括用于 FPD（269）指令示教位标志和网络通信使能标志	• 用于特殊指令的标志 这些指令包括存储器卡指令标志和 MSG（046）执行完成标志

6. 操作数

定义预置指令参数（梯形图中的框），它用于定义 I/O 存储器内容或常数。操作数地址或常数输入后，指令就能被执行。操作数分成源操作数、目的操作数或数字操作数，如图 4-5所示。

图 4-5　操作数举例

操作数具体说明见表 4-2。

表4-2 操 作 数 说 明

操 作 数 类 型		操作数符号		说 明
源	定义要读取数据的地址或常数	S	源操作数	源操作数不同于控制数据（C）
		C	控制数据	在源操作数中的复合数据，它取决于位状态含义各不同
目的	定义要写入数据处的地址	D	—	—
数字	定义用于指令中的特殊数字，例如一条跳转指令的跳转号码或子程序的程序号	N	—	—

4.1.2 程序容量

用户程序内存占用量估算，一些微型和小型 PLC 的存储容量一般是固定的（不可扩充），介于 1KB 和几 KB 之间（近几年产品其容量较大，最大 32KB），内存容量大小与 PLC 的输入/输出点数成正比。而大、中型 PLC 的指令系统较丰富，用户应用程序长短除了与 I/O 点数相关外，还与程序采用功能指令密切相关。由指令系统可知，PLC 的一条基本指令一般占用一个步数内存，每条指令的步从一到七步不等。对于大、中型 PLC 的用户程序内存可扩充，可选用不同容量的存储卡。CJ1 系列 CPU 单元最大程序容量由表 4-3 给出。所有容量是以最大程序步数形式表示。程序容量不得超过该值，如果想写入的程序超过这个最大程序容量，则不允许写入超出部分程序。

表4-3 **CJ1 系列 CPU 单元最大程序容量**

系列	CPU 单元	最大程序容量	I/O 点数
CJ 系列	CJ1H-CPU66H	120K steps	2560
	CJ1H-CPU65H	60K steps	
	CJ1G-CPU45H/CPU45	60K steps	1280
	CJ1G-CPU44H/CPU44	30K steps	
	CJ1G-CPU43H	20K steps	960
	CJ1G-CPU42H	10K steps	
	CJ1M-CPU23/CPU13	20K steps	640
	CJ1M-CPU22/CPU12	10K steps	320

4.1.3 梯形图编程基本概念

PLC 执行用户程序的顺序是按在存储器中存储的指令次序（助记符的顺序）进行，因此要求对编程的基本概念以及执行顺序必须正确理解。

1. 梯形图的基本结构

梯形图的基本结构如图 4-6 所示。

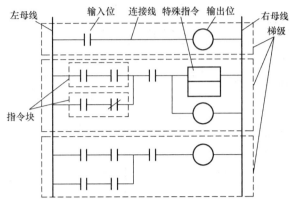

图 4-6 梯形图的基本结构

梯形图由左和右母线（右母线可不用）、连接线、输入位、输出位和特殊指令组成，一段程序由一个或多个梯级组成。当母线平行分开时，一个程序梯级是一个可分割的单元。对助记符而言，一个梯级是包含从 LD/LD NOT 指令开始到下一个 LD/LD NOT 前输出指令间的所有指令，一个程序梯级由表示逻辑加载的 LD/LD NOT 指令开始的指令块组成。

2. 梯形图编程原则

（1）程序中的驱动流向是由左向右，梯形图中指令的执行是从左母线至右母线，并从上到下按序进行，其执行顺序与助记符的列序一致。如图 4-7 所示。

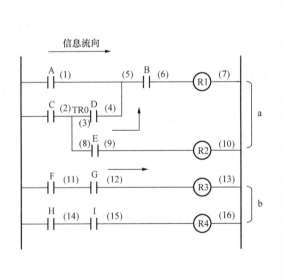

执行顺序	助记符	操作数
1	LD	A
2	LD	C
3	OUT	TR0
4	AND	D
5	OR LD	
6	AND	B
7	OUT	R1
8	LD	TR0
9	AND	E
10	OUT	R2
11	LD	F
12	AND	G
13	OUT	R3
14	LD	H
15	AND	I
16	OUT	R4

(a)

(b)

图 4-7 程序中的驱动流向

(a) 梯形图；(b) 指令表

（2）编程过程中对 I/O、工作位、计时器和其他可使用的输入位的使用次数是不受限制的。

（3）梯级中对串联、串并联、并联支路中连接的输入位的个数不受限制。

（4）两个以上输出位并联连接，如图4-8所示。

（5）输出位也可被多次用作编程输入位，如图4-9所示。

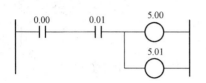

图4-8 输出位并联连接

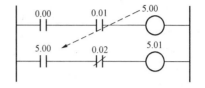

图4-9 输出位被多次用作编程输入位

3. 注意事项

（1）梯形图必须封闭，这样信号（驱动流向）就可以从左母线流向右母线。如果梯形图不封闭，一个梯级错误信息将会出现（但程序仍可运行），如图4-10所示。

（2）输出位、计时器、计数器和其他输出指令不允许与左母线直接连接。如果有一个与左母线直接连接，编程装置在程序检查时将出现梯级出错指示［程序仍可执行，但这个OUT或MOV（021）指令不执行］，如图4-11所示。

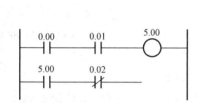

图4-10 梯形图不封闭图

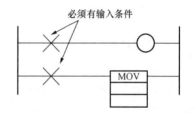

图4-11 输出指令与左母线直接连接

如果需要输入条件保持常ON，可插入一个未使用输入常闭工作位或常ON标志作为虚拟输入位，如图4-12所示。

（3）输入位必须总是位于输出指令之前而不能插入到输出指令之后。如果输入指令插在输出指令之后，那么编程装置在程序检查时会给出位置出错提示，如图4-13所示。

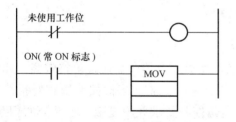

图4-12 插入一个未使用输入常闭工作位

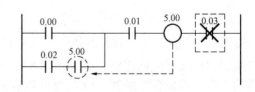

图4-13 输入位位于输出指令之后产生错误

（4）同一输出位不能在输出指令编程时重复使用，否则，重复输出出错提示会出现，且第一次编程使用的那条输出指令无效，而第二梯级处的输出结果有效，如图4-14所示。

（5）输入位不能用于输出（OUT）指令，如图4-15所示。

（6）表示逻辑启动的LD/LD NOT指令数减"1"后，必须和指令块连接指令AND LD和OR LD数相等，否则在编程装置程序检查时将出现梯级错误指示，如图4-16所示。

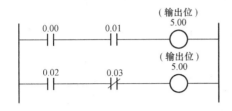

图 4 - 14 重复输出出错

图 4 - 15 输入位用于输出（OUT）

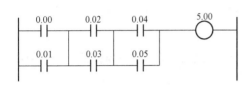

图 4 - 16 用 LD/LD NOT 指令和 AND/OR LD
指令编程举例所用的梯形图

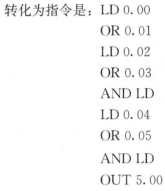

转化为指令是：LD 0. 00
OR 0. 01
LD 0. 02
OR 0. 03
AND LD
LD 0. 04
OR 0. 05
AND LD
OUT 5. 00

在这段程序中表示逻辑启动的 LD 指令数是 3 个，减"1"后与 2 个 AND LD 指令数相同。

（7）每个任务程序结束处必须插入一条 END（001）指令。

1）如果开始运行时程序没有 END（001）指令，程序无 END 指令错误将会指示。在 CPU 单元前面的 ERR/LAM LED 会点亮，程序将不能执行。

2）如果程序中有多个 END（001）指令，那么第一个 END（001）指令将作为程序结束指令而不运行其他部分程序。

3）如果在梯级层间的断点处输入 END（001）指令，并在程序检查后删除插在这些梯级中的 END（001）指令，这样便于比较大的程序调试。

4.1.4 PLC 控制系统设计的基本原则和内容

1. PLC 控制系统设计的基本原则

可编程序控制器是一种计算机化的高科技产品，相对继电器产品而言价格较高。此外，在确定控制系统方案的时候，首先应考虑是否有必要使用 PLC。当被控系统相对很简单，所需的 I/O 点数较少；或者 I/O 点数虽然较多，但是控制要求并不复杂，各部分的相互联系很少时，应考虑采用继电器控制的方案，而不需采用 PLC。

在以下几种情况下，可以考虑采取使用 PLC：

（1）系统所需的 I/O 点较多，控制要求较复杂。如果采用继电器控制，需要大量的中间继电器、时间继电器、计数器等器件。

（2）系统对可靠性要求较高，继电器控制不能满足要求。

（3）由于系统生产工艺流程或加工产品经常需要变化，需要经常改变系统的控制关系，需要经常修改系统参数，或存在着系统扩充的可能。

(4) 可以用一台 PLC 控制多台设备的系统。

(5) 需要与其他设备实现通信或联网的系统。

由于使用 PLC 实现系统控制，可以比使用继电器控制节省大量的元器件，控制柜（箱）体积较小，并且在控制柜（箱）安装接线工作较小，安装调试方便而且比采用继电器控制的可靠性高。

任何一种控制系统的设计都要满足被控对象的工艺要求，以提高生产效率和产品质量。因此，在设计 PLC 控制系统时，应遵循以下基本原则：

1）最大限度地满足被控对象的控制要求，充分发挥 PLC 的功能。

充分发挥 PLC 的功能，最大限度地满足被控对象的控制要求，是设计 PLC 控制系统的首要前提，这也是设计中最重要的一条原则。这就要求设计人员在设计前就要深入现场进行调查研究，收集控制现场的资料，收集相关先进的国内、国外资料。同时要注意和现场的工程管理人员、工程技术人员、现场操作人员紧密配合，拟定控制方案，共同解决设计中的重点问题和疑难问题。

2）最大限度地保证 PLC 控制系统安全可靠。

保证 PLC 控制系统能够长期安全、可靠、稳定运行，是设计控制系统的重要原则。这就要求设计者在系统设计、元器件选择、软件编程上要全面考虑，以确保控制系统安全可靠。例如：应该保证 PLC 程序不仅在正常条件下运行，而且在非正常情况下（如突然掉电再上电、按钮按错等），也能正常工作。

3）在满足控制工艺要求的前提下，力求使控制系统简单、经济，使用和维护简便。

一个新的控制工程固然能提高产品的质量和数量，带来巨大的经济效益和社会效益，但新工程的投入、技术的培训、设备的维护也将导致运行资金的增加。因此，在满足控制要求的前提下，一方面要注意不断地扩大工程的效益，另一方面也要注意不断地降低工程的成本。这就要求设计者不仅应该使控制系统简单、经济，而且要使控制系统的使用和维护方便、成本低，不宜盲目追求自动化和高指标。

4）在选择硬件时，应考虑到生产的发展和工艺的改进，应适当留有余地。

由于技术的不断发展，控制系统的要求也将会不断地提高，设计时要适当考虑今后控制系统发展和完善的需要。这就要求在选择 PLC、输入/输出模块、I/O 点数和内存容量时，要适当留有裕量，以满足今后生产的发展和工艺的改进。

2. PLC 控制系统设计的基本内容

PLC 控制系统是由 PLC 与现场的输入、输出设备连接而成的。因此，PLC 控制系统设计的基本内容应包括以下内容：

(1) 选定被控系统的 I/O 设备以及由输出设备驱动的控制对象。如电动机、电磁阀等执行机构。

(2) 选择 PLC 类型。

(3) 分配 PLC 的 I/O 点，绘制 PLC 的 I/O 硬件接线图。

(4) 设计控制系统软件（梯形图）并调试。

(5) 设计控制系统的操作台、控制柜（箱）等并绘制接线图。

(6) 编写控制系统的技术文件。包括电气原理图、电器元件接线图、电器元件明细表和使用说明书。

在 PLC 系统设计中，一般控制系统原理图称为"硬件图"，同时在 PLC 控制系统中还要增加 PLC 的 I/O 原理接线图。

4.2 PLC 程序设计的方法

4.2.1 PLC 控制系统设计的一般步骤

PLC 控制系统设计的一般步骤分为：分析控制系统、总体设计、确定 PLC 型号及确定硬件配置、分配 I/O 点、控制程序设计、硬件电路设计及现场接线、联机调试和编制技术文件（操作说明书）。其流程如图 4-17 所示。

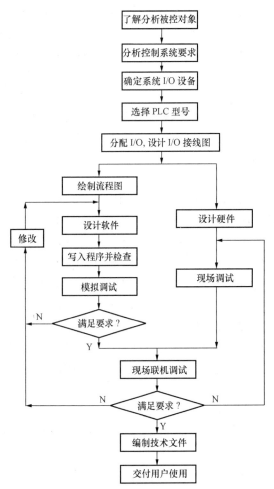

1. 分析被控对象并提出控制要求

这一过程是系统设计的基础。首先应了解控制系统的全部工艺过程和工艺特点，了解被控对象的全部功能、操作方式、控制方式、确定输入信号的方式和输出信号的种类、特殊功能接口、互联设备关系、通信内容及方式等。如：系统内部的机械、液压、气动、仪表、电气各部分之间的关系，必需的保护和联锁，必要的抗干扰措施、操作方案；PLC 与其他智能设备（如其他 PLC、计算机、变频器等）之间的关系，是否有通信联网功能，是否需要报警、显示及紧急处理等情况。从而确定被控对象对 PLC 控制系统的控制要求。

另外，还应确定哪些信号需要输入到 PLC 中，哪些负载应由 PLC 驱动，应分类统计出各个输入量和输出量的性质（是数字量还是模拟量，是直流量还是交流量，及电压等级）。并考虑是否需要设置人机界面及与上位机通信的接口。

2. 确定输入/输出设备

在熟悉被控制对象、生产工艺、信号响应要求和信号用途的基础上，深入分析控制信号的形式、功能、规模、相互关系和可能出现的问题。

图 4-17 PLC 控制系统设计步骤流程图

根据系统的控制要求，确定系统所需的全部输入设备（如：按钮、位置开关、转换开关及各种传感器等）和输出设备（如：接触器、电磁阀、信号指示灯及其他执行器等），从而确定与 PLC 有关的输入/输出设备，以便确定 PLC 的 I/O 点数。

利用梯形图编程时，首先必须确定所使用的编程元件编号，PLC 是按编号来区别操作元件的。根据选用的 PLC 型号，其内部元件的地址编号要符合 PLC 的 CPU 单元提供的编号，使用时一定要明确，每个元件在同一时刻决不能担任几个角色。

3. 选择 PLC

PLC 选择包括对 PLC 的机型、程序容量、I/O 模块、电源等的选择。

4. 分配 I/O 点并设计 PLC 外围硬件线路

（1）分配 I/O 点。画出 PLC 的 I/O 点与输入/输出设备的连接图或对应关系表，该部分也可在第 2 步中进行。

（2）设计 PLC 外围硬件线路。设计系统其他部分的电气线路图，包括主电路和不通过 PLC 控制的辅助电路等。由 PLC 的 I/O 硬件原理图和 PLC 外围电气线路图组成系统的电气原理图，确定完系统的硬件电气线路后，应详细分析硬件电路的原理、结构、作用及特点。对重要的电路还要编写单独的试验程序，对其控制方式的可行性进行验证。

5. 程序设计

（1）程序设计

根据系统的控制要求，采用合适的设计方法来编制 PLC 程序。程序要以满足系统控制要求为主线，逐一编写实现各控制功能或各子任务的程序，逐步完善系统指定的功能。除此之外，程序通常还应包括以下内容：

1）初始化程序。在 PLC 上电后，一般都要做一些初始化的操作，为起动做必要的准备，避免系统发生误动作。初始化程序的主要内容有：对某些数据区、计数器等进行清零，对某些数据区所需数据进行恢复，对某些继电器进行置位或复位，对某些初始状态进行显示等。

2）检测、故障诊断和显示等程序。这些程序相对独立，一般在程序设计基本完成时再添加。

3）保护和联锁程序。保护和联锁是程序中不可缺少的部分，必须认真加以考虑。它可以避免由于非法操作而引起的控制逻辑混乱。

（2）程序模拟调试

程序模拟调试的基本思想是：以方便的形式模拟产生现场实际状态，为程序的运行创造必要的环境条件。根据产生现场信号的形式不同，模拟调试有硬件模拟法和软件模拟法两种形式。

1）硬件模拟法是使用一些硬件设备（如用另一台 PLC 或一些输入器件等）模拟产生现场的信号，并将这些信号以硬件接线的方式连到 PLC 系统的输入端，其时效性较强。

2）软件模拟法是在 PLC 中另外编写一套模拟程序，模拟提供现场信号，其简单易行，但时效性不易保证。模拟调试过程中，可采用分段调试的方法，并利用上位机或编程器监控其功能。

程序的许多功能修改和完善是在模拟仿真和测试中进行，模拟仿真和测试是为现场测试服务的，其作用非常重要。模拟仿真和测试工作做得越细致，在现场调试的问题就会越少。

6. 硬件实施

硬件实施方面主要是进行控制柜（台）等硬件的设计及现场施工。主要内容有：

（1）设计控制柜和操作台等部分的电器布置图及安装接线图。

（2）设计系统各部分之间的电气互连图。

（3）根据施工图纸进行现场接线，并进行详细检查。

由于程序设计与硬件实施可同时进行，因此，PLC 控制系统的设计周期可大大缩短。

7. 联机调试

联机调试是将通过模拟调试的程序进一步进行在线统调。联机调试过程应循序渐进，首先调试 PLC 输入设备，先连接 PLC 的输入信号，观察相应的输入信号准确无误，再进行输出设备的连接，接上实际负载后按控制功能逐步进行调试。如不符合要求，则对硬件和程序作调整。通常只需修改部分程序即可。

全部调试完毕后，交付试运行。经过一段时间运行，如果工作正常、程序不需要修改，应将程序固化到 EPROM 中，以防程序丢失。

8. 整理和编写技术文件

技术文件包括设计说明书、控制系统硬件原理图、电气安装接线图、电器元件明细表、PLC 程序以及使用说明书等。

4.2.2 PLC 控制系统的设计方法

PLC 控制系统有三种设计方法：分析设计法、逻辑设计法和功能表图设计法。下面将分别介绍 PLC 程序设计的方法。

一、分析设计法

所谓分析设计法，是根据生产工艺的要求选择一些成熟的典型基本环节来实现这些基本要求，而后再逐步完善其功能，并适当配置联锁和保护等环节，使其组合成一个整体，成为满足控制要求的完整电路。这种设计方法比较简单，容易被人们掌握，但是要求设计人员必须掌握和熟悉大量的典型控制环节和控制电路，同时具有丰富的设计经验，故又称为经验设计法或继电器控制线电路移植设计法。

由于继电器电路图与梯形图在表示方法和分析方法上有很多相似之处，因此，根据继电器电路图来设计梯形图是一条捷径。对于一些成熟的继电器－接触器控制线路可以按照一定的规则转换为 PLC 控制的梯形图。这样既保证了原有的控制功能，又能方便地得到 PLC 梯形图，程序设计也变得十分方便了。这种方法虽然不是最优的，但对于老设备改造是一种十分有效和快速的方法。同时，由于这种设计方法一般不需要改动控制面板，因而保持了系统原有的外部特性，操作人员不需改变长期形成的操作习惯。

在分析 PLC 控制系统的功能时，可以将它想象成一个继电器控制系统中的控制箱，其外部接线图描述了这个控制箱的外部接线，梯形图是这个控制箱的内部"线路图"。梯形图中的输入继电器和输出继电器是控制箱与外部世界联系的"接口继电器"，这样就可以用分析继电器电路图的方法来分析 PLC 控制系统了。在分析和设计梯形图时，可以将输入信号想象成对应的外部继电器的触点，将输出信号的软继电器线圈想象成对应的外部负载的线圈。外部负载的线圈除了受梯形图的控制外，还可以受外部触点的控制。

将继电器电路图转换成功能相同的 PLC 的外部接线图和梯形图的步骤如下：

1. 了解控制系统

对所要设计的被控系统的工艺过程和机械动作情况进行熟悉，并对其继电器电路图进行分析，从中掌握继电器控制系统的各个组成部分的功能和工作原理。

2. 两种电路的元件和电路的对应变换

（1）将继电器电路图中的按钮、控制开关、行程开关等控制信号作为 PLC 的输入信号，为PLC控制系统提供控制命令和反馈信号。继电器电路图中的接触器、指示灯和电磁阀等执行机构作为PLC的输出信号，由PLC的输出控制。据此可以画出PLC的外部接线图，同时可以确定PLC的各个输入信号和输出信号的编号。

（2）将继电器电路图中的中间继电器和时间继电器作为PLC内部的辅助继电器和定时器，与PLC的输入继电器和输出继电器无关，并确定辅助继电器和定时器的元件编号。

以上两步建立了继电器电路图中的元件和PLC外接电路及内部元件之间的对应关系。为设计梯形图打下基础。

3. 设计梯形图

根据两种电路转换得到的PLC外部电路图和内部元件以及编号，将原来继电器电路的控制逻辑转换成对应的PLC梯形图。

二、逻辑设计法

逻辑设计法是根据生产工艺的要求，利用逻辑代数来分析、化简、设计程序的方法。这种设计方法是将控制程序中各个节点的通、断状态看成逻辑变量，并根据控制要求将它们之间的关系用逻辑函数关系式来表达，然后再运用逻辑函数基本公式和运算规律进行简化，根据最简式画出相应的控制逻辑结构图，最后再作进一步的检查和完善，即能获得需要的控制程序。

逻辑设计法较为科学，能够确定实现一个自动控制过程所必需的最少的中间记忆元件（辅助继电器）的数目，以达到使逻辑电路最简单的目的，设计的控制程序比较简化、合理。但是当设计的控制系统比较复杂时，这种方法就显得十分繁琐，工作量也大。因此，如果将一个较大的、功能较为复杂的控制系统分成若干个互相联系的控制单元，用逻辑设计方法先完成每个单元控制线路的设计，然后再用经验设计方法把这些控制单元组合起来，各取所长，也是一种简捷的设计方法。

逻辑设计法是以组合逻辑的方法和形式来设计电气控制系统。这种设计方法既有严密可循的规律性、明确可行的设计步骤，又有简捷、直观和规范的特点。

在逻辑代数中有3种基本运算"与"、"或"和"非"，它们都有明确的物理含义，逻辑函数表达式的线路结构与PLC指令表程序完全一样，因此可以进行直接转换。

多变量的逻辑函数"与"运算为

$$f_{Y1} = \prod_{i=1}^{n} X_i = X_1 \cdot X_2 \cdot \cdots \cdot X_n$$

多变量的"或"运算为

$$f_{M1} = \sum_{i=1}^{n} X_i = X_1 + X_2 + \cdots + X_n$$

用逻辑设计法对PLC组成的控制系统进行设计一般可分以下几个步骤。

（1）明确控制系统的任务和控制要求。通过分析工艺过程，明确控制任务和控制要求，绘制出工作路径和检测元件分布图，得到电气执行机构功能表。

（2）绘制电气控制系统状态转换表。通常电气控制系统状态转换表由输入信号状态表、输出信号状态表、状态转换主令表和中间记忆装置状态表四部分组成。状态转换表全面、完整地展示了电气控制系统各部分、各时段的状态和状态之间的联系及转换，非常直观，对建立电气控制系统的整体联系、动态变化的概念有很大帮助，是进行电气控制系统分析和设计的有效工具。

（3）电气控制系统的逻辑设计。有了状态转换表后，便可以进行电气控制系统的逻辑设计了。设计内容包括列写中间记忆元件的逻辑函数式和列出执行机构（输出点）的逻辑函数式。

（4）编制 PLC 程序。编制 PLC 程序是将逻辑设计的结构转换成为 PLC 程序。由于 PLC 指令的结构和形式都与逻辑函数非常类似，很容易直接由逻辑函数式转化。如果设计者采用梯形图设计程序或选用 PLC 编程器具有图形输入功能，则可首先由逻辑函数式转化为梯形图。

（5）完善和补充程序。程序的完善和补充是逻辑设计方法的最后一步，包括手动调试、自动运行等。

三、功能表图设计法

PLC 控制系统的设计法中最为常用的是功能表图设计法（又称顺序控制设计法）。在工业控制领域中，顺序控制的应用很广泛，尤其在机械行业，几乎无一例外地利用顺序控制来实现加工的自动循环。PLC 的设计者们继承了顺序的思想，为顺序控制程序编制了大量通用和专用的编程单元，开发了专门供编制顺序控制程序用的功能表图，使这种先进的设计方法成为当前 PLC 程序设计的主要方法。

1. 功能表图设计法的基本步骤

（1）划分步

分析被控系统的工作过程和要求，将系统的工作划分成若干阶段，这些阶段称为"步"。步是根据 PLC 输出量的状态进行划分的，只要系统的输出量状态发生变化，系统就从原来的步进入新的步中。如图 4-18（a）所示，某液压动力滑台的整个工作过程可划分四步，即：0 步 A、B、C 均不输出；1 步 A、B 输出；2 步 B、C 输出；3 步 C 输出。每一步内 PLC 各输出状态均保持不变。

步也可根据被控制对象的工作状态的变化来划分，但被控对象的状态变化应由 PLC 输出状态的变化引起，如图 4-18（b）所示，初始状态是不动的，当得到起步信号后开始快进，快进到加工位置转为工进，到达终点加工结束又转为快退，快退到原位时停止，又回到初始状态。因此，液压滑台的整个工作过程可以划分为停止（原位）、快进、工进、快退四步。但这些状态的改变都必须由 PLC 输出量的变化引起，否则就不能这样划分。例如：如果快进转为工进与 PLC 输出无关时，快进、工进只能算一步。

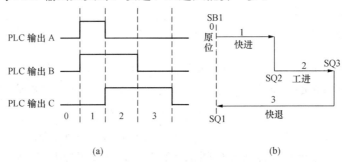

(a) (b)

图 4-18 划分步

(a) 划分方法一；(b) 划分方法二

（2）确定转换条件

确定各相邻步之间的转换条件是顺序控制设计法的重要步骤之一。转换条件是使系统从当前步进入下一步的条件。常见的转换条件有按钮、行程开关、计数器和定时器触点的动作（通/断）等。

如图4-18（b）所示，滑台由停止（原位）转为快进，其转换条件是按下起动按钮SB1（即SB1的动合触点接通）；由快进转为工进的转换条件是行程开关SQ2动作；由工进转为快退的转换条件是终点行程开关SQ3动作；由快退转为停止（原位）的转换条件是原位行程开关SQ1动作。转换条件也可以是一些条件的组合。

（3）绘制功能表图

根据上面的分析，可以画出能够正确反映系统工作过程的功能表图，绘制功能表图的具体方法将在下面介绍。

（4）编制梯形图

根据功能表图，绘制梯形图。

2. 绘制功能表图的方法

（1）功能表图的概述

功能表图又称为流程图，它是描述控制系统的控制过程、功能和特性的一种图形。功能表图并不涉及所描述的控制功能的具体技术，是一种通用的技术语言。因此，功能表图也可用于不同专业的人员进行交流。

功能表图是设计顺序控制程序的有力工具。在顺序控制设计法中，功能表图的绘制是关键环节之一，它直接决定用户设计的PLC程序的质量。

（2）功能表图的组成要素

功能表图由步、转换、转换条件、有向连线和动作等要素组成，如图4-19所示。

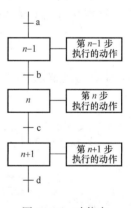

1）步与动作。用顺序控制设计法设计PLC程序时，应根据系统输出状态的变化，将系统工作过程划分成若干个状态不变的阶段，这些阶段称为"步"。步在功能表图中用矩形框表示，框内的数字是该步的标号。在图4-19中，各步的编号为$n-1$、n、$n+1$。编程时一般用PLC内部软继电器来代表各步，因此，经常直接用相应的内部软继电器编号作为步的编号。当系统工作在某一步时，该步处于活动状态，称为"活动步"。控制过程刚开始阶段的活动步与系统初始状态相对应，称为"初始步"。在功能表图中，初始步用双线框表示。每个功能表图至少应该有一个初始步。

图4-19　功能表图的一般形式

"动作"是指某步活动时，PLC向被控系统发出的指令，或被控系统应该执行的动作。动作用矩形框中的文字或符号表示，该矩形框应与相应步的矩形框相连接。如果某一步有几

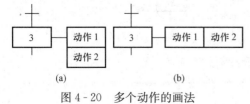

(a)　　　　　　　(b)

图4-20　多个动作的画法

个动作，可以用图4-20中的两种画法来表示，但并不包含这些动作之间的任何顺序。

当步处于活动状态时，相应的动作被执行。但应注意表明动作是保持型还是非保持型。保持型的动作是指该步活动时执行该动作，该步变

为不活动后继续执行该动作。非保持型动作是指该步活动时执行，该步变为不活动时动作停止执行。一般保持型的动作在动能表图中应该用文字或助记符标注，而非保持型动作不需标注。

2）有向连线、转换和转换条件。图 4 - 19 中，步与步之间用有向连线进行连接，并且用转换将步分隔。步的活动状态进展是按规定的路线进行的。有向连线上无箭头标注时，其进展方向是从上到下、从左到右。如果不是上述方向，应在有向连线上用箭头表明其方向。步的活动状态进展是由转换来完成。转换是用与有向连线垂直的短划线来表示。步与步之间不允许直接连接，必须有转换隔开，而转换与转换之间也同样不能直接连接，必须有步隔开。转换条件可以用文字语言、布尔代数表达式或图形符号标注在表示转换的短划线旁边。

（3）实现功能表图的转换

步与步之间实现转换应同时具备两个条件：①前级步必须是"活动步"；②对应的转换条件成立。

当同时具备以上两个条件时，才能实现步的转换，即所有由有向连线与相应转换符号相连的后续步都变为活动的，而所有由有向连线与相应转换符号连接的前级步都变为不活动。例如在图 4 - 19 中的 n 步为活动步的情况下转换条件 c 成立，则转换实现，即 $n+1$ 步变为活动，而 n 步变为不活动。如果转换的前级步或后续步不止一个时，则同步实现转换。

（4）功能表图的基本结构

根据步与步之间的转换关系，功能表图可以分为以下几种不同的基本结构。

1）单序列结构。功能表图的单序列结构形式最为简单，它由一系列按顺序排列、相继激活的步组成。每一步的后面只有一个转换，每个转换后面只有一步，如图 4 - 21 （a）所示。根据开启和关断条件，每步均可写出其逻辑表达式为：

$$X2 = (X1 \cdot a + X2) \cdot \overline{b} = (X1 \cdot a + X2) \cdot \overline{X3}$$
$$X3 = (X2 \cdot b + X3) \cdot \overline{c} = (X2 \cdot b + X3) \cdot \overline{X4}$$

公式中 $\overline{b}$ 和 $\overline{X3}$ 等效，$\overline{c}$ 和 $\overline{X4}$ 等效，括号内 X2 和 X3 为自锁信号。

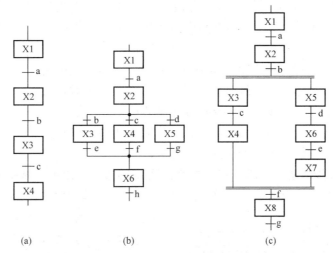

图 4 - 21 功能表图的三种基本结构

（a）单序列；（b）选择序列；（c）并行序列

2）选择序列结构。选择序列有开始和结束之分。选择序列的开始称为分支，选择序列的结束称为合并。选择序列的分支是指一个前级步后面紧接有若干个后续步可供选择，各分支都有各自的转换条件。分支中表示转换的短划线只能标在水平线之下。

选择序列的合并是指几个选择分支合并到一个公共序列上。各分支也都有各自的转换条件，转换条件只能在水平线之上。如图 4-21（b）所示。

逻辑表达式为：

分支处：$X2 = (X1 \cdot a + X2) \cdot \overline{b+c+d} = (X1 \cdot a + X2) \cdot \overline{b} \cdot \overline{c} \cdot \overline{d}$
$= (X1 \cdot a + X2) \cdot \overline{X3 + X4 + X5} = (X1 \cdot a + X2) \cdot \overline{X3} \cdot \overline{X4} \cdot \overline{X5}$

合并处：$X6 = (X3 \cdot e + X4 \cdot f + X5 \cdot g + X6) \cdot \overline{h}$

3）并列序列结构。并列序列结构也有开始和结束。并列序列的开始称为分支，并列序列的结束称为合并。图 4-21（c）为并列序列的分支，它是指当转换实现后将同时使多个后续步激活。为了强调转换的同步实现，水平连线用双线表示。在分支处，$X2 \cdot b$ 是 X3 和 X5 同时有效的转换条件。在合并处，X8 只有当 X4 和 X7 均为活动步且转换条件 f 有效时，才进入下一步。逻辑表达式为：

分支处：$X2 = (X1 \cdot a + X2) \cdot \overline{b}$
$= (X1 \cdot a + X2) \cdot \overline{X3 + X5}$
$= (X1 \cdot a + X2) \cdot \overline{X3} \cdot \overline{X5}$

$X3 = (X2 \cdot b + X3) \cdot \overline{c}$
$= (X2 \cdot b + X3) \cdot \overline{X4}$

$X5 = (X2 \cdot b + X5) \cdot \overline{d}$
$= (X2 \cdot b + X5) \cdot \overline{X6}$

合并处：$X4 = (X3 \cdot c + X4) \cdot \overline{f}$
$= (X3 \cdot c + X4) \cdot \overline{X8}$

$X7 = (X6 \cdot e + X7) \cdot \overline{f}$
$= (X6 \cdot e + X7) \cdot \overline{X8}$

$X8 = (X4 \cdot X7 \cdot f + X8) \cdot \overline{g}$

4）跳步、重复和循环序列。在实际系统设计中，除了上述的四种基本结构外，我们还经常利用跳步、重复和循环等序列。这些序列都是选择序列中的特殊序列。

图 4-22（a）为跳步序列。当步 X1 为活动步时，如果转换条件 e 成立，则程序将跳过步 X2 和步 X3 直接进入步 X4，相当于计算机编程的跳转指令。

逻辑表达式为：

$$X1 = X1 \cdot a \cdot \overline{b} \cdot \overline{e} = X1 \cdot a \cdot \overline{X2} \cdot \overline{X4}$$
$$X2 = (X1 \cdot b + X2) \cdot \overline{c} = (X1 \cdot b + X2) \cdot \overline{X3}$$
$$X4 = (X1 \cdot e + X3 \cdot d + X4) \cdot \overline{f}$$

图 4-22（b）为重复序列。当步 X4 为活动步时，如果转换条件 d 不成立而转换条件 e 成立时，则重新返回步 X3，重复执行步 X3 和步 X4。直到转换条件 d 成立，重复结束，转入步 X5。逻辑表达式为：

$$X2 = (X1 \cdot a + X2) \cdot \overline{b} = (X1 \cdot a + X2) \cdot \overline{X3}$$
$$X3 = (X2 \cdot b + X4 \cdot e + X3) \cdot \overline{X4}$$
$$X5 = (X4 \cdot d + X5) \cdot \overline{f}$$

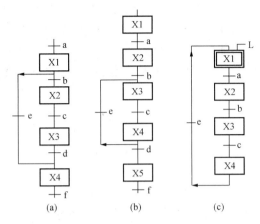

图 4 - 22　跳步、重复和循环序列

(a) 跳步序列；(b) 重复序列；(c) 循环序列

图 4 - 22（c）为循环序列，即在序列结束后，用重复的办法直接回到起始步 X1，形成系统的循环。在起始步时，通常加一个短信号，它只在起始阶段出现一次，只要建立了循环，它就不应干扰正常运行。

逻辑表达式为：

$$X1 = (X4 \cdot e + L + X1) \cdot \overline{X2}$$

在实际设计中，往往不是单一的使用某一种序列，经常是多种序列组合在一起使用。

4.2.3　利用功能表图设计组合机床液压动力滑台控制程序

下面以某组合机床液压动力滑台为例，来说明如何利用功能表图设计法设计控制程序。

【例 4 - 1】　某组合机床液压动力滑台的自动工作过程。其工作循环如图 4 - 23（a）所示。具体工作过程为：原位、快进、工进、快退四步，且各步之间的转换条件已确定。原位为步 0（起始步），快进为步 1、工进为步 2、快退为步 3。每一步执行动作如图 4 - 23（b）所示的液压元件动作表，其中 YV1、YV2、YV3 为液压电磁阀。

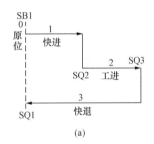

元件 工步	YV1	YV2	YV3
原位	-	-	-
快进	+	+	-
工进	-	+	-
快退	-	-	+

(a)　　　　　　　　　　　　　　　(b)

图 4 - 23　液压动力滑台

(a) 自动循环过程；(b) 液压元件动作表

表 4 - 4 为机床液压滑台自动控制系统 I/O 分配表。

表 4 - 4　　　　　　　　　**机床液压滑台自动控制系统 I/O 分配表**

输　　入			输　　出		
器件名称		PLC 点号	器件名称		PLC 点号
起动按钮	SB1	0.00	滑台快进电磁阀	YV1	1.00
快进行程开关	SQ1	0.01	滑台工进电磁阀	YV2	1.01
工进行程开关	SQ2	0.02	滑台快退电磁阀	YV3	1.02
快退行程开关	SQ3	0.03			

根据系统的控制要求，利用辅助继电器 1200.00～1200.03 代替原位到快退的四步可得 CJ1 系列的 PLC 的功能表图，如图 4 - 24（a）所示。

当 PLC 开始运行时，应将起始步 1200.00 接通，否则系统无法工作，因此用特殊辅助继电器 A200.15 上电初始化脉冲将其接通。后续步 1200.01 的常闭触点串入 1200.00 的线圈回路中，1200.01 接通时，1200.00 被断开。

由功能表图可以得到，1.00 与 1200.01、1.02 与 1200.03 分别同时接通/断开，因此可将它们的线圈分别并联。1.01 在工步 1200.01 和 1200.02 都接通，为了避免双线圈输出，可将 1200.01 和 1200.02 的常开触点并联后驱动 1.01。

液压滑台的时序图和梯形图如图 4‑24（b）和图 4‑24（c）所示。

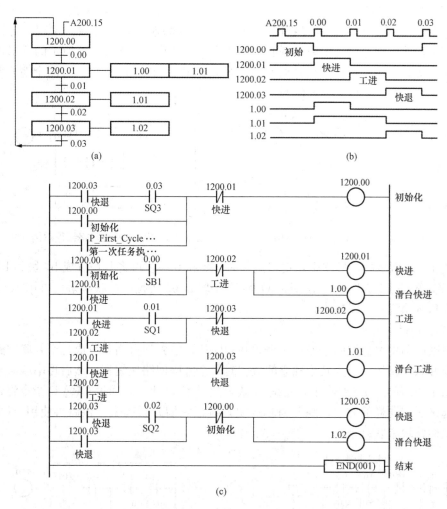

图 4‑24　液压滑台功能表图、时序图和梯形图
(a) 功能表图；(b) 时序图；(c) 梯形图

4.3　PLC 程序设计的技巧

在 PLC 的程序设计过程中，通过改变程序的结构，可以简化程序执行的步数，节省 PLC 的内存，提高程序的运行效率，同时 PLC 的程序设计也有一些相应的规则。

4.3.1 程序设计技巧

1. 并/串梯级回路

对于一个并/串梯级回路编程，首先编并联回路块，然后编串联回路块。如图 4 - 25 所示的梯形图中，先编 a 块，然后编 b 块，将并联的逻辑块与左母线相连，而且并联的节点尽量使用单节点进行并联。

2. 串/并梯级回路

编一个串/并梯级回路，就要把回路分成串联回路块和并联回路块。编程时分别编制每一个逻辑块，然后把这些逻辑块串联起来构成为一个回路。如图 4 - 26 所示的梯形图中，把回路分为 a 块和 b 块，对每个块进行编程。然后通过 AND LD 指令，将两个逻辑块 a 和 b 串联起来。

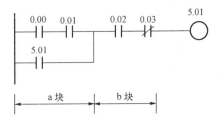

图 4 - 25 并/串梯级回路编程举例

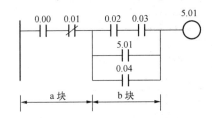

图 4 - 26 串/并梯级回路编程举例（一）

在图 4 - 27 所示的梯形图中，把回路分为 a 块和 b 块，再将 b 块分成 b1 块和 b2 块。编 b1 块程序，再编 b2 块程序，用 OR LD 指令 b1 和 b2 块程序并联起来，再用 AND LD 指令将 a 块和 b 块程序串联起来。

3. 串联梯级中的并联连接

在串联回路中要想编两个或更多并联回路块，首先把全回路分成几个并联回路块。再把每一个并联回路块分成为几个独立的块。对每个并联回路块编程，然后再串联起来。

在图 4 - 28 所示的梯形图中，先编 a1 块，然后编 a2 块，再通过 OR-LD 指令将这两个块合并联起来。用同样的方法，编 b1 和 b2 块，再把它们并联起来。最后再使用 AND LD 将两个并联回路块串联起来。

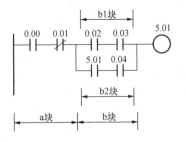

图 4 - 27 串/并梯级回路编程举例（二）

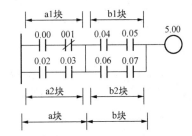

图 4 - 28 串联梯级中的并联连接编程举例（一）

用同样的方法对一组块串联进行编程，即 a→b→(a · b)→c→(a · b · c)→d…。如图 4 - 29 所示。

4. 复杂梯级 A

一个复杂的梯级回路常常可以通过改变梯形图中使用节点的位置，而不改变其逻辑控制

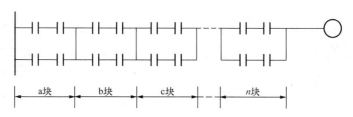

图4-29 串联梯级中的并联连接编程举例（二）

关系，从而达到简化梯形图的目的。如图4-30所示的控制梯形图只改变了图中节点的位置，其逻辑关系并没有发生变化。

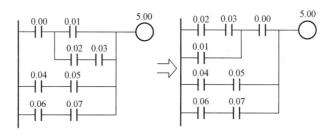

图4-30 复杂梯级A编程举例

5. 复杂梯级B

对于如图4-31（a）所示的梯形图，不仅要改变梯形图中使用节点的位置，而且还要改变梯形图的结构，保持其逻辑控制关系不变，从而达到简化梯形图的目的。将改进的梯形图编译成对应的指令表时，可省略图4-31（b）指令表中AND LD指令和一个OR LD指令。因此，在编制梯形图时将较复杂的逻辑块尽量与左母线相连，单个的节点尽量与输出相连。

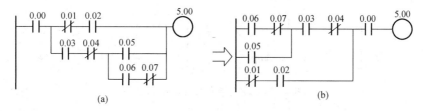

图4-31 复杂梯级B编程举例

6. 复杂梯级C

一个复杂的梯级回路常常可以通过改变梯形图中输出信号的位置，而不改变其逻辑控制关系，从而达到简化梯形图的目的。如图4-32所示的控制梯形图中只改变了图中定时器T0001与输出线圈5.00的位置，其控制结果并没有发生变化，就可以省略暂存寄存器TR0。

7. 梯级注意事项和重画

（1）OR指令

对当前执行条件采用"或"逻辑，应采用一条OR/OR NOT指令，即梯级逻辑的结果

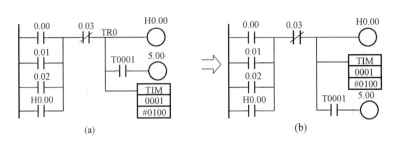

图 4 - 32 复杂梯级 C 编程举例

取决于 OR/OR NOT 指令。

例如，在图 4-33 中，如果左面梯形图所编程序的梯级未作改进，则需要一条 OR LD 指令，通过重复画梯级，可省去一些程序步。

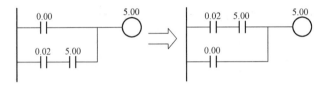

图 4 - 33 OR 指令的重画编程举例

（2）输出指令分支

如果 AND/AND NOT 指令前有分支，一个 TR 位将需要使用。如果分支点与第一输出指令直接相连，TR 位就不必使用。在第一条输出指令后，无需改进，用 AND/AND NOT 指令和第二条输出指令连接即可。

例如，在图 4-34 中，如果梯级不改进，在分支点需要一个暂存位 TR0 输出指令和 LD 指令，通过重画梯级，可省去一些程序步。

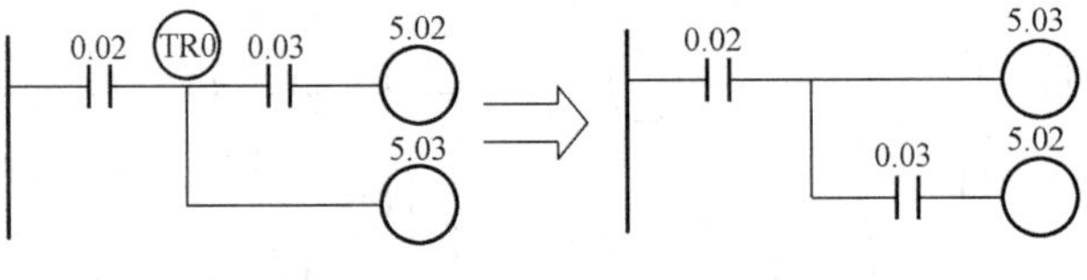

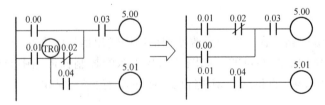

图 4 - 34 输出指令分支的重画（一）

又例如，在图 4-35 中，用 TR0 在分支点存储执行条件或重画梯级以改进。

图 4 - 35 输出指令分支的重画（二）

（3）助记符执行顺序

由于 PLC 执行用户程序时以输入的指令顺序执行，因此在图 4-36 中，输出位 CIO

5.00 将永远不会变为 ON，重画梯级改进后，CIO 5.00 可在一个周期中变为 ON。

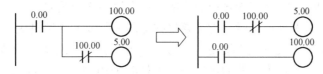

图 4 - 36　助记符执行顺序重画（一）

在图 4 - 37 中，左边的回路不能直接编程，为了使信号流能朝箭头指示的方向流动，则必须重画梯级。

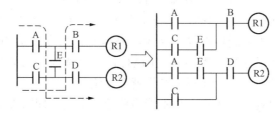

图 4 - 37　助记符执行顺序重画（二）

4.3.2　梯形图编程注意事项

可编程控制器实际上是一种由微处理器构成的工业控制器。因此，其工作原理及方式与计算机相同，编程时一定注意其逻辑配合关系。在编程时其逻辑条件使用情况只要程序不超过 PLC 的存储容量，可用于串或并的逻辑条件数是无限制的，梯形图也尽可能多用条件将程序描述清楚，编制梯形图程序时应充分考虑以下问题。

（1）几个串联支路相并联，应将接点多的支路安排在梯级的上面；几个并联回路的串联，应将接点多的并联回路安排在左面。按这样规则编制的梯形图可减少用户程序步数，缩短程序扫描时间。

（2）梯形图编程可采用相应的梯形图编程软件。

采用欧姆龙的 CX-Programmer 软件时，接点应画在水平线上，不要画在垂直线上；不包含接点的分支应画在垂直线上，不要画在水平线上，以便识别接点逻辑组合和输出指令执行的路径。如图 4 - 38 所示，无法采用逻辑指令编程。图 4 - 39 给出另一个例子，将图中上面的梯形图按梯形图规则重画后，得到便于编程的控制路径清晰的梯形图。

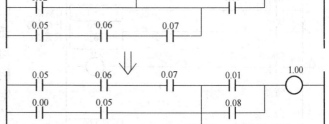

图 4 - 38　T 型结构的梯形图　　　　图 4 - 39　按梯形图规则重画编程举例

（3）梯形图编程和指令表达式编程具有一一对应关系。

指令表达式的程序是由梯形图转换而成的。指令语句必须按照从左到右、自上而下的原则进行编程。在编写复杂梯形图时，常需要将梯形图分割成大的逻辑块，然后再对大的逻辑块分割，直到分割的若干块可以直接使用"与"、"或"指令。对逻辑块程序仍按上述原则，将小的逻辑块连接，再连接大一些的逻辑块，连接时采用相应"逻辑块与"或"逻辑块或"命令。

（4）指令的顺序和位置对程序执行结果会有影响。

从可编程序控制器原理介绍一开始，我们就强调 PLC 具有计算机所决定的工作特征，尽管 PLC 执行指令的速度极快，但它毕竟只能一条一条扫描，最后集中输出指令。一旦程序启动运行，CPU 自上而下循环扫描，检查所有条件并执行所有与母线相连的指令，执行到 END 的指令后再从头开始循环扫描，因此，编程时将指令按适当顺序放置是相当重要的。例如，指令中要用到某个字（数据），在执行该指令前应先将要用的数据送入该字中，如果送数据在执行该指令后，指令执行的结果就会出错。

同样，即使程序中只处理开关量，也不能简单地按电气原理图方式编程，控制信号与响应信号安排顺序、信号是否需要集中过渡处理等都有可能影响输出结果。例如，在图 4-40（a）中，程序的设计意图是每隔一段时间使 C0010 接通一次，程序中利用定时器 T0000 每 6s 接通一次的脉冲信号作为计数器 C0010 的输入，C0010 计满 20 次后发出一脉冲信号。如果从一般电气原理图角度看程序，程序是能正常工作的。因为电气线路上，接点不论安排在线路上方还是在线路下方，任一元件动作都能同时进行电路切换。但按照 PLC 梯形图工作原理，当程序正好执行到 c 或 d 瞬间，T0000 定时时间到，T0000 常开接点闭合，C0010 的信号有效，C0010 作减 1 计数；而当程序执行到 b、e、f、g 及 b 点之前或 g 点之后的任一瞬间，T0000 定时时间到，C0010 均不能得到 T0000 接通的脉冲信号。例如程序扫描到 C0010 指令时，T0000 定时尚未到，T0000 信号为零，接着 T0000 计时到，其常开接点闭合，常闭接点断开，在下一个扫描周期中的 b 点，LD NOT T0000 将 T0000 的"1"取非得"0"，执行 T0000 指令时将

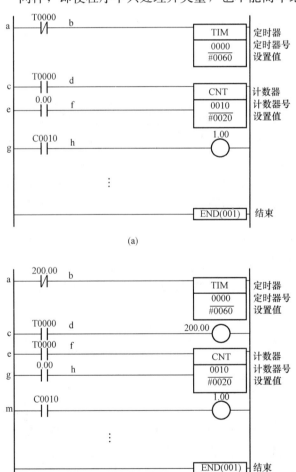

图 4-40　定时器、计数器应用梯形图
（a）计数不确定梯形图；（b）增加中间过渡信号梯形图

T0000 复位，T0000 常开接点断开，常闭接点闭合，计数器输入端仍无"1"信号输入，这样 C0010 将漏计 T0000 一次脉冲信号而产生定时错误。如果将程序略作修改，加入一个中间过渡信号 200.00，程序就能正常运行了，如图 4 - 40（b）所示。

（5）信号电平有效和跳变问题编程。

在 PLC 指令中有些指令条件是以信号跳变为执行条件的，它与电平触发有本质区别。例如，PLC 指令系统中的 DIFU（013）指令仅在输入信号 0.00 有效的上升沿使 200.00 输出有效，置位指令使输出 1.00 置位"1"。DIFD（014）指令在输入信号 0.01 有效的下降沿使 200.01 输出有效，复位指令使输出 1.00 复位"0"。其梯形图如图 4 - 41 所示。

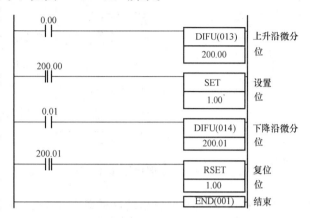

图 4 - 41　信号电平有效和跳变问题编程举例

同样在 PLC 的功能指令中，一般指令都为高电平有效，若需要指令在执行条件满足后仅执行一次，就必须用微分执行功能，在相应功能指令后加@，则该指令就成为只执行一次的微分功能指令。

分析图 4 - 42（a）和图 4 - 42（b）中的程序，我们可了解微分执行功能的用途。设输入信号 0.00 接通，且接通时间为 n 个扫描周期（一般无法精确控制接通时间），则图 4 - 42（a）程序 D0 中的内容为（D0）$+n$（D1），而图 4 - 42（b）程序中的 D0 内容为（D0）$+$（D1），两个程序的运行结果不同，编程时应加以注意。

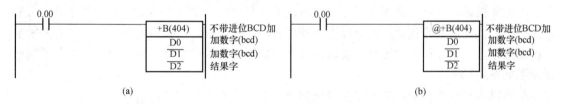

图 4 - 42　微分执行功能的程序编程举例

（a）不带微分指令的加法执行功能；（b）带微分指令的加法执行功能

（6）有效输入信号的电平保持时间。

PLC 是以循环扫描的工作方式工作的，采用集中采样，集中输出形式。PLC 运行时，扫描周期为 T，其中 t_1 为输入采样阶段，t 为程序指令执行阶段，t_2 为输出阶段，即 $T=t_1+t+t_2$。如果输入信号电平保持时间 $t_i < T$，那么 PC 就不能保证采到这个信号。如果要保证输入信号有效，输入信号的电平保持时间必须大于 PLC 工作扫描周期。

（7）线圈重复输出问题。

PLC 自检功能中具有线圈重复输出错误提示功能，这条提示功能是指功能程序中出现了同一编号元素有两次以上输出的情况。一般来说，PLC 用户程序中不允许出现重复输出编程，其原因是 PLC 在执行程序时将运行结果存入相应元素的映像寄存器中，如果同一编号元素在一个扫描周期中输出两次以上，也就是说对该元素进行了两次以上运算输出，当运算结果不一致时，最后输出状态取决于后一次写入映像寄存器的运算结果。

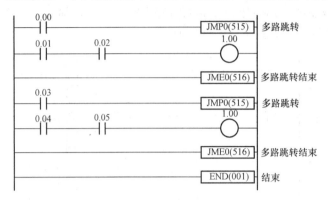

图 4 - 43　线圈重复输出举例

然而，在有的程序设计中需要"重复输出"时，如图 4 - 43 所示，虽然程序段 A 和程序段 B 中都有 OUT 1.00 指令，但程序执行过程中不可能在一个扫描周期中同时执行程序段 A 和程序段 B，采用多路跳转指令执行条件，保证 PLC 在一次扫描运行中只刷新 1.00 输出继电器一次，所以，允许重复输出的这种编程方式必须是有条件的执行程序，否则程序运行结果会出现问题。

4.4　龙门刨床横梁升降机构的 PLC 程序设计

本节以设计龙门刨床横梁升降控制线路为例来说明经验设计法。

4.4.1　龙门刨床横梁机构的结构和工艺要求

龙门刨床上装有横梁机构，刀架装在横梁上，随着加工工件大小不同横梁机构需要沿立柱上下移动，在加工过程中，横梁又需要保证夹紧在立柱上不松动。横梁的上升与下降由横梁升降电动机来驱动，横梁的夹紧与放松由横梁夹紧放松电动机来驱动。横梁升降电动机装在龙门顶上，通过蜗轮传动，使立柱上的丝杠转动，通过螺母使横梁上下移动。横梁夹紧电动机通过减速机构传动夹紧螺杆，通过杠杆作用使压块夹紧或放松。龙门刨床横梁夹紧放松示意图如图 4 - 44 所示。

横梁机构对电气控制系统的工艺要求如下：

（1）刀架装在横梁上，要求横梁能沿立柱做上升、下降的调整移动。

（2）在加工过程中，横梁必须紧紧地夹在立柱上，不许松动。夹紧机构能实现横梁的夹紧和放松。

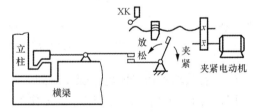

图 4 - 44　龙门刨床横梁夹紧放松示意图

（3）在动作配合上，横梁夹紧与横梁移动之间必须有一定的操作程序，具体如下：

1）按向上或向下移动按钮后，首先使夹紧机构自动放松；

2）横梁放松后，自动转换成向上或向下移动；

3）移动到所需要的位置后，松开按钮，横梁自动夹紧；

4）夹紧后夹紧电动机自动停止运动。

（4）横梁在上升与下降时，应有上下行程的限位保护。

（5）正反向运动之间，以及横梁夹紧与移动之间要有必要的联锁。

在了解清楚生产工艺要求之后，可进行 PLC 控制系统的设计。

4.4.2 PLC 控制系统的设计

1. 拖动系统的设计

根据横梁能上下移动和能夹紧放松的工艺要求，需要用两台电动机来驱动，且电动机能实现正反向运转。因此采用 4 个接触器 KM1、KM2和 KM3、KM4，分别控制升降电动机 M1 和夹紧放松电动机 M2 的正反转。因此，主电路就是控制两台电动机正反转的电路，具体电路如图 4-45 所示。

2. PLC 的硬件设计

（1）确定 I/O 点数

由于横梁的升降和夹紧放松均采用接触器控制，且都能实现正反转控制，PLC 只要控制其线圈即可，选择 4 个输出点控制其线圈。

采用两个点动按钮分别控制升降和夹紧放松运动。

反映横梁放松程度的参量可以采用行程开关 SQ1检测放松程度，当横梁放松到一定程度时，其压块压动 SQ1，使常闭触点 SQ1 断开，表示已经放松。

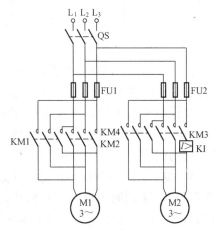

图 4-45 拖动控制线路图

反映横梁夹紧程度的参量包括时间参量、行程参量和反映夹紧力的电流量。若用时间参量，不易调整准确度；若用行程参量，当夹紧机构磨损后，测量也不准确；选用反映夹紧力的电流参量是适宜的，夹紧力大，电流也大，可以借助过电流继电器来检测夹紧程度。在夹紧电动机 M2 的夹紧方向的主电路中串联过电流继电器 KI，将其动作电流整定在额定电流的两倍左右。当夹紧横梁时，夹紧电动机 M2 的电流逐渐增大，当超过过电流继电器整定值时，KI 的触点动作，自动停止夹紧电动机的工作。

采用行程开关 SQ2 和 SQ3 分别实现横梁上、下行程的限位保护。

考虑到横梁升降机构是控制系统的一部分，为提高系统工作的安全性，应增加互锁保护，当横梁机构工作时其他控制部分停止运行，选择一开关实现此功能。

综上所述，PLC 控制系统的输入信号的点数为 7。

（2）PLC 的硬件原理图设计

根据所确定的 I/O 点数及控制要求，设计如图 4-46 所示的 PLC 硬件原理图。其中 KM1、KM2 为横梁升降接触器线圈，KM3、KM4 为横梁夹紧放松接触器线圈，SB1、SB2 为横梁上升和下降的控制按钮，SQ1 为检测横梁放松到位的位置行程开关，

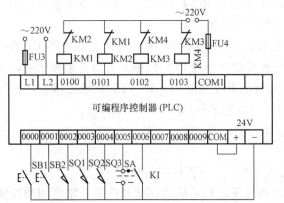

图 4-46 龙门刨床的横梁升降机构 PLC 的硬件原理图

SQ2、SQ3 为横梁上升和下降的限位保护开关，SA 为选择横梁升降的工作开关，KI 为检测横梁夹紧力度的电流继电器的动作触点。

3. PLC 控制程序的设计

（1）龙门刨床的横梁升降自动工作过程的分析

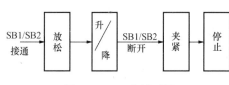

图 4-47 工艺循环图

龙门刨床的横梁升降自动控制过程，横梁的升降工艺要求，可绘出工艺循环图如图 4-47 所示，图中的"/"表示"或"。

（2）龙门刨床的横梁升降控制程序的初步设计

由于龙门刨床的横梁的升降和夹紧放松均为调整运动，故都采用点动控制。采用两个点动按钮分别控制横梁的升降运动。根据工艺要求可以设计出如图 4-48 所示的控制程序。

经仔细分析可知，该程序仅完成了横梁的升降和夹紧放松的基本功能，还存在问题如下：

1）按上升点动按钮 SB1 后，接触器 KM1 和 KM4 同时得电吸合，横梁的上升与放松同时进行，按下降点动按钮 SB2，也出现类似情况。不满足"夹紧机构先放松，横梁后移动"的工艺要求。

2）放松线圈 KM4 一直通电，使夹紧机构持续放松，没有设置检测元件检查横梁放松的程度。

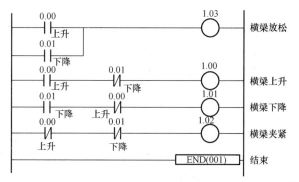

图 4-48 龙门刨床的横梁的升降和夹紧放松控制梯形图（一）

3）松开按钮 SB1，横梁不再上升，横梁夹紧线圈得电吸合，横梁持续夹紧，不能自动停止。

根据以上问题，需要恰当地选择控制过程中的变化参量，实现上述自动控制要求。

龙门刨床的横梁移动是操作工人根据需要按上升或下降按钮 SB1 或 SB2 实现，首先横梁夹紧电动机由接触器 KM4 控制电动机 M2 向放松方向运行，完全放松后按行程开关 SQ1，控制升降电动机的接触器 KM1 或 KM2 动作，横梁上升或下降；到达需要位置时手松开按钮 SB1 或 SB2，横梁停止移动，由接触器 KM3 控制自动夹紧，SQ1 复位；当夹紧力达到一定程度时，过电流继电器 KI 动作，夹紧电动机停止工作。

在图 4-45 中，在夹紧电动机 M2 的夹紧方向的主电路中，串联过电流继电器 KI 的线圈，检测其电流的变化。过电流继电器 KI 的常开触点作为 PLC 的输入，当夹紧横梁时，夹紧电动机 M2 的电流逐渐增大，当超过过电流继电器整定值时，KI 的常开触点接通，控制 KM3 线圈失电，自动停止夹紧电动机的工作。其控制过程如图 4-49 所示。

（3）线路的完善和校核

设计互锁保护环节。

1）采用行程开关 SQ2 和 SQ3 分别实现横梁上、下行程的限位保护。

2）行程开关 SQ1 不仅反映了放松信号，而且还起到了横梁移动和横梁夹紧之间的互锁作用。

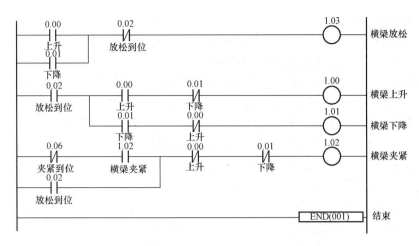

图 4-49　龙门刨床的横梁的升降和夹紧放松控制梯形图（二）

3）横梁移动电动机和夹紧电动机正反向运动的互锁保护。

其控制过程如图 4-50 所示。

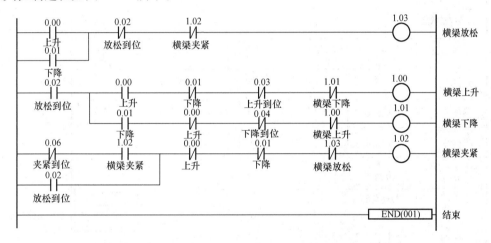

图 4-50　龙门刨床的横梁的升降和夹紧放松控制梯形图（三）

控制线路设计完毕后，往往还有不合理的地方，还有必要进一步完善其控制功能，应认真仔细地校核。对照生产机械工艺要求，反复分析所设计程序是否能逐条实现，是否会出现误动作，是否保证了设备和人身安全等。

下面分四个阶段对横梁移动和夹紧放松进行分析。

1）按下横梁上升点动按钮 SB1，由于行程开关 SQ1 的常开触点没有压合，升降电动机 M1 不工作；KM4 线圈得电，夹紧放松电动机 M2 工作将横梁放松。

2）当横梁放松到一定程度时，夹紧装置将 SQ1 压下，其常开触点动作，KM4 线圈失电，夹紧放松电动机停止工作；SQ1 常开触点闭合，KM1 线圈得电，升降电动机 M1 起动，驱动横梁在放松状态下向上移动。

3）当横梁移动到所需位置时，松开上升点动按钮 SB1，KM1 线圈失电使升降电动机 M1 停止工作；由于横梁处于放松状态，SQ1 的常开触点一直闭合，KM3 线圈得电，使 M2

反向工作，从而进入夹紧阶段。

4）当夹紧电动机 M2 刚起动时，起动电流较大，过电流继电器 KI 动作，但是由于 SQ1 的常开触点闭合，KM3 线圈仍然得电；横梁继续夹紧，电流减小，过电流继电器 KI 复位；在夹紧过程中，行程开关 SQ1 复位，为下次放松作准备。当夹紧到一定程度时，过电流继电器 KI 的常开触点动作，通过 PLC 的输出控制 KM3 线圈失电，切断夹紧放松电动机 M2，整个上升过程到此结束。横梁下降的操作过程与横梁上升操作过程类似。

以上分析初看无问题，但仔细分析第二阶段即横梁上升或下降阶段，其条件是横梁放松到位。如果按下 SB1 或 SB2 的时间很短，横梁放松还未到位就已松开按下的按钮，致使横梁既不能放松又不能进行夹紧，容易出现事故。改进的方法是采用一条微分指令来检测 SB1 或 SB2 断开的信号作为保持横梁放松状态的信号，使横梁一旦放松，就应继续工作至放松到位，然后可靠地进入夹紧阶段。其控制过程如图 4-51 所示。

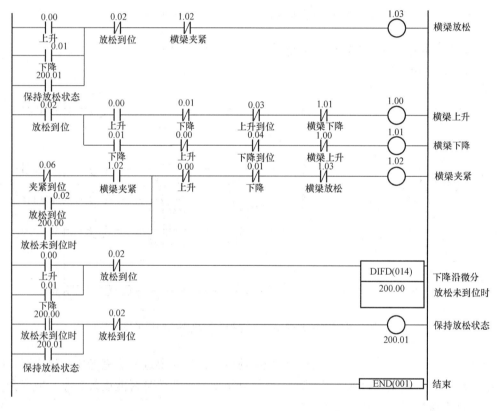

图 4-51 龙门刨床的横梁的升降和夹紧放松控制梯形图（四）

（4）进一步完善程序

加上必要的互锁保护等辅助措施，校验电路在各种状态下是否满足工艺要求，考虑到一些实际问题，如增加了与其他工作环节的互锁保护，只有选择横梁工作时本程序才有效，又如为了充分发挥 PLC 的性能，对各个控制环节增加了限时保护环节，防止保护的检测开关一旦失效而发生生产事故，最后得到完整控制程序，其控制过程如图 4-52 所示。

以上是对龙门刨床的横梁的升降和夹紧放松控制梯形图进行了设计，在整个设计过程中，应循序渐进，首先应满足基本要求，在此基础上再逐步完善并根据生产实际的要求增加

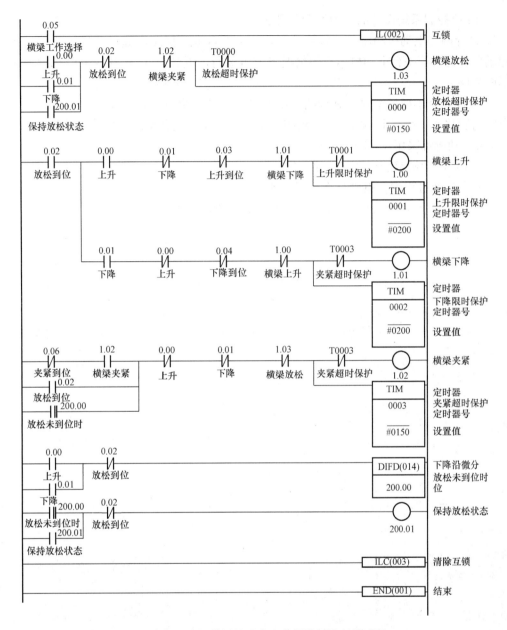

图 4-52 龙门刨床的横梁的升降和夹紧放松控制梯形图（五）

相应的保护功能，提高控制系统的工作可靠性。

思 考 题

1. PLC 控制系统设计的内容及设计步骤有哪些?
2. PLC 控制系统设计的基本内容是什么?
3. PLC 控制系统的硬件设计包含哪些内容?
4. PLC 控制系统的软件设计方法有哪些?

5. PLC 控制系统设计的一般原则是什么？

6. 设计两台电动机顺序起动联锁控制，要求两台电动机顺序起动联锁控制第二台电动机起动条件为，第一台电动机运行的情况下方可运行，设计 PLC 控制的 I/O 硬件原理图和梯形图程序。

7. 设计一个小型吊车的控制线路。小型吊车有 3 台电动机，横梁电动机 M1 带动横梁在车间前后移动，小车电动机 M2 带动提升机构在横梁上左右移动，提升电动机 M3 升降重物。3 台电动机都采用直接起动，自由停车。要求如下：

（1）3 台电动机都能正常起、保、停。

（2）在升降过程中，横梁与小车不能动。

（3）横梁具有前、后极限保护，提升有上、下极限保护。

第二篇　提　高　篇

第二篇

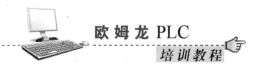
第5章

NB 触摸屏及其应用

近年来，随着信息技术与计算机技术的迅速发展，人机界面在工业控制中已得到了广泛的应用。工业控制领域通常所说的人机界面包括触摸屏和组态软件。触摸屏又叫图示操作终端（Graph Operation Terminal，GOT），是目前工业控制领域应用较多的一种人机交互设备。

5.1 NB 触摸屏系统概述

5.1.1 触摸屏的定义

所谓工业人机界面，是一种集信息处理、数据通信、远程控制功能于一体的，可以连接PLC、变频器、仪器仪表等各种工业控制设备，用单色或彩色显示屏显示相关信息，通过触摸屏、键盘、鼠标输入工作参数或操作命令，以实现人机交互。

在工业中，人们通常把具有触摸输入功能的人机界面产品称为触摸屏。实际上，"触摸屏"只是人机界面产品中可能用到的硬件部分，是一种替代鼠标及键盘部分功能，安装在显示前端的输入设备，而人机界面产品则是一种包含硬件和软件的人机交互设备。在本章中，为了符合通常的习惯，将人机界面直接称作触摸屏。

5.1.2 触摸屏的功能

1. 控制功能

触摸屏可以对数据进行动态显示和控制，将数据以棒状图、实时趋势图及离散/连续柱状图等方式直观地显示，用于查看 PLC 内部状态及存储器中的数据，直观地反映工业控制系统的流程。

用户可以通过触摸屏来改变 PLC 内部状态、存储器数值，使用户直接参与过程控制。实时报警和历史记录功能，使工业控制系统的安全性能更有保障。

另外，随着计算机技术和数字电路技术的发展，很多工业控制设备都具有串行口通信能力，如变频器、直流调速器、温控仪表数据采集模块等，所以只要有串口通信能力的工业控制设备，都可以连接到人机界面的产品，实现人机交互。

2. 显示功能

触摸屏支持的色彩从单色到 256 真色甚至最高可达 1800 万色。丰富的色彩，多种图片文件格式的支持，使得制作的画面可以更生动、更形象。

触摸屏支持简体中文、繁体中文及其他多个语种文本，字体可以任意设定。

触摸屏含有大容量的存储器及可扩展的存储接口，使画面的数据保存更加方便。

3. 通信功能

人机界面提供多种通信方式,包括 RS-232C、RS-222、RS-485、Host USB Slave、USB 和 CAN,可与多种设备直接连接,并可以通过以太网组成强大的网络化控制系统。如使用 NB7W 触摸屏通过 RS-232C 与小型 PLC 通信监控 PLC 的运行,通过 USB 与 PC 相连下载组态工程文件,或与打印机相连打印历史数据曲线图和报警信息。

4. 配方功能

在工业控制领域中,配方就是用来描述生产一件产品所用的不同配料之间的比例关系,是生产过程中一些变量对应的参数设定值的集合。例如,在钢铁厂,一个配方可能就是机器设置参数的一个集合,而对于批处理器,一个配方可能被用来描述批处理过程中的不同步骤。

5.1.3 触摸屏的分类

1. 电阻式触摸屏

电阻式触摸屏是一种传感器,它将矩形区域中触摸点(X,Y)的物理位置转换为代表 X 坐标和 Y 坐标的电压。很多 LCD 模块都采用了电阻式触摸屏,这种屏幕可以用四线、五线、七线或八线来产生屏幕偏置电压,同时读回触摸点的电压。电阻式触摸屏基本上是薄膜加上玻璃的结构,薄膜和玻璃相邻的一面上均涂有 ITO(纳米钢锡金属氧化物)涂层,ITO 具有很好的导电性和透明性。当触摸操作时,薄膜下层的 ITO 会接触到玻璃上层的 ITO,经由感应器传出相应的电信号,经过转换电路送到处理器,通过运算转化为屏幕上的 X、Y 值,而完成点选的动作,并呈现在屏幕上。

触摸屏包含上下叠合的两个透明层,四线和八线触摸屏由两层具有相同表面电阻的透明阻性材料组成,五线和七线触摸屏由一个阻性层和一个导电层组成,通常还要用一种弹性材料来将两层隔开。

为了在电阻式触摸屏上的特定方向测量一个坐标,需要对一个阻性层进行偏置:将它的一边接 VREF,另一边接地。同时,将未偏置的那一层连接到一个 ADC 的高阻抗输入端。当触摸屏上的压力足够大,使两层之间发生接触时,电阻性表面被分隔为两个电阻。它们的阻值与触摸点到偏置边缘的距离成正比。触摸点与接地边之间的电阻相当于分压器中下面的那个电阻。因此,在未偏置层上测得的电压与触摸点到接地边之间的距离成正比。

2. 电容式触摸屏

电容式触摸屏的构造主要是在玻璃屏幕上镀一层透明的薄膜导体层,再在导体层外加上一块保护玻璃,双玻璃设计能彻底保护导体层及感应器。

电容式触摸屏在触摸屏四边均镀上狭长的电极,在导电体内形成一个低电压交流电场。在触摸屏幕时,由于人体电场,手指与导体层间会形成一个耦合电容,四边电极发出的电流会流向触点,而电流的强弱与手指到电极的距离成正比,位于触摸屏幕后的控制器便会计算电流的强弱,准确算出触摸点的位置。电容触摸屏的双玻璃不但能保护导体及感应器,更有效地防止外在环境因素对触摸屏造成影响,就算屏幕沾有污秽、尘埃或油渍,电容式触摸屏依然能准确算出触摸位置。

电容式触摸屏是在玻璃表面贴上一层透明的特殊金属导电物质。当手指触摸在金属层上时,触点的电容就会发生变化,使得与之相连的振荡器频率发生变化,通过测量频率变化可以确定触摸位置获得信息。由于电容随温度、湿度或接地情况的不同而变化，故其稳定性较差，往往会产生漂移现象。该种触摸屏适用于系统开发的调试阶段。

3. 红外式触摸屏

红外式触摸屏是利用 X，Y 方向上密布的红外线矩阵来检测并定位用户的触摸点。红外触摸屏在显示器的前面安装一个电路板外框，电路板在屏幕四边排布红外线发射管和红外接收管，一一对应成横竖交叉的红外矩阵。用户在触摸屏幕时，手指就会挡住经过该位置的横竖两条红外线，因而可以判断出触摸点在屏幕上的位置。红外触摸屏包含一个完整的整合控制电路，和一组高精度、抗干扰红外发射管及一组红外接收管，交叉安装在高度集成的电路板上的两个相对的方向，形成一个不可见的红外线光栅。内嵌在控制电路中的智能控制系统持续地对二极管发出脉冲形成红外线偏震光束格栅。当触摸物体（如手指等进入光栅）时，便阻断了光束。智能控制系统便会侦察到光的损失变化，并传输信号给控制系统，以确认 X 轴和 Y 轴坐标值。

4. 表面声波式触摸屏

表面声波是一种沿介质表面传播的机械波。该种触摸屏由触摸屏、声波发生器、反射器和声波接收器组成，其中声波发生器能发送一种高频声波跨越屏幕表面，当手指触及屏幕时，触点上的声波即被阻止，由此确定坐标位置。表面声波触摸屏不受温度、湿度等环境因素影响，分辨率极高，有极好的防刮性，寿命长（5000 万次无故障）；透光率高（92%），能保持清晰透亮的图像质量；没有漂移，只需安装时一次校正；有第三轴（即压力轴）响应，最适合公共场所使用。

表面声波式触摸屏的触摸屏部分可以是一块平面、球面或是柱面的玻璃平板，安装在 CRT、LED、LCD 或等离子显示器屏幕的前面。这块玻璃平板只是一块纯粹的强化玻璃，区别于其他触摸屏技术的是没有任何贴膜和覆盖层。玻璃屏的左上角和右下角各固定了竖直和水平方向的超声波发射换能器，右上角则固定了两个相应的超声波接收换能器。玻璃屏的四个周边则刻有 45°角由疏到密间隔非常精密的反射条纹。

5.1.4　NB 触摸屏的特点

（1）NB 系列触摸屏全部采用 65536 色，真彩 TFT 屏幕长寿命（50000 小时）LED 背光。

（2）双串口同时通信功能。利用多串口同时通信的功能，可同时连接不同的设备。如触摸屏与 PLC/变频器/温控器/条码扫描仪等设备的连接。

（3）兼容标准 C 语言的宏指令，简单易用，可以在短时间内上手。使其操作更容易、轻松。

（4）大容量存储空间。NB 系列内存容量达 128MB，用户即使添加大量元件也不会出现存储空间不足的现象。

（5）USB 接口。使用 USB 快速传输 HMI 画面，并通过 NB-Designer 快速的编辑组态画面。

（6）欧姆龙 HMI 的生产执行的是与 PLC 同样的生产标准，在无尘、防静电的环境里进行制作。

（7）可连接 OMRON 全系列 PLC，兼容主流第三方 PLC，如 SIEMENS S7 系列、Mitsubishi FX 系列、Modicon 公司的 Modbus 系列等主流的 PLC。

5.2 NB 触摸屏硬件及系统参数

5.2.1 NB 触摸屏硬件

一、NB 触摸屏正视图

NB 触摸屏正视图如图 5-1 所示。图中触摸屏有电源指示灯（POWER LED）和显示/触摸区域两部分组成。

触摸屏的使用注意事项如下：

（1）在操作触摸屏时，按压触摸屏的力度在 0.8～1.2N 之间。用力不要过大或过猛，否则会损坏触摸屏。

（2）在按压触摸屏之前，检查系统安全。

（3）当背光灯未亮起或未出现显示时，不要按触摸屏。

（4）不要快速连续按触摸屏，有可能出现无法接收每个数据的情况，在进行下一个命令之前务必确保每个输入命令都被接收。

二、NB 触摸屏后视图

NB 触摸屏 NB5Q-TW00B/NB7W-TW00B 后视图相同，均如图 5-2 所示。

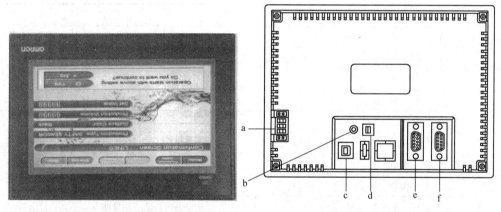

图 5-1　NB 系列触摸屏正面视图　　　　图 5-2　NB 系列触摸屏后视图

a——电源输入连接器，此连接器用于连接 DC24V 电源。

b——RESET 按钮。

c——USB Slave 为 USB 的 Type B 连接器。

d——DIP 开关（SW1/2）用于在 4 种工作模式之间进行切换。这四种模式分别是：触摸屏校验模式、固件更新模式、基本参数设置模式及通信模式。

e——串行端口连接器 COM1 口（母），只能支持 RS-232C 通信功能。

f——串行端口连接器 COM2 口（母），支持 RS-232C/RS-422A/RS-485 通信功能。

注：在开启/关闭电源之前请检查系统安全。

三、NB 触摸屏串行端口

COM1 是 9 针 D 型母作管脚，端口支持 RS-232C 通信功能，能连接 RS-232C 功能的控制器，也可用于产品的程序下载和调试。管脚定义见表 5 - 1。

表 5 - 1 　　　　　　　　　　　COM1 端口管脚通信功能

管脚	信号	I/O	功　　能
1	NS	—	未使用
2	SD	O	发送数据
3	RD	I	接收数据
4	RS（RTS）	O	发送请求 *
5	CS（CTS）	I	清除发送 *
6	DC+5V	—	DC+5V 输出（提供最大 250mA）
7	NC	—	未使用
8	NC	—	未使用
9	SG	—	信号地

注：NB5Q-TW00B 和 NB7W-TW00B 的 4、5 管脚是空脚，不支持 RS 和 CS 功能。

COM2 是 9 针 D 型母座管脚，端口支持 RS-232C/RS-422A/RS-485X 通信功能。管脚定义见表 5 - 2。

表 5 - 2 　　　　　　　　　　　COM2 端口管脚通信功能

管脚	信号	I/O	功　　能		
1	SDB+	I/O	—	—	发送数据
2	SD	O	发送数据	—	—
3	RD	I	接收数据	—	—
4	Terminal R1	—	终端电阻 1		
5	Terminal R2	—	终端电阻 2		
6	RDB+	I/O	—	RS-485B	接收数据
7	SDA−	I/O	—	—	发送数据
8	RDA−	I/O	—	RS-485A	接收数据
9	SG	—	信号地		

四、NB 系列触摸屏 DIP 开关

触摸屏的工作模式选择开关 DIP 的功能见表 5 - 3。

系统设置模式：PT（可编程终端）将启动到一个内置的系统设置界面，可以由用户进行亮度、系统时间、蜂鸣器等设置操作。

触控校正模式：当用户触摸屏幕时，屏幕上会相应显示一个"＋"符号，让用户可以校正触摸屏的触控精度。

硬件更新设置模式：用于更新固件，下载、上传用户工程文件等底层操作，一般不要使用此模式。

正常工作模式：这是 NB 触摸屏 PT 的正常工作模式。PT 将会显示已经下载的工程的启动画面。

表5-3	触摸屏的工作模式选择开关DIP的功能	
SW1	SW2	工 作 模 式
ON	ON	系统设置模式
OFF	ON	触控校正模式
ON	OFF	硬件更新设置模式
OFF	OFF	正常工作模式

五、NB系列触摸屏复位开关

在触摸屏的背面有一个复位开关，当系统出现问题时，按下RESET按钮，系统将被重新启动。

5.2.2 NB触摸屏的基本数据

NB触摸屏可编程终端拥有2个型号：NB5Q-TW00B和NB7W-TW00B。

NB触摸屏采用了TFT显示屏，具有更高的性价比。由于采用了LED背光，比起传统的CCFL背光更加环保、更加节能、使用寿命更长。NB系列显示设备可用于显示信息及接收输入操作，能以图形形式向用户展示系统和设备的运行状态。其基本数据见表5-4。

表5-4	NB触摸屏的基本数据	
型 号	NB5Q-TW00B	NB7W-TW00B
性 能 规 格		
显示尺寸	5.6" TFT LCD	7" TFT LCD
分辨率	QVGA 320×234	WVGA 800×480
显示色彩	65536	
背光灯	LED	
存储器	128M FLASH+64M DDR2 RAM	
程序下载	USB/串口	
通讯端口	COM1：RS-232C COM2：RS-232C/422A/485	
电 气 规 格		
额定功率	6W	7W
额定电压	DC24V	
容许电源电压范围	DC20.4～27.6（DC24V−15%～+15%）	
保管环境温度	−20～60℃	
工作环境温度	0～50℃	
保管环境湿度	10%～90%	
工作环境湿度	10%～90%	

型 号	NB5Q-TW00B	NB7W-TW00B
电 气 规 格		
工作环境	无腐蚀性气体	
抗干扰性	根据 IEC61000-4-4，2kV（电源线）	
抗震性（运行时）	10～57Hz 振幅 0.075mm，57～150Hz 9.8m/s²XYZ 各个方向， 每个方向 30min	
抗冲击性（运行时）	147m/s²XYZ 各方向 3 次，每次 11ms	
保护顶级	正面操作部：IP65	
电池寿命	5 年（在 25℃，每天工作 12 小时的情况下）	
适用标准	EC 指令	
结 构 规 格		
外壳颜色	黑色	
外形尺寸	184（W）142（H）46（D）mm	202（W）148（H）46（D）mm
面板开孔尺寸	172.4（宽）×131.0（高）mm 面板厚度范围 1.6～4.8mm	191.0（宽）×137.0（高）mm 面板厚度范围 1.6～4.8mm
屏重量	620g	710g
工 具 软 件		
版本号	NB-Designer Ver1.00	

5.3 NB-Designer 基本操作

5.3.1 启动 NB-Designer

启动 NB-Designer 的方式有很多种，最简单的两种方式是：

（1）双击桌面上的 NB-Designer 快捷方式。

（2）选择【开始】→【所有程序】→【OMRON】→【NB-Designer】→【NB-Designer】。

当 NB-Designer 完全启动后，将显示主窗口，如图 5-3 所示。

"标题栏"：显示应用名称。

"菜单栏"：将 NB-Designer 的功能按群组分类。分组功能将以下拉菜单形式显示。

"工具栏"：显示常用功能的图标。将鼠标置于图标上可显示的功能名称。工具栏又分为基本、绘图、位置、系统、翻页、数据库、编译调试等工具栏。

"元件库窗口"：有五栏窗口供选择，分别为通信连接、HMI、PLC、PLC 元件、功能元件和工程数据库。

"编译信息窗口"：显示工程的编译过程，并提供编译出错信息。

"状态栏"：显示当前的鼠标位置，目标对象的高度宽度，编辑状态等信息。

"设计窗口"：用户在此窗口绘制画面，设置 HMI 和 PLC 的通信方式。

"工程文件窗口"：以树状结构表明了工程相关的触摸屏和宏文件、位图文件的相互

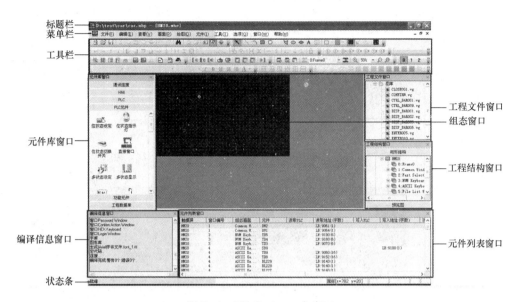

图5-3　NB-Designer主窗口

关系。

"工程结构窗口"：以树状结构图来表示整个工程内 PLC、HMI 及 HMI 内部的窗口、元件等。

打开 NB-Designer 软件，会看到 3 个非常重要的窗口画面，它们不是真正意义上的"窗口"，这里的"窗口"是与工程所有元件相关的窗口分别是：元件库窗口、工程文件窗口和工程结构窗口。

5.3.2　创建项目

1. 创建新项目

（1）单击菜单栏【文件】→【新建工程】，或单击【新建工程】的图标"🗅"，或按快捷键 Ctrl＋N，如图5-4所示，将显示【建立工程】对话框。

（2）在【元件库窗口】中选中【HMI】，在【HMI】中选中【NB7W-TW00B】，鼠标单击选中后拖到设计窗口，如图5-5所示。HMI显示方式选"水平"放置。

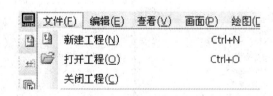

图5-4　新建工程

图5-5　拖动 NB7W

（3）在【元件库窗口】中选中【PLC】，在【PLC】中选中【Omron CJ _ CS Series】，鼠标单击选中后拖动到设计窗口，如图5-6所示。

（4）从【通讯连接】中选择【串口】，鼠标单击选中后拖动串口到设计窗口，如图5-7所示。

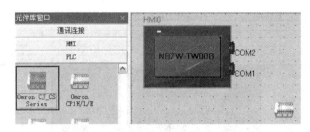

图 5 - 6　拖动 NB7W

图 5 - 7　拖动 PLC

（5）在设计窗口移动时，HMI 使 HMI 的 COM1 与串口的一端相连，在设计窗口中移动 PLC，使 PLC 的 COM0 与串口的另一端相连，如图 5 - 8 所示。

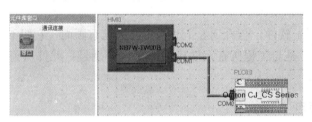

图 5 - 8　拖动串口

2. 通讯设定

在工程结构窗口单击工程的名字，设计窗口出现 HMI 和 PLC 的连接图，双击 HMI，弹出"HMI 属性"窗口，选择"串口 1 设置"页，将通讯方式设置为"RS232，115200，7，偶校验，2"，如图 5 - 9 所示。单击确定按钮完成 HMI 的 COM1 的通讯设置。

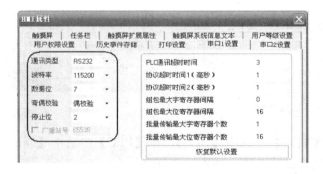

图 5 - 9　通讯设置窗口

3. HMI 属性

（1）在"HMI 属性"窗口中选择"任务栏"项，按使用需要进行相应的设定，如图 5-10 所示。

图 5-10 HMI 属性窗口

（2）在"HMI 属性"窗口中选择"触摸屏扩展属性"项，按使用需要进行相应的设定，如图 5-11 所示。

4. 创建宏

当 HMI 没有建立宏文件时，"使用初始化宏"的选项为灰色，不可设定。用户应该先在菜单栏中选中【选项】，再在其下拉菜单中单击【加入宏代码】，或者在工具栏中单击图标 ⓜ，建立一个宏文件，如图 5-12 所示。

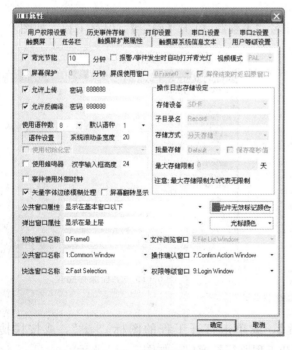

图 5-11 扩展属性窗口

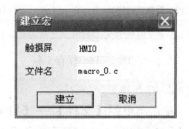

图 5-12 建立宏文件

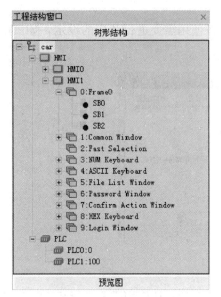

图 5-13　工程结构窗口

5.3.3　创建画面

在【工程结构窗口】中找到 HMI0，单击即可，如图 5-13 所示。

在树型菜单中已有十个默认的画面，允许更改但不可删除。这十个画面分别是：

（1）Frame0：基本框架窗口。

（2）Common Window：普通窗口。

（3）Fast Selection：菜单编辑窗口。

（4）NUM Keyboard：数字按键输入窗口。

（5）ASCII Keyboard：键盘输入窗口。

（6）File List Window：文件列表窗口。

（7）Password Window：密码窗口。

（8）Confirm Action Window：确认窗口。

（9）HEX Keyboard：HEX 码输入窗口。

（10）Login Window：用户登录窗口。

5.3.4　保存和载入工程

1. 保存工程

从主菜单中选中【文件】→【工程另存为】，如图 5-14 所示，将显示【工程保存路径】对话框。

指定【文件保存】位置，并输入文件名"工程"，单击【确定】。保存工程，如图 5-15 所示。

图 5-14　保存工程

图 5-15　工程保存路径

2. 打开项目

单击菜单栏【文件】→【打开工程】，或单击打开工程的图标"🖝"，或按快捷键 Ctrl＋O，如图 5-16 所示。会弹出【打开工程路径】窗口，如图 5-17 所示。

图 5 - 16 打开工程　　　　　　　　　　　图 5 - 17 打开工程路径

5.4 模拟及下载

NB-Designer 支持在线模拟操作和离线模拟操作，设计的工程可以直接在计算机上模拟出来，其效果和下载到触摸屏再进行相应的操作是一样的，在线模拟器通过 NB 主体从 PLC 获得数据并模拟 NB 主体的操作。在调试时使用在线模拟器，可以节省大量的由于重复下载所花费的工程时间。

5.4.1 离线模拟

NB-Designer 支持离线模拟功能。离线模拟不会从 PLC 获得数据，只从本地地址读取数据，因此所有的数据都是静态的。离线模拟方便用户直观地预览组态的效果而不必每次下载程序到触摸屏中，可以极大地提高编程效率。

选择菜单【工具】→【离线模拟】或者按下 图标，弹出离线模拟对话框，如图 5 - 18 所示。

5.4.2 间接在线模拟

间接在线模拟通过 HMI 从 PLC 获得数据并模拟 HMI 的操作。间接在线模拟可以动态地获得 PLC 数据，运行环境与下载后完全相同，只是避免了每次下载的麻烦，快捷方便，但是无法脱离触摸屏硬件使用。

在编译好组态程序后，按下按钮 ，弹出间接在线模拟对话框，如图 5 - 19 所示。

选择需要仿真的 HMI，单击"模拟"即可开始模拟。NB 主体通过 USB 或者串口来进行间接在线模拟。

5.4.3 直接在线模拟

直接在线模拟是用户直接将 PLC 与个人计算机的串口相连，进行模拟的方法，其优点是可以获得动态的 PLC 数据而不必连接触摸屏。缺点是只能使用 RS-232C 接口或 PLC 通信。调试 RS-485 接口的 PLC 时，必须使用 RS-232C 转 RS-485/422 的转接器。

直接在线模拟的测试时间是 15min。超过 15min 后，就提示：超出模拟时间，请重新模拟，模拟器将自动关闭。

只有 RS-232C 通信方式能直接在线模拟。在这种方式下，PLC 编程线和个人计算机串口直接相连。

在编译好组态程序后，单击 ，弹出直接在线模拟对话框，如图 5-20 所示。

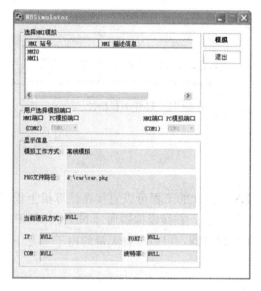

图 5-18 离线模拟对话框

图 5-19 间接在线模拟对话框

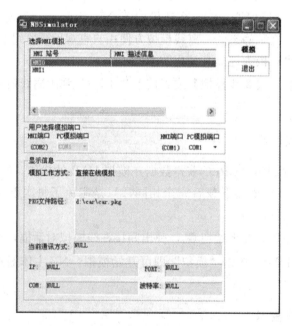

图 5-20 直接在线模拟对话框

5.4.4 下载

当编译好工程以后，就可以下载到触摸屏上进行实际的操作了。NB-Designer 提供 2 种

下载方式，分别为 USB 和串口。在下载和上传之前，要
首先设置通信参数，单击菜单栏【工具】→【下载方式
选择】，如图 5-21 所示。

NB 主体使用的是通用 USB 通信电缆，HMI 端接
USB 从设备端口，USB 主设备端接个人计算机。USB 端
口仅用于下载用户组态程序到 HMI 和设置 HMI 系统参
数，不能用于 USB 打印机等外围设备的连接。第一次使
用 USB 下载，要手动安装驱动，把 USB 电缆的一端连

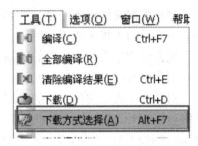

图 5-21　通信参数设置

接到个人计算机的 USB 接口上，一端连接 NB 主体的 USB 接口。

NB 也可使用串口通信电缆进行下载，但是由于组态文件一般较大，使用串口下载较
慢，因此不推荐使用串口下载组态。

使用 USB 通信的设置如图 5-22 所示，串口通信的设置如图 5-23 所示。

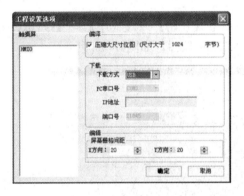

图 5-22　USB通信方式设定

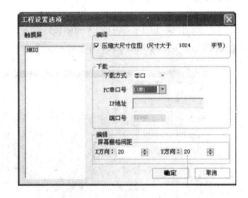

图 5-23　串口通信方式设定

在设置好以上的下载必备项后，就可以下载程序了，单击 图标即可。弹出下载对话
框如图 5-24 所示。

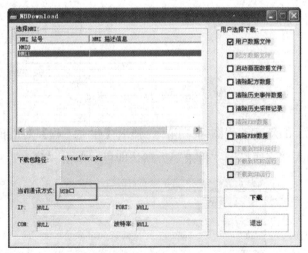

图 5-24　下载对话框

用户数据文件：指的是用户所创建的 HMI 窗口中所有元件的数据信息，只有选中此项，下载后的工程才能正常使用。

配方卡数据文件：当您的触摸屏有配方数据文件时，这一项才能被选中。配方记忆卡是带有后备电池的 SDRAM。

启动画面数据文件：指的是用户使用的 HMI 上电显示的初始画面（LOGO 画面）。如果需要更新 LOGO，请选中 LOGO 数据文件前的复选框，单击下载进行下载。注意，如果 LOGO 图像不做改动的话，每个触摸屏只需要下载一次即可。

5.5 NB 触摸屏与 PLC 控制交通灯的组态制作

本节通过 PLC 控制交通灯中使用触摸屏的例子，讲述 NB-Designer 软件的基本用法。

5.5.1 创建工程

（1）双击桌面上"NB-Designer"快捷方式，或单击【开始】→【程序】→【OMRON】→【NB-Designer】→【NB-Designer】，打开 NB-Designer 软件，如图 5 - 25 所示。

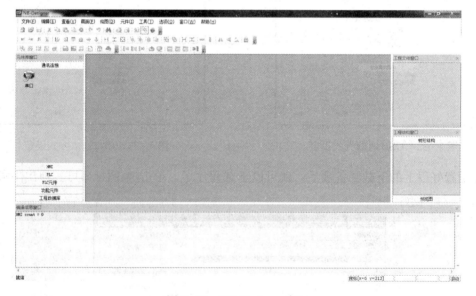

图 5 - 25　NB-Designer 窗口

（2）单击工具栏上的新建工程图标"　"，弹出【建立工程】对话框，如图 5 - 26 所示。在"工程名称"中输入"交通灯"，"目录"为默认即可，单击"建立"。

图 5 - 26　建立工程

（3）将【元件库窗口】中【通讯连接】→【串口】拖拽到【工程】窗口中，放到某位置，如图5-27所示。

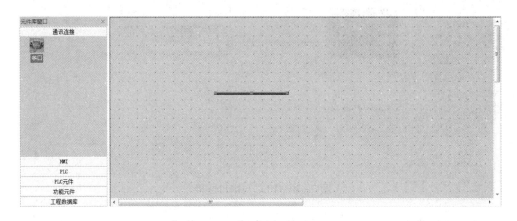

图5-27 拖拽"串口"至工程中

（4）将【元件库窗口】中【HMI】→【NB7W-TW00B】拖拽到【工程】窗口中，弹出【显示方式】窗口，如图5-28所示。使用默认设置即可，单击"OK"。

图5-28 显示方式窗口

将NB7W-TW00B拖至一定位置，使之与"串口"相连，如图5-29所示。

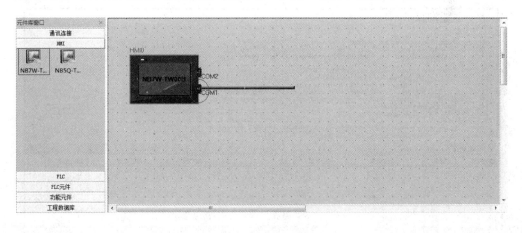

图5-29 连接NB与串口

（5）将【元件库窗口】中【PLC】→【Omron CJ＿C…】拖拽到【工程】窗口中，与串口的另一端相连，如图5-30所示。

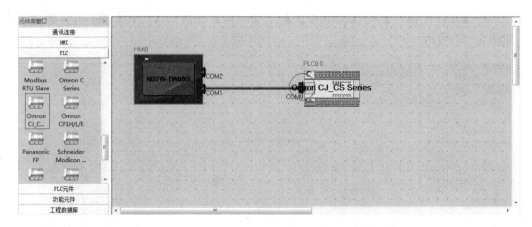

图 5-30　PLC 与串口连接

（6）单击工具栏上建立宏图标"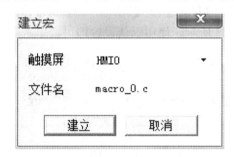"，弹出【建立宏】窗口，如图 5-31 所示。在"触摸屏"选择"HMI0"，文件名为默认。单击"建立"，生成宏文件，如图 5-32 所示。

图 5-31　建立宏

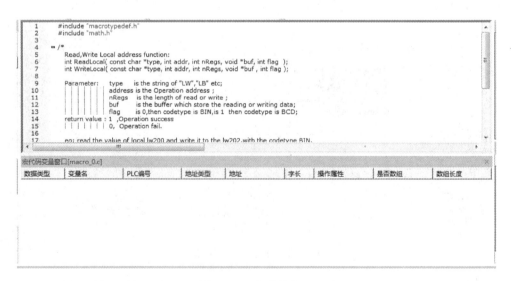

图 5-32　宏文件窗口

5.5.2 编辑指示灯

（1）单击【工程结构窗口】中"交通灯"→"HMI"，如图5-33所示，打开组态编辑窗口将【元件库窗口】中【PLC元件】→【位状态指示灯】拖拽至组态编辑窗口，弹出【位状态指示灯元件属性】窗口，如图5-34所示。在"地址类型"中选中"CIO_bit"，"地址"则根据实际编程填写。

图5-33 工程结构窗口

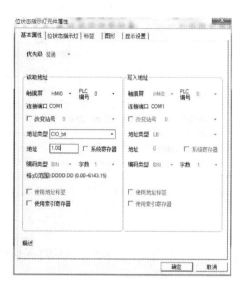

图5-34 位状态指示灯元件属性

（2）在【位状态指示灯元件属性】窗口中，选择"图形"选项，再选择"导入图像"，修改指示灯形状，如图5-35所示。

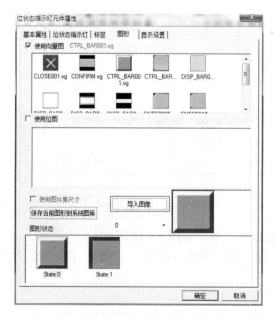

图5-35 修改指示灯形状

（3）在图库中选择【向量图】→【灯】→【Lamp2State2-05】，弹出【图库】窗口，如图 5 - 36 所示，单击"导入"。

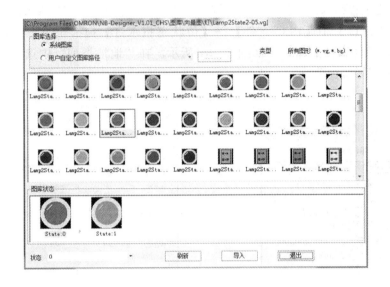

图 5 - 36 选择指示灯图形

（4）退出图库返回【位状态指示灯元件属性】窗口，选中刚刚导入的图形，如图 5 - 37 所示，单击"确定"。

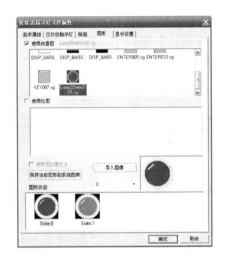

图 5 - 37 选中导入图形

（5）将指示灯放到合适的位置，如图 5 - 38 所示。

（6）同理放入其余的指示灯，将各个指示灯放到适当的位置，如图 5 - 39 所示。

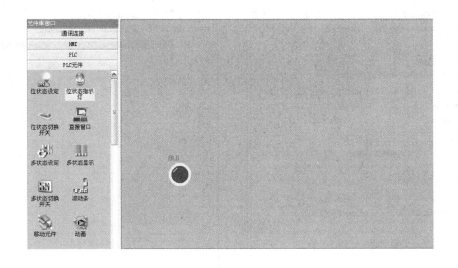

图 5 - 38　放置指示灯

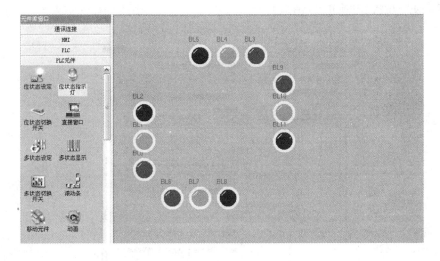

图 5 - 39　放置全部指示灯

5.5.3　放置按钮

（1）将【元件库窗口】中【PLC 元件】→【位状态切换开关】拖拽至组态编辑窗口，弹出【位状态切换开关元件属性】窗口，如图 5 - 40 所示。在"地址类型"中选中"CIO_bit"，"地址"则根据实际编程填写。

（2）选择"位状态切换开关"，"开关类型"选择为"复位开关"，如图 5 - 41 所示。

（3）选择"标签"，选中"使用标签"，在"标签内容"中输入"启动"，单击"复制标签内容到所有状态"，如图 5 - 42 所示，单击"确定"。

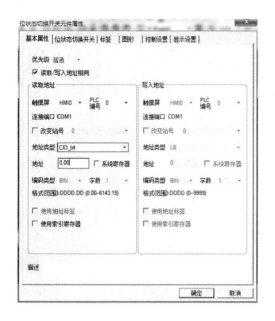

图 5 - 40 位状态切换开关元件属性

图 5 - 41 开关类型

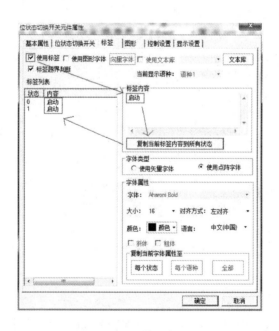

图 5 - 42 修改标签

（4）将启动按键放到适当的位置，然后再用同样的方法放入"停止"按钮，如图 5 - 43 所示。

5.5.4 放置计时器

（1）将【元件库窗口】中【PLC 元件】→【数值显示】拖拽至组态编辑窗口，弹出

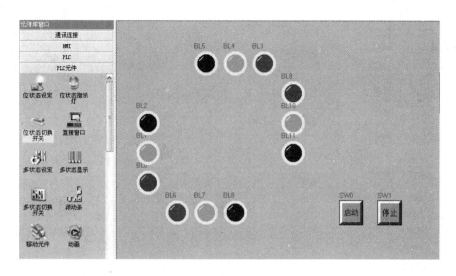

图5-43 放置按钮

【数值显示元件属性】窗口,如图5-44所示。在"地址类型"中选中"TIM_word","地址"则根据实际编程填写。

(2) 在"数字"窗口,将设置数值:"整数位"为2,"小数位"为0,"最小值"为0,"最大值"为99,如图5-45所示,单击"确定"。

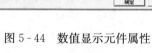

图5-44 数值显示元件属性

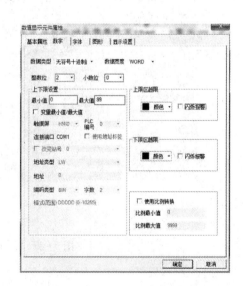

图5-45 修改数字信息

(3) 将数字显示元件放到适当的位置,如图5-46所示。

(4) 同上述方式,分别再放入三个数字显示元件,到相应位置并调整大小,如图5-47所示。

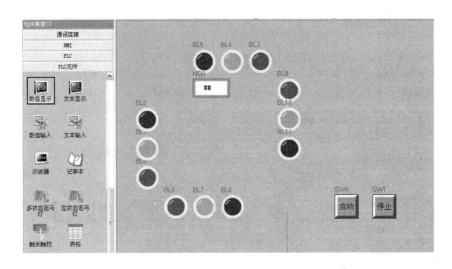

图 5-46 放置数字显示元件

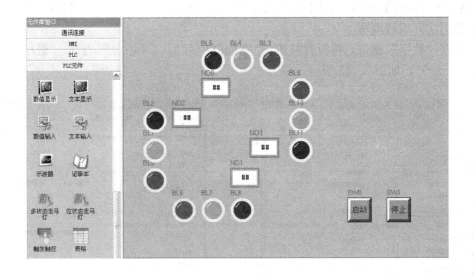

图 5-47 放置全部数字显示元件

5.5.5 放置文本文件

（1）单击工具栏上的文字图标"A"，弹出【文本属性】窗口，如图5-48所示。在"内容"中输入"东"，调整大小为32，单击"确定"。

（2）将文字放置到适当的位置，用同样的方法放置其他文本信息，如图5-49所示。

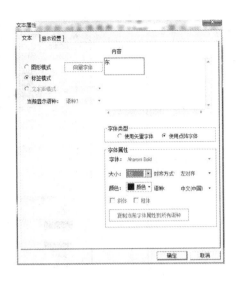

图5-48 文本属性窗口

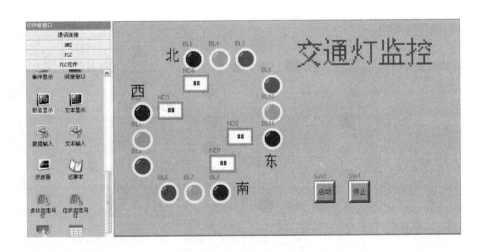

图5-49 放置文本信息

5.5.6 放置系统时间

（1）将【元件库窗口】中【功能元件】→【时间】拖拽至组态编辑窗口，弹出【时间元件属性】窗口，如图5-50所示。选中"显示日期"和"显示时间"。

（2）修改字体属性，在"字体"属性中将"大小"改为32，"对齐方式"改为居中，"颜色"为默认即可。

（3）修改显示属性，在"显示"属性中选中要显示的图形，如图5-51所示，单击"确定"。

（4）将时间元件放到适当的位置，并调整大小，如图5-52所示。

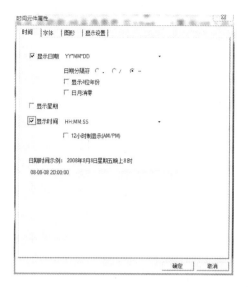

图 5-50 时间元件属性图

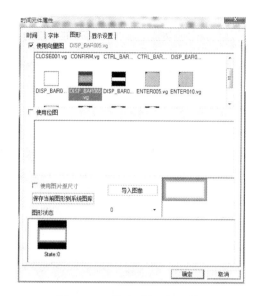

图 5-51 修改时间显示属性

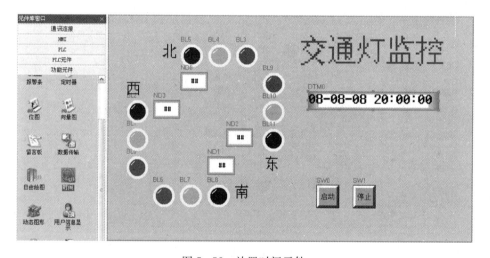

图 5-52 放置时间元件

5.5.7 保存工程

单击工具栏上的保存图标"🖫"，或选择【文件】→【保存工程】，将工程保存。

5.6 触摸屏与 PLC 的连接运行

5.6.1 连接方法

与 CPU 单元内置的 RS-232C 端口或通信板的 RS-232C 端口连接，但连接外设端口时，需要使用专用的外设端口用连接电缆（CS1W-CN118 型），只能使用 RS-232C 连接。

5.6.2 PLC 系统设定区域

与 CJ1 系列 CPU 单元的 RS-232C 连接时，根据所用的通信端口，参照表 5-5，在【PLC 系统设定】中设定。

表 5-5 PLC 系统设定通信条件

连接方法	通道编号	写入值	设定内容
使用 CJ 内置的 RS-232C 端口	160	8000	使用上位连接
	161	0000～000A	通信速度
	163	0000	单元号 00
使用 CJ 外设的 RS-232C 端口	144	8000	使用上位连接
	145	0000～000A	通信速度
	147	0000	单元号 00

通信速度设定为与 NB 主体的设定值一致。

5.6.3 正面开关的设定方法

根据连接 NB 触摸屏的通信端口，设定 CPU 单元的拨动开关 4 或 5，当选择 RS-232C 端口时，设定 CPU 单元的拨动开关 5 为 OFF。

5.6.4 触摸屏的运行

1. 系统设置模式

PID 开关的 SW1 和 SW2 均为 ON 时，进入系统设置模式。

系统设置模式可以设定以下项目：

校正时间：年、月、日、时、分、秒是否为当前时间；如时间不一致，请手动校正为当前时间。

Startup Window No.：起始窗口，开机启动 NB 主体后，PT 所显示的窗口。默认为窗口 0。

Backlight Saver Time：屏幕保护时间，单位为分钟。默认为 10 分钟。当这个数值为 0 时，不进行屏幕保护。

Mute Enabled/Disabled：蜂鸣器的启动/关闭。

Brightness Up/Down：用户可调节屏幕的亮度，使屏幕呈现最佳视觉效果。

2. 正常工作模式

当 PID 开关的 SW1 和 SW2 均为 OFF 时，触摸屏为正常工作模式。

在该模式下，可以进行组态的下载和触控操作。

组态下载完毕后，按复位按钮或切断电源再重新接通，使触摸屏重新开机，即可进入组态画面进行触控操作，实现工程监控。

思 考 题

1. 什么是触摸屏？
2. 触摸屏的分类有哪几种？
3. 简述 NB 触摸屏的特点。
4. NB-Designer 软件的模拟方式有哪几种？
5. NB-Designer 软件如何导入图库图形？

第6章

特殊I/O单元的应用

欧姆龙的中型 PLC 提供了多种特殊的控制功能模块，在有特殊要求的场合，就可以选择合适的功能模块，也可以把它们称为智能单元，它们本身也有 CPU、存储器，在 PLC 的 CPU 单元的管理、协调下可以独立的处理特殊的任务，这样既满足了功能上的要求，又减轻了 PLC 中主 CPU 的负担，提高了处理速度。本章介绍的几种特殊功能模块，如模拟量输入、输出单元、高速计数单元。

6.1 模拟量输入单元

6.1.1 模拟量输入单元的规格

CJ1 系列模拟量输入单元的规格见表 6‐1。

表 6‐1   **CJ1 系列模拟量输入单元的规格**

项 目		CJ1W-AD041-V1	CJ1W-AD081-V1	CJ1W-AD081
单元类型		CJ 类型特殊 I/O 单元		
隔离		I/O 和 PLC 信号之间；（光耦合器） （在单独的 I/O 信号之间无隔离）		
外部端子		18 点可卸接线板（M3 螺丝）		
对 CPU 单元循环时间的影响		0.2ms		
功率消耗		420mA max. at 5 VDC		
尺寸（mm）		31×90×65（W×H×D）		
重量		140 g max		
总规格		符合 SYSMAC CJ 系列的总规格		
安装位置		CJ 系列 CPU 机架或 CJ 系列扩展机架		
单元的最大数量		每个机架上的单元（CPU 机架或扩展机架）；最多 4～10 个		
和 CPU 单元交换数据		CIO 区域（CIO 2000～CIO 2959）中的特殊 I/O 单元区域；每个单元 10 个字 DM 区域（D 20000～D 29599）中的特殊 I/O 单元区域；每个单元 100 个字		
输入规格	模拟量输入号	4	8	8
	输入信号范围	1～5V 0～5V 0～10V −10～10V 4～20mA		

续表

模拟量输入号		4	8	8
输入规格	最大额定输入（1点）	电压输入：±15V 电流输入：±30mA		
	输入阻抗	电压输入：1MΩ min 电流输入：250Ω（额定值）		
	分辨率	4000/8000	4000/8000	4000
	转换过的输出数据	16 位二进制数据		
	精度 23±2℃	电压输入：全量程的±0.2%；电流输入：全量程的±0.4%		
	0～55℃	电压输入：全量程的±0.4%；电流输入：全量程的±0.6%		
	A/D转换时间	1ms/250μs	1ms/250μs	1ms
输入功能	均值处理	在缓冲器中存储最后 "n" 个数据转换，存储转换值的均值。 缓冲号：n=2, 4, 8, 16, 32, 64		
	峰值保持	当峰值保持位为 "ON" 时，存储最大的转换值		
	输入断开检测	检测断开并将断开检测标志设置成 "ON"		

6.1.2 A/D 模块 CJ1W-AD041-V1

模拟量输入单元是将模拟量信号（电压或电流信号）转换成数字量信号的单元。当 CJ1W-AD041-V1 单元上电时，PLC 将用户预置在 DM 区中的有关参数通过 I/O 总线传送给 CJ1W-AD041-V1 单元中的 CPU 和存储器。此后，CPU 根据这些数据以及 CPU 的命令控制 A/D 转换器，并等待 PLC 发出读取转换结果的命令，再将转换后的数字量传送到 PLC 指定的通道中去。

6.1.3 CJ1W-AD041-V1 开关设置及接线

CJ1W-AD041-V1 的面板及 DIP 开关如图 6-1 所示。

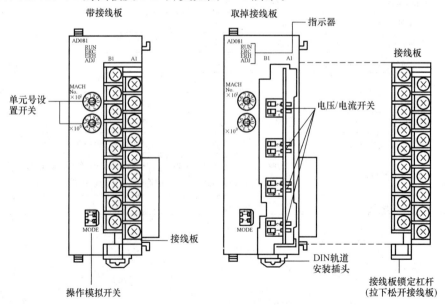

图 6-1 CJ1W-AD041-V1 的面板及 DIP 开关示意图

下面介绍其功能。

（1）指示灯。CJ1W-AD041-V1 单元面板上的指示灯显示功能见表 6 - 2。

表 6 - 2　　　　　　　　CJ1W-AD041-V1 单元指示灯显示功能

LED	含义	指示器	操 作 状 态
RUN（绿）	操作	亮	普通模式下的操作
		不亮	单元已经停止与 CPU 单元交换数据
ERC（红）	单元检测出的错误	亮	有警报信号（如断开检测）或初始设置不正确
		不亮	操作正常
ERH（红）	CPU 单元中的错误	亮	与 CPU 单元进行数据交换时发生错误
		不亮	操作正常
ADJ（黄）	调整	闪	偏移/增益调整模式操作
		不亮	不同于上述的其他情况

（2）单元号设置开关。CJ1 的 CPU 和模拟量输入单元通过特殊 I/O 单元区域和特殊 I/O 单元 DM 区域交换数据。每个模拟量输入单元占据的特殊 I/O 单元区域和特殊 I/O 单元 DM 区域的字地址是由单元前板上的单元号开关设置。

AD041 模块的单元号与 DM 区的对应关系见表 6 - 3。

表 6 - 3　　　　　　　　单元号与 DM 区通道对应关系表

开关设置	单元号	特殊 I/O 单元区域地址	特殊 I/O 单元 DM 区域地址
0	单元♯0	CIO2000～CIO2009	D20000～D20099
1	单元♯1	CIO2010～CIO2019	D20100～D20199
2	单元♯2	CIO2020～CIO2029	D20200～D20299
3	单元♯3	CIO2030～CIO2039	D20300～D20399
4	单元♯4	CIO2040～CIO2049	D20400～D20499
5	单元♯5	CIO2050～CIO2059	D20500～D20599
6	单元♯6	CIO2060～CIO2069	D20600～D20699
7	单元♯7	CIO2070～CIO2079	D20700～D20799
8	单元♯8	CIO2080～CIO2089	D20800～D20899
9	单元♯9	CIO2090～CIO2099	D20900～D20999

（3）将电压/电流开关设置成 OFF，也可以使电压输入端子（V＋）和（V－）短路，输入信号被设置成电压输入 1～5V。

6.1.4　A/D 模块输入规格

以输入范围：1～5V（4～20mA）为例加以说明，图 6 - 2 为输入量与转换值的对应关系。

如果超过上面提供的规定范围的信号是输入，使用的转换值（16 位二进制数据）既可以是最大值，也可以是最小值。

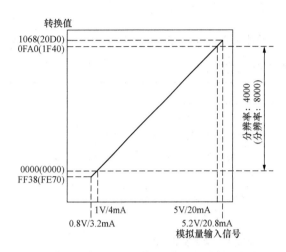

图 6-2 输入量与转换值的对应关系

6.1.5 A/D 模块的操作步骤

（1）将操作模式设置为普通模式。将单元前板上的 DIP 开关的操作模式设置为普通模式。

（2）设置接线板后面的电压/电流开关。

（3）使用单元前板上的单元号开关来设置单元号。

（4）给单元配线。

（5）打开 PLC 电源。

（6）自动创建输入量表。

（7）进行特殊输入单元 DM 区域的设置。设置将使用的输入号、输入信号范围、均值处理样本的号、转换时间和分辨率。

（8）关闭 PLC 电源，然后接通，或将特殊 I/O 单元重起动位开到 ON，并将对模块的设置传送到 PLC 中。

6.1.6 模拟量单元的设置

1. 使用的输入设置

图 6-3 为模块使用的输入设置。将 DM20100 的相应位置为"1"，表示选择了该输入位设置模块的模拟量输入端有效。

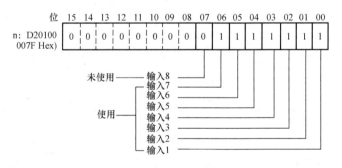

图 6-3 模块使用的输入端的选择

2. 输入范围设置

图 6-4 为模块输入范围设置。将 DM20101 的相应位置为"1"表示选择模块输入的输入范围。

3. 转换时间/分辨率设置

图 6-5 为模块的转换时间/分辨率设置。

6.1.7 模拟量输入功能编程

1. 输入量设置和转换值

模拟量输入单元仅转换输入号 1～8（对于 CJ1W-AD041-V1 是 1～4）规定的模拟量输

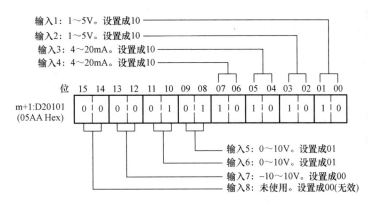

图 6-4 模块输入范围设置

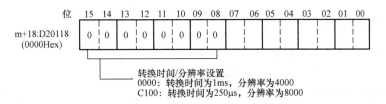

图 6-5 模块的转换时间/分辨率设置

入。要规定使用的模拟量输入,将编程装置的 DM 区域的 D(m)位设置成 ON,如图 6-6 所示。

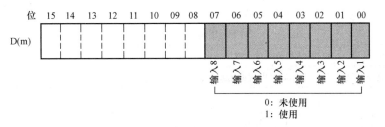

图 6-6 输入量设置和转换值的设定

已经设置成"未使用"的输入的字转换值始终是"0000"。对于 DM 字地址,m=20000+(单元号×100)。输入信号范围对于每个输入,可以选择四种类型的输入信号范围(−10~10V,0~10V,1~5V 和 4~20mA)中的任何一种。要规定每个输入的输入信号范围,设置编程装置的 DM 区域的 D(m+1)相应位。

2. 读取转换数据

对每个输入读取转换数值,模拟输入值存储在 CIO 的字 n+1~n+8 中。对于只有 4 路输入的 CJ1W-AD041-V1,存储在 CIO 的字 n+1~n+4 中。CIO 字地址 n=2000+(单元号×10)。

使用 MOV(021)或 XFER(070)来读取用户程序中的转换值,如图 6-7 和图 6-8 所示。

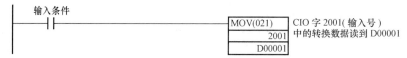

图 6-7 使用 MOV（021）读取用户程序中的转换值

图 6-8 使用 XFER（070）来读取用户程序中的转换值

6.2 模拟量输出单元

6.2.1 模拟量输出单元的规格

CJ1 系列模拟量输出单元的规格，见表 6-4。

表 6-4　　　　　　　　　　　　　CJ1 系列模拟量输出单元的规格

项 目		CJ1W-DA021	CJ1W-DA041	CJ1W-DA08V
模拟量输出量		2	4	8
输入信号范围（见注 4）		1～5V/4～20mA 0～5V 0～10V −10～+10V		1～5V 0～5V 0～10V −10～+10V
输出阻抗		0.5Ωmax（对于电压输出）		
最大输出电流（1 点）		12mA（对于电压输出）		2.4mA（对于电压输出）
最大可容许负载电阻		600Ω（电流输出）		⋯
分辨率		4,000（全量程）		4,000/8,000
设置数据		16 位二进制数据		
精度	23±2℃	电压输出：全量程的±0.3% 电流输出：全量程的±0.5%		全量程的±0.3%
	0℃～55℃	电压输出：全量程的±0.5% 电流输出：全量程的±0.8%		全量程的±0.5%
D/A 转换时间		每点最大 1.0ms		每点最大 1.0ms 或 250μs
输出保持功能		在下列任何情况下，输出规定的输出状态（CLR，HOLD 或 MAX） 转换使能位 OFF 时。 在调整模式中，调整过程中输出不是该输出数值而是其他数值时。 PLC 有输出设置错误或致命错误时。 CPU 单元备用时。 负载 OFF 时		
比例功能		在任何规定的单元中，在以±32 000 作为上下限的范围内设置数值，可以使 D/A 开关执行，并且使模拟量信号以这些数值作为全量程输出。 　（对于 CJ1W-DA08V，这个功能仅对 1.0s 的转换时间和 4000 的分辨率可用）		

6.2.2　A/D 模块 CJ1W-AD041-V1

CJ1W-DA041 的面板及 DIP 开关如图 6-9 所示。指示灯、单元号设置开关和操作模式开关的使用功能与 CJ1W-AD041 单元类似，CJ1W-DA041 的使用路数及每一路的输出信号范围必须在 DM 区中设置。

6.2.3　CJ1W-DA041 单元号设置开关 DIP

1. 单元号设置开关 DIP

CJ1 的 CPU 和模拟量输出单元通过特殊 I/O 单元区域和特殊 I/O 单元 DM 区域交换数据。每个模拟量输入单元占据的特殊 I/O 单元区域和特殊 I/O 单元 DM 区域字地址由单元前板上的单元号开关设置。

DA041 模块的单元号与 DM 区的对应关系见表 6-5。

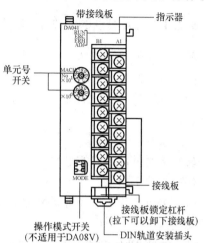

图 6-9　CJ1W-DA041 的面板及 DIP 示意图

表 6-5　　　　　　　　　　DA041 模块的单元号与 DM 区通道对应关系表

开关设置	单元号	特殊 I/O 单元区域地址	特殊 I/O 单元 DM 区域地址
0	单元#0	CIO 2000～CIO 2009	D20000～D20099
1	单元#1	CIO 2010～CIO 2019	D20100～D20199
2	单元#2	CIO 2020～CIO 2029	D20200～D20299
3	单元#3	CIO 2030～CIO 2039	D20300～D20399
4	单元#4	CIO 2040～CIO 2049	D20400～D20499
5	单元#5	CIO 2050～CIO 2059	D20500～D20599
6	单元#6	CIO 2060～CIO 2069	D20600～D20699
7	单元#7	CIO 2070～CIO 2079	D20700～D20799
8	单元#8	CIO 2080～CIO 2089	D20800～D20899
9	单元#9	CIO 2090～CIO 2099	D20900～D20999
10	单元#10	CIO 2100～CIO 2109	D21000～D21099
～	～	～	～
n	单元#n	CIO 2000+$(n×10)$ CIO 2000+$(n×10)$+9	D20000+$(n×100)$ D20000+$(n×100)$+99
～	～	～	～
95	单元#95	CIO 2950～CIO 2959	D29500～D29599

2. 输出信号范围的设定

对于每个输出，可以选择四种类型的输出信号范围（$-10～10V$、$0～10V$、$1～5V/4～20mA$ 和 $0～5V$）中的任何一种。

每个输出的输出信号范围，涉及编程装置的 DM 区域的 D（n+1）位。其中对于 DM

字的地址，n＝20000＋（单元号100）；将 D20001 的内容设为♯0010，选择输出信号的范围为1～5V/4～20mA。通过改变接线端子来实现输出信号范围"1～5V"和"4～20mA"之间的转换。选择方式与 A/D 模块相同。

6.2.4　D/A 模块的操作步骤

使用 CJ1W-DA021/041 和 CJ1W-DA08V 模拟量输出单元时，需遵守下列的步骤。

（1）将单元前板上的操作模式开关设置为普通模式。

（2）使用单元前板上的单元号开关来设置单元号。

（3）配线。

（4）接通 PLC 电源。

（5）接通外部装置的电源。

（6）创建 I/O 表。

（7）进行特殊 I/O 单元 DM 区域的设置。设置将使用的输出号、输出信号范围、输出保持功能。

（8）关闭 PLC 电源，然后再接通，或将特殊 I/O 单元重起动位置成 ON。

6.2.5　模拟量输出单元的设置

1. 设置模拟量输出单元

（1）设置单元前板上的操作模式开关。操作模式开关（CJ1W-DA08V 没有这种开关），通过在 D（m＋18）中进行设置来改变模式。

（2）连接模拟量输出单元并对它配线。注意：CJ1W-DA08V 模拟量输出单元有一个操作模式的软件设置，在 DM 字 m＋18 的位 00～07 中。

2. 使用的输出设置

图 6 - 10 为使用的输出设置。将 DM20100 的相应位置为"1"表示选择了该输出位设置模块的模拟量输出端有效。

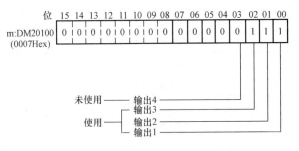

图 6 - 10　使用的输出设置

3. 输出范围设置

图 6 - 11 为模块输出范围设置。输出信号范围对每个输出，可以选择四种类型的输出信号范围（−10～10V，0～10V，1～5V/4～20mA 和 0～5V）中的任何一种。要规定每个输出的输出信号范围，设置编程装置的 DM 区域的 D(m＋1) 位。

（1）对于 DM 字地址，m＝20000＋（单元号×100）。

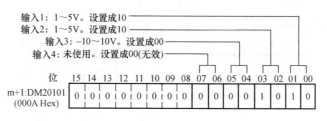

图 6-11 模块输出范围设置

（2）通过改变端子接线来实现输出信号范围"1～5V"和"4～20mA"之间的转换。

（3）在用编程装置进行了数据存储器的设置后，确定将 PLC 的电源关闭然后再接通，或将特殊 I/O 单元重起动位设置成 ON。电源接通或特殊 I/O 单元重起动位为 ON 时，存储器的设置内容将被传送到特殊 I/O 单元。

4. 转换时间/分辨率设置

图 6-12 为模块 DA08V 的转换时间/分辨率设置。

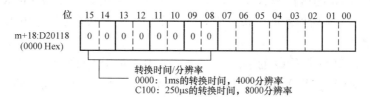

图 6-12 模块 DA08V 的转换时间/分辨率设置

6.2.6 模拟量输出功能编程

1. 输出量设置

模拟量输出单元仅转换输出号 1～8（对于 CJ1W-DA041 是 1～4，对于 CJ1W-DA021 是 1 和 2）规定的模拟量输出。要规定使用的模拟量输出，将编程装置的 DM 区域的 D(m) 位设置成 ON，如图 6-13 所示。

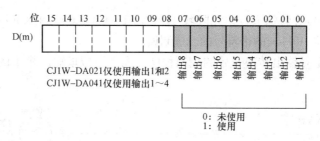

图 6-13 模拟量输出的选择

2. 起动和停止转换

为了开始模拟量输出转换，在用户程序中将相应的转换使能位（字 n，位 00～03）设置成 ON，如图 6-14 所示。

（1）对于 CIO 字地址，n＝2000＋（单元号×10）。

（2）转换停止时的模拟量输出将根据输出信号范围和输出保持设置而不同。

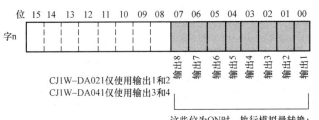

图 6 - 14 模拟量输出转换使能位

（3）即使转换使能位是 ON，在下列情况下不进行转换。

1）在调整模式中，调整过程中不是输出号的其他号正在输出时。

2）有输出设置错误时。

3）PLC 发生致命错误时。

（4）当 CPU 单元的操作模式从 RUN 或 MONITOR 模式改变成 PROGRAM 模式时，或当接通电源时，全部转换使能位将变成 OFF。此时的输出状态取决于输出保持功能。

3. 读取转换数据

模拟输出设置值写进 CIO 的字 n＋1～n＋8 中。对于 CJ1W-DA041，写进 CIO 的字 n＋1～n＋4 中；对于 CJ1W-DA021，写进 CIO 的字 n＋1～n＋2 中。输出量对应单元号如表 6 - 6 所示。

表 6 - 6　　　　　　　　　　　　　　输 出 量 对 应 单 元 号

字	功　　能	存储值	字	功　　能	存储值
n＋1	输出 1 设置值	16 位二进制数据	n＋5	输出 5 设置值	16 位二进制数据
n＋2	输出 2 设置值		n＋6	输出 6 设置值	
n＋3	输出 3 设置值		n＋7	输出 7 设置值	
n＋4	输出 4 设置值		n＋8	输出 8 设置值	

设置地址 D00200 在特殊 I/O 单元区域（CIO2011～CIO2013）的 CIO 字（n＋1）～（n＋3）中，存储成 0000～0FA0Hex 的带符号的二进制值。

图 6 - 15 为模拟量输出转换开始的控制程序，图中模拟量输出号 1 的转换开始进行（单元号为 0）。

图 6 - 15　模拟量输出转换的使能位控制程序

使用 MOV（021）或 XFER（070）来输出模拟量的转换值。

图 6 - 16 中，使用 MOV（021）一个输出的转换值（单元号是 0）。

如图 6 - 17 所示，使用 XFER（070）来输出模拟量的转换值，可输出多个转换值（单元号是 ＃0）。

图 6-16 使用 MOV（021）输出的转换值

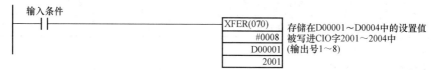

图 6-17 使用 XFER（070）输出模拟量的转换值

6.3 高速计数单元

6.3.1 高速计数单元 CJ1W-CT021 的性能指标

CJ1W-CT021 高速计数器是属于 CJ1 系列的一个特殊单元。安装在 CJ1 CPU 机架上。在控制程序中如果要求 CJ1W-CT021 高速计数器单元对 CPU 单元产生中断，则必须将它连接在 CPU 单元的相邻的 5 个位置之一。

CJ1W-CT021 高速计数器单元具有 2 个计数器，计数的最大范围为 32 位二进制，可接收高达 500kHz 的输入脉冲频率，以便能精确控制快速运动。单元的每个计数器可以单独配置。

单元各有 2 个数字输入，2 个数字输出和 30 个软输出。表 6-7 为高速计数单元 CJ1W-CT021 的性能指标。

表 6-7   **CJ1W-CT021 的性能指标**

项　　目	功　　能
计数器数量	2 路
计数类型	简单计数器；循环计数器；线性计数器
最高输入频率	500kHz
最长相应时间	0.5ms
数字 I/O	2 个数字输入（I0 和 I1）； 2 个数字输出（O1 和 O2）
输入信号类型	差相；增量/减量；脉冲＋方向
使用 CIO 软件位的计算器控制	开门/启动计数器：启动计数器对脉冲计数； 关门/停止计数器：禁止计数器对脉冲计数； 预置计数器：在 CIO 内可设置预置值； 捕捉计数器值：捕捉的计数器值可用 IORD 指令读取
输出控制模式	自动输出控制；范围模式；比较模式；手动输出模式

6.3.2 计数器类型开关选择

1. 计数器类型开关

在单元的面板上，是用来分别设置每个计数器的计数器类型，缺省时所有计数器都被设置为简单计数器。具体配置见表 6 - 8。

表 6 - 8 　计数器类型开关配置

引脚	计数器	位置	类　　　型	引脚	计数器	位置	类　　　型
1	1	ON	循环/线性计数器	2	2	ON	循环/线性计数器
		OFF	简单计数器			OFF	简单计数器

2. 计数器类型 DM 的设置

设定计数器类型

（1）在单元的面板上设置每一个计数器的计数器类型。引脚 1 和 2 对应于计数器 1 和 2。

（2）设置机械号。

（3）安装单元并配线。

（4）接通 PLC 电源。

（5）创建 I/O 表。可用 CX-Programmer 支持软件或手握编程器创建 I/O 表。

将 DIP 开关设置在 ON 位置后，通过对 DM 区的相应字中给出相应的设定，就可将每个计数器配置为循环计数器或线性计数器。

3. 单元面板及开关设置

CJ1W-CT021 的单元面板如图 6 - 18 所示。CJ1W-CT021 的单元引脚的外部信号，如图 6 - 19 所示。

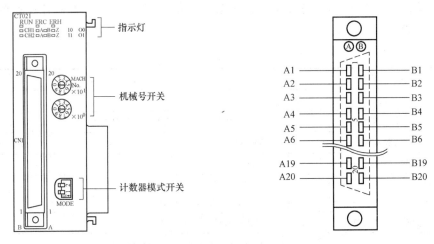

图 6 - 18　CJ1W-CT021 的单元面板示意图　　　　图 6 - 19　引脚的外部信号示意图

高速计数器单元的机械号是 1。高速计数器单元被分配了从 CIO2010 开始的 40 个 CIO 字（n＝CIO2000＋010）。

应用所需要的输入的类型是通过 DM 中的信号类型字的 4 位来选择的。每个计数器的信号类型可分别选择。CJ1W-CT021 的单元信号类型的 DM 区设置如图 6 - 20 所示。

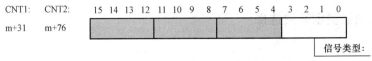

图 6 - 20　CJ1W-CT021 的单元信号类型的 DM 区设置

信号类型选择为0时代表相差（乘1），选择为1时代表相差（乘2），选择为2时代表相差（乘4），选择为4时代表增量和减量，选择为8时代表脉冲和方向。高速计数器单元的机械号为0时，分配给高速计数器CNT1的CIO和DM区分别是从CIO2010（n＝CIO2000＋010）开始的40个CIO字和从D20100（m＝D20000＋0100）开始的400个DM字。计数器1的范围数据储存在从D20100开始的DM内，而计数器2的范围数据储存在从D20500开始的DM内。为了配置单元必须对D20031进行设定。

CJ1W-CT021的单元面板和CJ1W-CT021的单元引脚的具体功能见表6-9。

表6-9   **CJ1W-CT021高速计数器单元各个引脚的外部信号分配**

项 目		连接器1（CN1）		引脚号
		B排	A排	
计数器2	Z	CH2：24V	CH2：12V	20
		CH2：LD＋	CH2：LD－/0V	19
	B	CH2：24V	CH2：12V	18
		CH2：LD＋	CH2：LD－/0V	17
	A	CH2：24V	CH2：12V	16
		CH2：LD＋	CH2：LD－/0V	15
备用				14
计数器1	Z	CH1：24V	CH1：5V	13
		CH1：LD＋	CH1：LD－/0V	12
	B	CH1：24V	CH1：5V	11
		CH1：LD＋	CH1：LD－/0V	10
	A	CH1：24V	CH1：5V	9
		CH1：LD＋	CH1：LD－/0V	8
备用				7
数字输入 [0～1]		I1：24V	I1：0V	6
		I0：24V	I0：0V	5
备用				4
数字输出 [0～1]（NPN/PNP）		O1：PNP	O1：NPN	3
		O0：PNP	O0：NPN	2
电源（供馈输出）		＋PS：12～24V	－PS：0V	1

4. 简单计数器的复位

每个简单计数器软件复位位可用来触发复位。软件复位位的上升沿在下一个I/O刷新循环中触发复位。将计数器CNT1的软件复位位2002.03置为"1"。如图6-21所示。

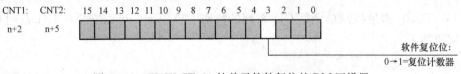

图6-21 CJ1W-CT021的单元软件复位的DM区设置

5. 简单计数器的选通

简单计数器的选通使用 CIO 中的"开门位"和"关门位"就可开启和关闭简单计数器的闸门。如果简单计数器的门是 ON，则计数器随时可以计数脉冲；如果简单计数器的门是 OFF，则计数器不会计数脉冲。开门位或关门位的上升沿在下一个 I/O 刷新循环中触发相应的操作。在高速计数器单元开始通电或再启动后，简单计数器的闸门是关闭的，必须打开才能启动计数（设置开门位为"1"）。将计数器 CNT1 的选通位 2002.01 置为"1"，如图 6 - 22 所示。

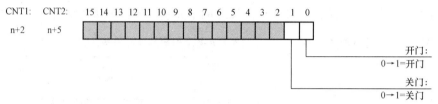

图 6 - 22　CJ1W-CT021 的单元计数器启动的 DM 区设置

6.4　温度控制单元

6.4.1　基本系统的构成

1. 温度控制单元

CJ1W-TC001 温度控制单元具有 4 个控制回路，热电偶输入，NPN 输出。CJ1W-TC003 温度控制单元具有 2 个控制回路，带加热烧断检测，铂电阻温度计，NPN 输出。图 6 - 23 为 CJ1W-TC001 的外形结构。

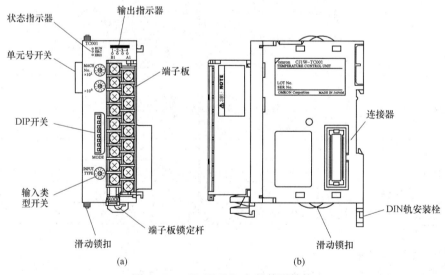

图 6 - 23　CJ1W-TC001 的外形结构

(a) CJ1W-TC001 的面板；(b) CJ1W-TC001 安装示意图

CJ1W-TC001 温度控制单元是 CJ1 系列的特殊 I/O 单元，可以安装在 CJ1 系列 CPU 机架或扩展机架上。

2. 温度控制单元的型号

CJ1W-TC001/003 温度控制模块有 8 种型号，它所连接的温度传感器（热电偶或热电阻）测量物体温度并按预置的控制模式进行 PID 调节后输出，输出的形式有三种可选。通过内部的设定可选择 4 种热电偶和 4 种热电阻，其输入分别为热电偶型和热电阻型，分别对应晶体管、电压、电流输出。其温度控制单元的功能和规格见表 6-10。

6.4.2　温度控制单元与 CPU 单元数据的交换

CPU 单元与温度控制单元间的数据交换是通过分配给作为特殊 I/O 单元的温度控制单元的 CPU 单元的 CIO 和 DM 区中的字来执行的。操作数据在 CIO 区的特殊 I/O 单元区，而初始化数据和操作参数在 DM 区的特殊 I/O 单元区。

1. 温度控制单元数据类型

如图 6-24 所示，按作为特殊 I/O 单元设定的温度控制单元的单元号在 CIO 和 DM 中将特殊 I/O 单元区分配为三种数据类型。

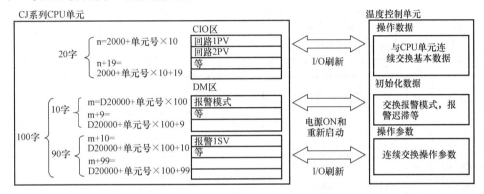

图 6-24　温度控制单元数据类型

（1）操作数据

操作温度控制单元所用的基本数据是在 CPU 单元 I/O 刷新周期内作为操作数据与 CPU 单元交换的。操作数据包括过程值、设定点、停止位 AT、启动位 AT 和其他数据。

表 6-10　　　　　　　　　　　　CJ1 系列温度控制单元的功能和规格

项　　目	规　　格	
型号	CJ1W-TC00@	CJ1W-TC10@
温度传感器	热电偶：类型 R，S，K，J，T，L 和 B	铂电阻温度计：类型 Pt100 和 JPt100
回路数量	有二种单元可用：4 回路单元和带加热器烧断检测的 2 回路单元	
控制输出和加热器烧断报警输出	NPN 或 PNP 输出，都具有短路保护 外部供电电压：24 VDC+10%/−15% 最大开关容量：100 mA（每个输出） 漏电流：0.3 mA max 剩余电压：3 V max	
温度控制方式	ON/OFF 控制或带二个自由度的 PID 控制（用单元的 DIP 开关的第 6 针设定）	
控制操作	正向或反向操作（用单元的 DIP 开关第 4，5 针设定）	
运行/停止控制	支持（由 CPU 单元通过在特殊 I/O 单元区的分配位来控制）	
在编程模式中的 CPU 单元操作	温度控制单元可设定为当 CPU 单元处于编程模式时继续工作或停止操作（用单元的 DIP 开关的第 1 针设定）	

项　目	规　格	
用于操作输出的自动 /手动开关	无	
PID 常用的自动 调整（AT）	支持（由 CPU 单元通过特殊 I/O 单元区的分配位来控制）	
指示精度	摄氏：$\pm 0.3\%$ PV 或 $\pm 1\mathrm{℃}$（大者）± 1 位 max 华氏：$\pm 0.3\%$ PV 或 $\pm 2\mathrm{℉}$（大者）± 1 位 max •当使用 L 型热电偶或低于 $-100\mathrm{℃}$ 下使用 K 或 T 型热电偶时，精度为 $\pm 2\mathrm{℃}$ ± 1 位 max。 •使用 R 或 S 型热电偶在 $200\mathrm{℃}$ 以下时，精度为 $\pm 3\mathrm{℃}$ ± 1 位 max。 •低于 $400\mathrm{℃}$ 时，B 型热电偶会是不准确的	摄氏：$\pm 0.3\%$ PV 或 $\pm 0.8\mathrm{℃}$（大者）± 1 位 max 华氏：$\pm 0.3\%$ PV 或 $\pm 1.6\mathrm{℉}$（大者）± 1 位 max
灵敏度（当使用 ON/ OFF 控制时）	$0.0\sim 999.9\mathrm{℃}$ 或 $\mathrm{℉}$（$0.1\mathrm{℃}$ 或 $\mathrm{℉}$ 单位）	
比例带	$0.1\sim 999.9\mathrm{℃}$ 或 $\mathrm{℉}$（$0.1\mathrm{℃}$ 或 $\mathrm{℉}$ 单位）	
积分（重定）时间	$0\sim 9.999\mathrm{s}$（1s 为单位）	
微分（变化率）时间	$0\sim 9.999\mathrm{s}$（1s 为单位）	
控制周期	$1\sim 99\mathrm{s}$（1s 为单位）	
采样周期	500ms（4 回路）	
输出刷新周期	500ms（4 回路）	
显示刷新周期	500ms（4 回路）	
输入补偿值	$-99.9\sim 999.9\mathrm{℃}$ 或 $\mathrm{℉}$（$0.1\mathrm{℃}$ 或 $\mathrm{℉}$ 为单位）	
报警输出设定范围	$-999\sim 9.999\mathrm{℃}$ 或 $\mathrm{℉}$（$1\mathrm{℃}$ 或 $\mathrm{℉}$ 为单位） 当使用铂电阻温度计或使用 K 或 J 型热电偶以小数点形式显示时，设定范围为 $-99.9\sim 999.9\mathrm{℃}$ 或 $\mathrm{℉}$（以 $0.1\mathrm{℃}$ 或 $\mathrm{℉}$ 为单位）	

（2）初始化数据

用于初始化温度控制单元的数据是在 PLC 转为 ON 或温度控制单元重新启动时作为初始化数据与 CPU 单元交换的，初始化数据包括报警模式、报警迟滞和其他数据。

（3）操作参数

控制温度控制单元操作的参数是在 CPU 单元 I/O 刷新周期内作为操作参数与 CPU 单元交换的。操作参数包括报警 SV、控制周期、比例带、积分时间和其他参数。

2. 数据交换设定

（1）数据格式

数据格式必须预先设定，在 CPU 单元与温度控制单元之间交换数据时，在 CIO 和 DM 区中分配给温度控制单元的字中存储数据所用的格式。用功能设定 DIP 开关上的第 3 针设定数据格式，可以设定为 4 位 BCD 或 16 位二进制（4 位十六进制）的任一种，特殊 I/O 区中 CIO 和 DM 区中用的及用户设定和系统设定数据用的是同一种格式。

（2）单元号

温度控制单元作为特殊 I/O 单元，设置的单元号决定 CIO 和 DM 区中分配给温度控制单元的字。其具体设定见表 6-11。

为每个温度控制单元分配了二个单元号的字，设定给一个温度控制单元后不要再用此单元号设定给其他任何单元。例如，单元号 5 分配给一个温度控制单元时，单元号 6 也就同时分配到这个单元，因此不得将单元号 6 设定给任何其他单元。

表 6-11　　　　　　　　　　温度控制单元单元号的设置

开关设定	单元号	特殊 I/O 单元区中 CIO 区的分配字	特殊 I/O 单元区中 DM 区的分配字
0	0	CIO 2000～CIO 2019	D20000～D20099
1	1	CIO 2010～CIO 2029	D20100～D20199
2	2	CIO 2020～CIO 2039	D20200～D20299
3	3	CIO 2030～CIO 2049	D20300～D20399
4	4	CIO 2040～CIO 2059	D20400～D20499
5	5	CIO 2050～CIO 2069	D20500～D20599
6	6	CIO 2060～CIO 2079	D20600～D20699
7	7	CIO 2070～CIO 2089	D20700～D20799
8	8	CIO 2080～CIO 2099	D20800～D20899
9	9	CIO 2090～CIO 2109	D20900～D20999
⋮	⋮	⋮	⋮
n	n	CIO 2000+(n×10)～ CIO 2000+(n×10)+19	D20000+(n×100)～ D20000+(n×100)+99
⋮	⋮	⋮	⋮
94	94	CIO 2940～CIO 2959	D29400～D29499

（3）特殊 I/O 单元重新启动位

在改变 DM 区的内容或校正差错后，为重新启动单元要将 PLC 的供电重新再合上或将特殊 I/O 单元的重新启动位转为 ON，然后再转为 OFF。具体的重新启动位见表 6-12。

表 6-12　　　　　　　　　　特殊 I/O 单元重新启动位

特殊 I/O 单元区字的地址	功　　能	
A50200	单元 0 重新启动位	
A50201	单元 1 重新启动位	
～	～	当转为 ON 然后又转为 OFF 时重新启动单元
A50215	单元 15 重新启动位	
A50300	单元 16 重新启动位	
～	～	
A50715	单元 95 重新启动位	

如果重新启动单元或将特殊 I/O 单元的重新启动位转 ON 后再转为 OFF 不能纠正差错，则进行差错报警处理。

3. 温度控制单元存储器

温度控制单元有两类存储器：RAM 和 EEPROM。温度控制单元的数据是从在 CPU 单元中的分配字写到温度控制单元 RAM 中的，通过将保存位置为 ON，可以把这些数据的一部分从 RAM 写到 EEPROM。如果 DIP 开关的第 8 针为 ON，当电源转为 ON 或重新启动温度控制单元时，储存在 EEPROM 中的数据将自动传送到 CPU 单元的 DM 区。

4. 操作数据

操作数据是在 CPU 单元 CIO 区的特殊 I/O 单元区中分配给温度控制单元的字和温度控制单元之间进行交换的。操作数据包括过程值、设定点、停止位、AT 启动位、AT 停止位和其他基本数据。在每个循环的 I/O 刷新期间交换操作数据。输入数据从温度控制单元传送到 CPU 单元，而输出数据是从 CPU 单元传送到温度控制单元。操作数据的传送过程如图 6-25 所示。

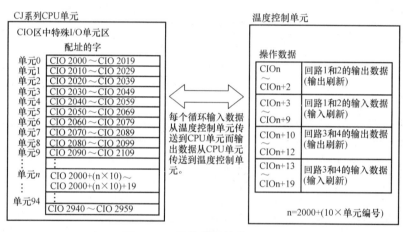

图 6-25　操作数据的传送过程

5. 初始化数据

通过从配址给作为特殊 I/O 单元的温度控制单元的 DM 区字传送数据设定值来初始化温度控制单元，如果使用温度报警功能，必须将报警模式设定和报警迟滞设定写入相应的 DM 字。只在电源转为 ON 或温度控制单元重新启动时才读入 DM 字中的这些设定值，因此这些设定中有任何改变后必须将电源再接通一次或重新启动温度控制单元。初始化数据的传送过程如图 6-26 所示。

6. 选择温度单位

温度控制单元可以用℃或℉单位操作。用单元面板上的 DIP 开关的第 2 针选择希望的温度单位。设定的温度单位用于单元的所有控制回路，不能为不同的控制回路设定不同的温度单位。

6.4.3　温度控制单元 PID 参数的设定

1. 设定控制方法

单元面板上的开关（DIP 开关第 6 针）选择温度控制单元是用 ON/OFF 控制，还是用

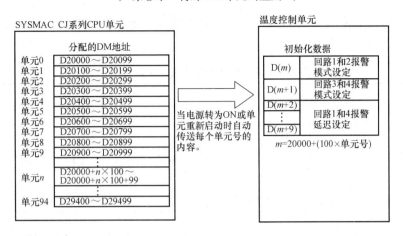

图 6-26 初始化数据的传送过程

具有 2 个自由度的 PID 控制。控制方法设定用于单元的所有控制回路。具有 2 个自由度的
PID 控制，必须设定比例系数（P）、积分时间（I）和微分时间（D）。DIP 开关的功能选择
如图 6-27 所示。出厂时设定 PID 为 OFF。

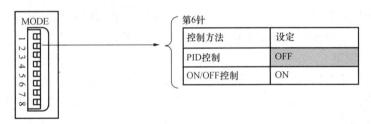

图 6-27 DIP 开关的功能选择

2. 设定控制周期

设定控制周期决定 PID 控制的输出周期（控制周期）。使用较短的控制周期有利于改善
系统控制，但是如果你在加热器控制中使用继电器，控制周期的设定至少为 20s，以延长继
电器的寿命。

在分配给单元的 DM 字中的操作参数的相应字中设定控制周期。标准设定为 2s，但默
认值设定是 20s，具体回路参数如表 6-13 所示。

表 6-13　　　　　　　　　　　　　具体回路参数设定控制周期

DM 字	设　定	设　定　范　围	
		BCD	二进制
D（m+13）	回路 1 控制周期	0001～0099	0001～0063
D（m+23）	回路 2 控制周期	0001～0099	0001～0063
D（m+53）	回路 3 控制周期	0001～0099	0001～0063
D（m+63）	回路 4 控制周期	0001～0099	0001～0063

3. 设置设定点 SP

在分配给单元的 CIO 字的操作数据的相应字中设定点（SP）见表 6-14。当设置设定点时，用单元面板上 DIP 开关的第 3 针设置的数据格式设定，用 DIP 开关的第 2 针设定温度单位，默认值设定为 0℃或 0.0℃。

表 6 - 14 操作数据的设定点（SP）

CIO 字	设　　定	设　定　范　围	
		BCD	二进制
CIO（n）	回路 1SP（设定点）	设定范围取决于单元面板上输入类型开关所设定的输入类型	
CIO（n+1）	回路 2SP（设定点）		
CIO（n+10）	回路 3SP（设定点）		
CIO（n+11）	回路 4SP（设定点）		

要将回路 1 的设定点从 0 变为 200℃，如果单元的数据格式设定为 BCD，将值 0200 写入 CIO 字 n，如果单元的数据格式设定为二进制，将值 00C8 写入 CIO 字 n。CIO 区起始字特殊 I/O 单元 CIO 区起始字（n）为：n＝2000＋（10×单元号）。

4. 设定 PID 常数

（1）自动调整设定 PID 常数

使用自动调整功能（AT）自动计算设定点运行的最佳 PID 常数。温度控制单元使用有限周期法，通过强制改变操作变量来测定控制系统的特性。

1）启动自动调整

将 AT 启动位从 OFF 转为 ON 以启动自动调整，AT 位在 CIO 区中分配给温度控制单元的特殊 I/O 单元区的字中。

2）停止自动调整

将 AT 停止位从 OFF 转为 ON 以停止自动调整，AT 停止位位于 CIO 区中分配给温度控制单元的特殊 I/O 单元区字中。

• 当执行自动调整时只可改变停止位和 AT 停止位的设定。在自动调整中改变的设定参数在自动调整完成后才能生效。

• 如果当执行自动调整时停止位转为 ON，将中断自动调整并停止操作。当用停止位再启动操作时不能重新启动自动调整。

（2）手动设定 PID 常数

通过将要求的比例（P）、积分时间（I）和微分时间（D）的值设定到分配给单元的 DM 字中操作参数的相应的字中，进行手动设定 PID 常数。

6.4.4 启动和停止温度控制

启动和停止温度控制具体位的定义见表 6 - 15。将分配给温度控制单元的 CIO 区字输出区中的相应停止位转为 OFF，以启动已停止的回路温度控制，将停止位转为 ON 以停止回路的温度控制。

例如启动回路 1 和停止回路 2，将回路 1 的停止位（CIO 字 n+2 的 06 位）转为 OFF 和将回路 2 的停止位（CIO 字 n+2 的 04 位）转为 ON，就可启动回路 1 的控制和停止回路 2 的控制。

表 6 - 15　　　　　　　　　　　启动和停止温度控制具体位的定义

位	CIO字			
	CIO n+2		CIO n+12	
15	回路1	保存位	回路3	保存位
14	回路2	保存位	回路4	保存位
13	回路1	改变 PID 常数位	回路3	改变 PID 常数位
12	回路2	改变 PID 常数位	回路4	改变 PID 常数位
11	0		0	
10	0		0	
09	0		0	
08	0		0	
07	回路1	0	回路3	0
06		停止位		停止位
05	回路2	0	回路4	0
04		停止位		停止位
03	回路1	AT 停止位	回路3	AT 停止位
02		AT 启动位		AT 启动位
01	回路2	AT 停止位	回路4	AT 停止位
00		AT 启动位		AT 启动位

6.4.5　执行自动调整 PID 常数控制程序应用

使用单元 CJ1W-TC001 温度控制单元并将单元号设定为 00。将回路 1 设定为执行自动调整，而且回路 1 使用 PID 控制操作应用。

（1）将回路 1AT 启动位［CIO（n+2）的 02 位］转为 ON 启动自动调整。

（2）当自动调整完成时，将计算的 PID 常数储存到分配给单元的 DM 字内的操作参数输入区（计算的 PID 常数从 CPU 单元传送到温度控制单元）。同时，PID 常数计算标志［CIO（n+8）的位 10］转为 ON。用此 PID 常数计算标志作为梯形图程序中的输入条件并将此计算的 PID 常数复制到分配给此单元的 DM 字的输出区。

（3）在通过梯形图程序将 PID 常数传送到输出区后，将改变 PID 常数位［CIO（n+2）的位 13］转为 ON。温度控制单元将读出输出区中的 PID 常数。当你将改变 PID 常数位转为 ON 时，PID 常数计算标志将自动转为 OFF。

（4）如果 DIP 开关的第 8 针设定为 ON，则在初始化时单元的 EEPROM 中的设定传送到CPU 单元，必须将回路的保存位转为 ON 以将新的设定保存到温度控制单元的 EEPROM。

执行上述步骤的梯形图程序如图 6-28 所示。程序执行是回路 1 的自动调整并用计算的PID 常数刷新温度控制单元的 PID 常数。

其中当保存位 2002.15 转为 ON 时，控制参数从 RAM 写入温度控制单元的 EEPROM。

当改变 PID 常数位 2002.13 转为 ON 时，相应的 PID 常数计算标志将转为 OFF，作为操作 PID 常数储存的 PID 常数将重新再传送到温度控制单元。

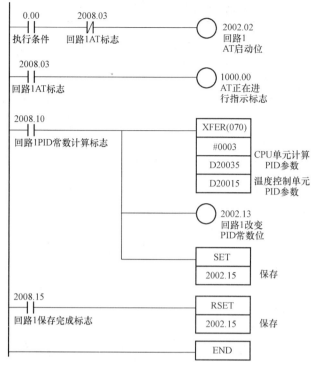

图 6-28　回路 1 使用 PID 执行自动调整应用程序

2008.03AT 标志当正在执行自动调整时，AT 标志为 ON。当不在执行自动调整时，AT 标志为 OFF。

2008.10PID 常数计算标志，当自动调整计算的 PID 常数被更新后，PID 常数计算标志转为 ON。当该标志为 ON 时，操作参数输出区中的 PID 常数未输出到温度控制单元。当该标志为 OFF 时，操作参数输出区中的 PID 常数输出到温度控制单元。

6.5　位置控制单元

6.5.1　位置控制单元 CJ1W-NC

CJ1W-NC113/213/413/133/233/433 是 OMRON 公司为 CJ1 系列 PLC 配置的位置控制单元（PCU，Position Control Units），是专为位置控制系统开发的专用控制器。

CJ1W 系列的位置控制单元是 CJ1 系列 PLC 的一种高性能特殊功能单元，单元内含CPU，是一个相对独立的控制器，是在 PLC 主 CPU 控制下的一个具有独立处理能力的功能模块。

CJ1 系列位置控制单元提供两种不同的控制方法。第一种是存储器操作，在这种操作模式下定位控制所需的信息（例如：定位序列、位置、速度、加速时间、减速时间等参数）被预先传输到位置控制单元中，然后位置控制单元根据 CPU 向工作存储器区发出的命令，执行定位序列（Positioning Sequences）来完成定位控制；第二种是直接操作（Direct Operation），在这种操作模式下，CPU 不断输出目的位置和目的速度等参数。

位置控制单元可以控制 1 轴（NC113/133）、2 轴（NC213/233）或 4 轴（NC413/433），

使用 2 轴或 4 轴位置控制单元时，还可以实现线性插补（Linear Interpolation）。CJ1W 系列位置控制单元输出脉冲到步进电动机驱动器或脉冲输入类型的伺服电动机驱动器，从而实现步进电动机或伺服电动机定位控制。

CJ1W 系列位置控制单元可以在－1 073 741 823～1 073 741 823 个脉冲范围内定位，可以输出 1～500 000p/s 范围内的控制脉冲，这意味着可以实现大范围内精确的速度控制与定位控制。OMRON 公司还提供位置控制单元的支持软件 CX-Position，使用 CX-Position 可以进行 CS1 系列及 CJ1 系列位置控制单元定位控制参数的设置、传输以及存储等，在 CX-Position 上还可以监视位置控制单元的操作状态。

CJ1 系统的位置控制单元有几种不同的型号：NC113/213/413/133/233/433，其中 NC113/213/413 单元为集电极开路输出，而 NC133/233/433 为线性驱动输出。OMRON 公司的多种系列的 PLC 都配置了位置控制单元。

6.5.2 位置控制单元基本结构

1. CJ1W-NC 单元内部结构

图 6-29 为 CJ1 系列位置控制单元的内部结构框图。

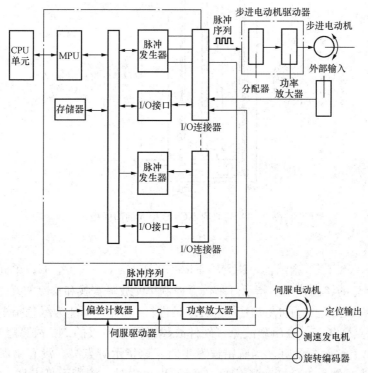

图 6-29 CJ1W-NC 单元内部结构框图

从图 6-29 中可以看出，位置控制单元有自己的微处理器和存储器，还有脉冲发生器和 I/O 接口。位置控制单元可以被 PLC 的主 CPU 控制，同时也接收外部输入信号并进行输出。一方面它通过总线及接口电路与 PLC 的 CPU 相连，与 CPU 频繁交换信息；另一方面又通过 I/O 连接器接收外部开关量输入以及进行脉冲输出。位置控制单元根据 PLC 的控制指令以及外部输入信号，由自身的 CPU 执行定位控制算法，并依据计算结果控制脉冲发生器输出控制脉冲数及脉冲频率。位置控制单元的 CPU 与 PLC 的 CPU 并行工作，减轻了主 CPU 的负担。位置控制单元具有相对的独立性，但不能脱离 PLC 而独立工作，它作为 PLC 的一个智能接口单元，占用相应的 I/O 地址。

2. 位置控制单元的安装

CJ1 系列位置控制单元是 CJ1 系列 PLC 的一种特殊功能单元，它按照设置的单元号来分配内部资源，与位置控制单元的安装位置没有关系。CJ1 系列位置控制单元可以安装在 CPU 机架的导轨上或者扩展机架的导轨上，每个机架最多安装 10 个位置控制单元，每台 PLC 最多可以安装 40 个位置控制单元。

从图 6-30 可以看出，位置控制单元的前面板分成指示部分、单元号设置开关以及连接器等几个部分。

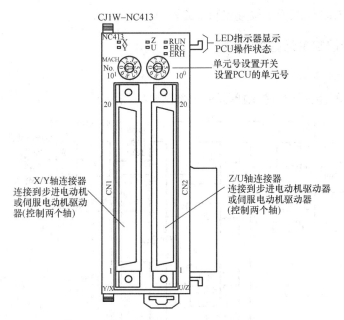

图 6-30　CJ1W-NC413 单元的前面板

（1）指示器

在面板上有几个 LED 指示器：RUN、ERC、ERH、X、Y、Z、U；单元的各种状态和错误可以从指示灯的状态读出，指示灯是位置控制单元故障查找和排除的好工具。下面对这些指示灯的运行状态以及每种状态所表述的意义进行说明。RUN 为绿色指示灯，在正常运行时 RUN 保持点亮状态，当出现故障（硬件故障、PLC 通报的 NC 故障等）时，RUN 指示灯不亮；ERC 是红色指示灯，当有错误发生时，该指示灯点亮，没有错误发生则该指示灯不亮；ERH 也是红色指示灯，当 CPU 单元发生故障时，该指示灯点亮，CPU 单元没有故障发生时该指示灯不亮。X、Y、Z、U 四个指示灯都是橙色，分别表示四个轴的状态，在 2 轴位置控制单元上只使用 X、Y 轴指示灯，在 1 轴位置控制单元上则只使用 X 轴指示灯。每个轴的状态指示灯分成三种状态：

1）点亮，表示正在向该轴输出、控制脉冲（正向脉冲或反向脉冲）；

2）闪烁，表示有故障发生，例如连接的电缆类型不匹配或数据错误等；

3）不亮，表示上面情况都没有发生。

（2）单元号设置开关

CJ1 系列 NC 单元的面板上设置了单元号设置开关，一台 CJ1 系列 PLC 的每个机架最多可以安装 10 个 PCU 单元，总共可以配置多达 40 个 PCU 单元。一台 PLC 上安装的多个 NC 单元依靠单元号来区分，用 PCU 前面板上的单元号设置开关为位置控制单元设置单元号。CJ1-NC113/NC133/NC213/NC233 位置控制单元的单元号可以在 0～95 范围内任意设置，而 CJ1-NC413/NC433 只能在 0～94 的范围内分配单元号。需要说明的是，CJ1-NC413/NC433 位置控制单元在单元号分配时，一个单元占用两个单元号。例如，如果一个 CJ1-NC413 分配了单元号"5"，则单元号"6"也被该单元占用，不能再分配给其他的 PCU 单元使用。

3. 连接器

在位置控制单元的前面板上设置了连接器，连接器的数量与位置控制单元的型号有关，它用于单元与现场设备之间的信号连接。

在进行位置控制单元安装时，使用连接器可以方便地将 NC 单元连接到步进电动机、伺服电动机驱动器，并连接外部输入信号（如原点信号、原点接近信号等）。图 6 - 31 表示了 4 轴位置控制单元 CJ1W-NC413/433 单元的连接器示意图，2 轴和 1 轴单元的连接器比 4 轴单元的连接器简单。位置控制单元的连接器引脚排列见表 6 - 16。此表列出了集电极开路输出单元（CJ1W-NC113/213/413）的引脚排列，线性驱动输出单元（CJ1W-NC133/233/433）的信号排列方式与集电极开路输出方式单元有所差别，具体参见 OMRON 公司相关技术手册。

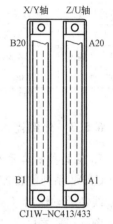

图 6 - 31　CJ1-NC413/433 单元的连接器

表 6 - 16　CJ1W-NC113/213/413 单元（集电极开路输出）连接器引脚排列

引脚号	输入/输出	分配	引脚号	输入/输出	分配
		X 轴和 Z 轴的连接器引脚排列			Y 轴和 U 轴的连接器引脚排列
A1	输入	电源 24V 直流（输出信号的）	B1	输入	电源 24V 直流（输出信号的）
A2	输入	地线，24V 直流（输出信号的）	B2	输入	地线，24V 直流（输出信号的）
A3	—	未使用	B3	—	未使用
A4	—	未使用	B4	—	未使用
A5	输出	脉冲输出	B5	输出	CW 脉冲输出
A6	输出	用 1.6kΩ 电阻的 CW 脉冲输出	B6	输出	用 1.6kΩ 电阻的 CW 脉冲输出
A7	输出	脉冲/方向输出	B7	输出	脉冲/方向输出
A8	输出	用 1.6kΩ 电阻的 CW 脉冲/方向输出	B8	输出	用 1.6kΩ 电阻的 CW 脉冲/方向输出
A9	输出	偏差计数器复位输出/原点调整命令输出	B9	输出	偏差计数器复位输出/原点调整命令输出
A10	输出	用 1.6kΩ 电阻的偏差计数器复位输出　用 1.6kΩ 电阻的原点调整命令输出	B10	输出	用 1.6kΩ 电阻的偏差计数器复位输出　用 1.6kΩ 电阻的原点调整命令输出

X 轴和 Z 轴的连接器引脚排列			Y 轴和 U 轴的连接器引脚排列		
引脚号	输入/输出	分　配	引脚号	输入/输出	分　配
A11	输出	定位结束输入信号	B11	输入	定位结束输入信号
A12	输入	公共原点	B12	输入	公共原点
A13	输入	原点输入信号（24V）	B13	输入	原点输入信号（24V）
A14	输入	原点输入信号（5V）	B14	输入	原点输入信号（5V）
A15	输入	中断输入信号	B15	输入	中断输入信号
A16	输入	紧急停止输入信号	B16	输入	紧急停止输入信号
A17	输入	原点接近输入信号	B17	输入	原点接近输入信号
A18	输入	CW 输入信号	B18	输入	CW 输入信号
A19	输入	CCW 输入信号	B19	输入	CCW 输入信号
A20	输入	共同输入信号	B20	输入	共同输入信号

6.5.3 外部输入/输出电路

1. 位置控制单元外部输出电路

CJ1W 系列位置控制单元的输出方式有两种类型：集电极开路输出（NC113/213/413）以及线性驱动输出（NC133/233/433）。

图 6-32 表示集电极开路输出形式的位置控制单元的输出电路，从图中可以看出，集电极开路输出位置控制单元采用 NPN 三极管作为输出元件，当三极管基极为"1"时，三极管导通，当基极为"0"时，三极管截止。在三极管的基极与集电极之间跨接的二极管以及发射极与集电极之间跨接的二极管都用于保护输出电路。从图 6-5 还可以看出，集电极输出形式的位置控制单元，脉冲输出和偏差计数器复位输出电路有两种类型的端子：带 1.6kΩ 限流电阻（1/2W）的终端（A6/B6、A8/B8、A10/B10）以及不带限流电阻的输出终端（A5/B5、A7/B7、A9/B9）。在进行接线设计时，应该根据电动机驱动器输入信号的要求选择使用终端。当使用不带限流电阻的输出端时，可以带 7～30mA 的负载；如果使用带 1.6kΩ 限流电阻的终端时，输出电路的负载为 7～16mA。在接线设计中，如果使用了大于这个数值的电流，将损坏位置控制单元的内部元件。需要注意的是，在连接电动机驱动器时，如果所连接的负载小于 7mA 时，需要加旁路电阻以保证通过位置控制单元输出三极管的电流不小于 7mA。

2. 位置控制单元外部输入电路

外部输入信号是指用于检测现场变化情况的开关量信号，部分输入信号既可选用常开（Normal Open，NO）接点，也可选用常闭（Normal Close，NC）接点，具体使用的接点类型应该与轴参数的设置对应起来，关于位置控制单元的轴参数设置请参见本章后面部分。在 CJ1W 系列位置控制单元中需要使用的输入信号有以下几种：

（1）原点接近输入：在原点附近安装接近开关或行程开关，当被控装置运动到原点附近时，原点接近输入开关向位置控制单元发出信号，可供位置控制单元进行减速处理等。

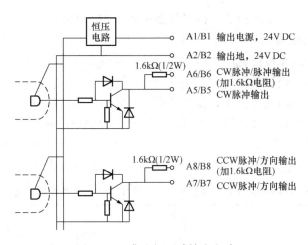

图 6-32 集电极开路输出电路

（2）原点输入：在原点安装行程开关或光电开关等检测元件，当被控设备运动到原点时，此信号有效，使系统停止位移或改变方向。原点输入信号可以使用 24V 直流输入或 5V 直流输入，但不能同时使用两种输入方式，否则将会损坏位置控制单元的内部电路。

（3）CW、CCW 限位输入：在原点两侧的某个距离范围内分别设置两个行程开关或光电开关，当被控设备运动到该位置时，限位信号有效，设备自动停止运动，以防止达到运动系统的物理极限而造成设备损坏。

（4）外部中断输入：使用安装于控制台的按钮，主要用于系统调试。

（5）紧急停止输入：使用安装于控制台的按钮，当此信号有效时，位置控制单元的所有输出被禁止，可在出现异常时保护系统。

（6）定位完成输入：接收电动机驱动器发出的定位完成信号。

3. 位置控制单元与电动机驱动器连接

CJ1W 系列位置控制单元可以连接各种不同类型的电动机驱动器，CJ1W 系列位置控制单元有 4 种操作模式：模式 0、模式 1、模式 2 以及模式 3。各种操作模式适用于不同类型的电动机驱动器以及不同的外部接线方式。位置控制单元的操作模式在字 m+5（针对 X 轴）中设置，m+5 处于 PLC 分配给位置控制单元的存储区（轴参数区域）中，具有特定的含义。位置控制单元的存储区分配依据前面板上设置的单元号来进行。

（1）模式 0

位置控制单元连接步进电动机驱动器时使用操作模式 0。图 6-33 表示了使用位置控制单元连接步进电动机驱动器时的接线实例。

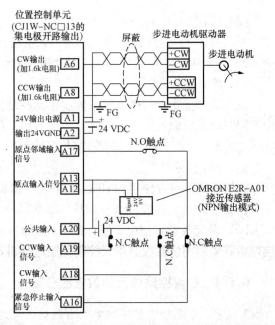

图 6-33 使用位置控制单元连接步进电动机驱动器

图中使用集电极开路输出形式的位置控制单元（NC 113），电源为 24V。在图中只表示了一个轴（X 轴）的接线情况，对于多轴位置控制单元，其接线方式也基本相同，只需参考连接器的引脚分配即可按照此图进行连接设计。在模式 0 下，使用外部传感器信号作为原点输入信号，原点输入信号的反应时间是 0.1ms。

位置控制单元所使用的操作模式以及外部输入输出信号的接线方式都应与轴参数设置一一对应，这些与操作模式以及硬件接线有关的设置在轴参数区域中的字 m+5 和字 m+4 中进行。表 6-17 列举了与图 6-33 的配置和接线对应的轴参数（只列举 m+4 和 m+5 两个字）设置，在表中所设置的轴参数的含义可以结合下一节内容来理解。

表 6-17　　　　　　　　连接步进电动机驱动器时位置控制单元的有关参数设置

字	位	设置	内　容
m+4	00	0	采用 CW/CCW 输出方式
	01～03	0	—
	04	0	极限输入信号；N.C 常闭接点
	05	1	原点接近输入信号；N.O 常开接点
	06	1	原点输入信号；N.O 常开接点
	07		用紧急停止输入信号停止脉冲输出
	08～15	0	—
m+5	00～03	0	模式 0（操作模式）
	04～07	0	反向模式 1（原点搜索模式）
	08～11	1	收到原点接近信号的上升沿和下降沿后，接收原点输入信号
	12～15	0	原点搜索方向（CW）

（2）模式 1

采用模式 1，位置控制单元控制伺服电动机驱动器，这种方式的典型应用是用位置控制单元控制 OMRON W 系列伺服电动机驱动器。

（3）模式 2

模式 2 与模式 1 一样，位置控制单元控制伺服电动机驱动器，并且编码器的 Z 相连接到位置控制单元的原点输入端作为原点输入信号使用。使用模式 2 时，位置控制单元可以控制 OMRON U 系列和 W 系列伺服电动机驱动器。

（4）模式 3

在该模式下可以使用 OMRON H 系列和 M 系列伺服电动机驱动器的原点调整功能。

位置控制单元在模式 1～3 下，都可以控制伺服电动机驱动器，本章主要介绍用 OM-RON NC 单元控制步进电动机，故对模式 1～3 的接线方式没有进行详细说明，如果在工程应用中需要使用位置控制单元控制伺服电动机，请参考 OMRON 相关技术手册。

6.5.4　位置控制单元的数据区分配

1. CPU 分配给位置控制单元的数据区域的类型

图 6-34 表示了在 CPU 和位置控制单元之间交换数据的过程以及交换数据的种类。

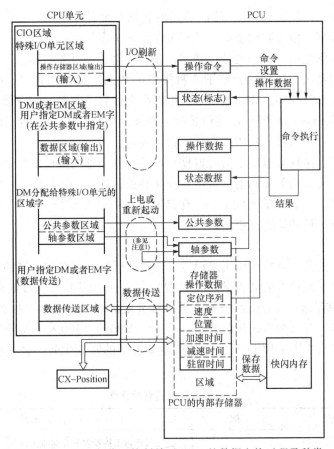

图 6-34 CPU 与位置控制单元 PCU 的数据交换过程及种类

（1）公共参数区。这个区域包含的参数内容与基本的 NC 单元操作有关，例如工作数据区域的分配等。当使用位置控制单元时，必须设置公共参数，公共参数区使用了分配给单元的 DM 区域中的数据段。在上电或者重新启动时，公共参数将从 CPU 传送到 PCU 单元中。

（2）轴参数区域。这个数据区域设置与轴操作有关的参数，例如，脉冲输出类型、输入信号逻辑、操作模式以及最高速度值等有关参数。位置控制单元的轴参数数据可以保存在分配给它的 DM 数据区中或单元的内部 Flash 存储器中。在位置控制单元上电或者重新启动时，究竟使用保存在哪里的轴参数数据，可以参照公共参数区中的相关设置来将轴参数从指定位置传送到位置控制单元的内部存储区中以供使用。

（3）工作存储区域。这个区域是 CPU 在 CIO 区域中分配给 PCU 用来输出命令以控制位置控制单元，例如直接操作、存储器操作、点动，以及原点搜索等。该区域中还包括与位置控制单元运行状态有关的信息，例如忙标记、错误标记，以及外部 I/O 状态等。在每个 I/O 刷新阶段，PLC 将命令从 CPU 单元中传送到位置控制单元 PCU 中，并将状态数据从位置控制单元 PCU 中传送到 CPU。

（4）工作数据区域。这个区域用来设置输出到位置控制单元的操作命令所需的工作数据。例如，在该区域中可以设置直接运行、原点搜索以及点动等操作所需的位置、速度、加速/减速时间等参数。在进行存储区操作时，还可以在该区域中设置存储器操作的定位序列号。另外，在该区域中还包含位置控制单元的状态数据，例如，当前位置、正在执行的定位序列号等。工作数据区域被分配到 CPU 单元的数据存储器（DM）或者 EM 区域，其位置究竟设置在哪个区域，由公共数据区中的相关设置来决定。

（5）存储器操作数据。这个区域存储与存储器操作命令有关的设置，例如定位序列、位置、速度等。存储器操作区域包含如下 6 种类型的数据：定位序列、速度、位置、加速时间、减速时间以及驻留时间。存储器操作数据保存在位置控制单元的内部存储区中（可以写入位置控制单元的 Flash 存储器），在位置控制单元上电或重新启动时，存储器操作数据从单元 Flash 存储区中读入单元的内部存储区以供使用。

（6）区域数据。区域数据确定由位置控制单元控制的轴当前位置所处的区域。区域数据保存在位置控制单元的内部存储器（可以被存储到单元的 Flash 存储器）中，当位置控制单元上电或者重启时，数据从单元的 Flash 存储器读入内部存储器，CPU 与位置控制单元进行数据传送后，该区域的设置被更新。

2. 公共参数区域

位置控制单元的公共参数区域用来设置工作数据区域和轴参数区域的存储位置。在使用位置控制单元之前必须设置公共参数。在位置控制单元（CPU）的数据存储器区域中分配给特殊 I/O 单元的存储器被分配给公共参数。被分配区域的开始字由根据下列等式为 PCU 设置的单元号决定。公共参数区域的开始字，$m = D20000 + 100 \times$ 单元号。在设置好公共参数后，这些参数将会在下一次 PCU 上电或者重新启动的时候生效。公共参数的设置的含义见表 6 - 18。

表 6 - 18 公共参数的设置的含义

字（所有模式均相同）	名　称	配置/解释
m	操作数据区域定义	定义操作数据被设置的存储器区域。从以下所示中选择一项。 0000：分配给特殊 I/O 单元的数据区域字（固定） 000D：用户定义的数据存储器区域字 0X0E：用户定义的 EM 区域字
m+1	操作数据区域开始字	定义操作数据区域的开始字。如果 000D（用户定义的数据区域字）或者 0X0E（用户定义的 EM 区域字）设置为操作数据区域标识，以十六进制的形式定义分配作为操作数据区域的区域开始字
m+2	轴参数定义	定义用作轴参数的数据的位置。从以下所示中选择一项。 · 在 PCU 的快闪存储器中保存的轴参数数据。 · 在 PCU 单元的数据存储器区域设置的轴参数数据。 · PCU 的缺省设置
m+3	未被使用	这个区域未被使用，被设置为 0000

其中，m 和 m+1 用于设置工作数据区域的位置，在字 m 中定义工作数据被分配的存储区类型（DM 区或 EM 区），而字 m+1 用于定义工作数据区在该存储区中的起始地址。结合 m 和 m+1 这两个字的内容就可以确定工作数据区的存储位置。例如，当设置 m 的内容为 0000 时，表示将工作数据区分配到位置控制单元的 DM 存储区中的相关段（DM 数据区的分配与单元号有关），它被固定在公共参数和轴参数后面连续分配，此时字 m+1 中设置的内容无效。例如，对于 NC113/133 单元，如果设置 m=0000，则其工作数据区固定为

m+32～m+55；对于 NC213/233 单元，如果设置 m＝0000，则工作数据区为 m＋60～m＋99；对于 NC413/433 单元，如果设置 m＝0000，则工作数据区为 m＋116～m＋187。当设置 m＝000D 时，表示工作数据区被分配到用户自定义的 DM 区域，此时字 m 中设置的数据以十六进制的形式表示工作数据区在用户自定义 DM 区域中的起始地址。例如，使用 NC213/233 单元，设置 m＝000D，且 m＋1＝1F40Hex（8000），则该单元的工作数据区域为：D8000～D8039。当设 m＝0X0E（X＝0～9，A，B，C）时，表示工作数据区使用用户自定义的 EM 区域，此时 m＋1 中设置的数据以十六进制的形式表示工作数据区在 EM 中的起始字，若使用 EM 区作为工作数据区时，m 字中的 8～15 位表示该区域在 EM 中所使用的块号（BankNumber）。

公共参数中的字 m＋2 用于设置轴参数数据的位置。如图 6-35 所示，其中位 00～07 用于参数标识，位 08～15 用于轴标识。

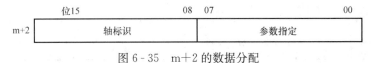

图 6-35 m＋2 的数据分配

轴参数指定（Parameter Designation）（字 m＋2 中的位 00～07）可以设置为两种模式：

①设置为"00Hex"时，表示 PCU 单元使用内部 Flash 存储区中保存的轴参数；

②设置为"01Hex"时，表示 PCU 单元运行时所使用的轴参数来源于分配给单元的轴参数区（DM 区中字 m＋4 后面的数据段）。m＋2 中的位 08～11 用于分别指定 X、Y、Z、U 四个轴。当某一位设置为"0"，表示对应的轴使用分配给 PCU 单元的 DM 区域中的轴参数；如果设置为"1"，表示相应的轴使用默认轴参数设置，不使用分配给 PCU 单元的 DM 区域中的设置。如果设置为使用 PCU 的 Flash 存储区中定义的轴参数（m＋2 的位 00～07 设置为"00Hex"），则字 m＋2 的位 08～15 设置不起作用。需要注意的是，当使用 1 轴或者 2 轴位置控制单元时，应该将其他未被使用的位设置为"0"，否则将导致错误。设置为"1"的轴不会使用分配给 PCU 单元的 DM 存储器区域中的轴参数设置，这表示当不需要对所有的轴进行控制时（例如，一个 4 轴位置控制单元只使用了 3 个轴），将未使用的轴设置为"1"，则不需要在 DM 区域为那些未使用的轴设置参数进行设定。例如，使用 NC413/433 位置控制单元，若设置 m＋2＝0A01Hex，则 X 轴和 Z 轴将根据在 DM 区中分配给它的轴参数设置来进行操作，X 轴轴参数区域为字 m＋4～m＋31，Z 轴轴参数区域为 m＋60～m＋87，而 Y 轴和 U 轴使用默认设置。

3. 轴参数区域

位置控制单元的轴参数用于设置轴的脉冲输出类型、输入信号逻辑以及由该单元所控制轴的操作模式等。根据公共参数中字 m＋2 的设置，所使用的轴参数设置可以来自如下几种方式：

（1）轴参数来自位置控制单元的 Flash 存储器中保存的数据段（当公共参数中字 m＋2 的 00～07 位设置为"00Hex"时）。

（2）使用分配给位置控制单元 DM 区域中设置的轴参数（公共参数中 m＋2 的 08～11 位被设置为"0"，且 00～07 位设置为"01Hex"）。

（3）默认轴参数（字 m＋2 的 08～11 位设置为"1"，且 00～07 位设置为"01Hex"）。

当轴参数使用分配给 NC 单元的 DM 区域中的设置时，则轴参数区域将紧接在公共参数区域的后面进行分配，其开始字取决于位置控制单元的单元号设置。轴参数开始字为 m+4，其中 m=D20000+100x 单元号。CPU 为每一个轴分配 28 个字的轴参数，并连续进行分配。X 轴的轴参数为 m+4～m+31，Y 轴的轴参数为 m+32～m+59，Z 轴的轴参数为 m+60～m+87，U 轴的轴参数为 m+88～m+115，分配给每个轴的 28 个字的使用方式完全相同。需要说明的是，当使用 1 轴位置控制单元时，CPU 不为 Y、Z 和 U 轴分配轴参数区，当使用 2 轴单元时，则不为 Z 和 U 轴分配轴参数区。以下对轴参数区进行简单说明（以 X 轴的轴参数进行说明，其他轴的轴参数与 X 轴相同），有关设置的详细知识参考 OMRON 公司的相关技术手册。

轴参数区域的字 m+4 用于 I/O 设置。m+4 的位 00 用于定义脉冲输出方法，设置为"0"时表示采用 CW/CCW。输出方式，而将其设置为"1"时，表示采用脉冲/方向输出，两种输出方法如图 6-36 所示。

图 6-36　字 m+4 的数据分配

m+4 的 01～03 位没有使用。m+4 的 04、05 和 06 三位分别定义极限输入、原点接近输入和原点输入信号的类型，设置为"0"表示信号为常闭输入，设置为"1"表示常开输入。m+4 的 07 位定义了当输入紧急信号有效时的操作，设置为"0"表示仅仅停止输出脉冲；设置为"1"表示停止脉冲输出并且输出偏差计数器复位信号（在操作模式 1 和 2 中有效）。m+4 的 08 位定义了当输入紧急停止信号、CCW 极限信号或者 CW 极限信号时原点的处理方式，设置为"0"表示在接收到上述信号后停止脉冲输出并保留状态，设置为"1"表示停止脉冲输出并且强制改变为原点未定义状态。m+4 的其他位没有使用。

字 m+5 的数据定义了操作模式以及原点检测方法，数据位的分配以及意义如图 6-37 所示。

图 6-37　字 m+5 的数据分配

位 00～03 用于操作模式选择，位置控制单元的操作模式应该与连接的电动机驱动器以及接线方式统一。设置为"0"、"1"、"2"和"3"分别表示 NC 单元分别使用操作模式 0、操作模式 1、操作模式 2 和操作模式 3，每种操作模式的具体说明和接线方式参见前面相关内容。位 04～07 设置原点搜索操作，主要定义原点搜索过程的处理方式，如在原点搜索方向上有极限信号输入时是停止还是反向等。位 08～11 定义原点检测方法以及对原点接近信号的使用方式。位 12～15 设置原点搜索时所采用的方向，设置为"0"表示使用 CW 方向，设置为"1"表示使用 CCW 方向。有关原点搜索的操作过程，以及 m+5 中的设置对搜索操作的影响将在后面相关内容中详细叙述，需要说明的是，在理解 m+4、m+5 两个字设置的含义时可以参见图 6-14 所示接线实例的设置。

m+6 和 m+7 两个字结合起来指定位置控制单元对每个轴可以输出的最大速度（单位为 p/s），两个字的使用方式如图 6-38 所示。最大速度设置的范围为 1～5 000 000p/s，使用两个字（最左边和最右边的字），32 位无符号数据来存储。如果在存储器操作或者直接操作时设置了一个超过这里设置的最大速度，轴将会以这里设置的最大速度运行。

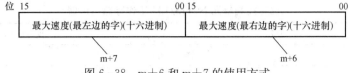

图 6 - 38 m+6 和 m+7 的使用方式

初始速度（m+8 和 m+9）、原点搜索高速度（m+10 和 m+11）、原点搜索接近速度（m+12 和 m+13）、原点补偿值（m+14 和 m+15）、间隙补偿速度（m+17 和 m+18）与最大速度的设置基本一样，就不再详细叙述了。m+16 设置了间隙补偿量（单位是脉冲），间隙补偿设置的范围为 0～9999 个脉冲，故使用一个字来存储这个量。若 m+16 设置为任何非 0 的数值，则间隙补偿操作将会以间隙补偿速度（在 m+17 和 m+18 中设置）输出设定数量的脉冲来补偿传动机构的间隙。

m+19 设置输出轴加速/减速曲线的形式，设置为"0000Hex"表示使用梯形曲线，设置为"0001Hex"表示使用 S 形曲线，缺省设置为"0000Hex"，图 6 - 39 表示 S 形加速/减速曲线。

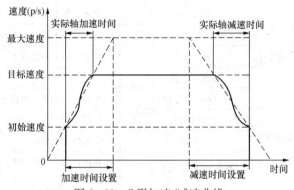

图 6 - 39 S 形加速/减速曲线

在设置好加速/减速曲线、最大速度和初始速度后，结合加速时间及减速时间就可以确定加速/减速速度，再用加速/减速速度就可以得到输出轴到达目标速度所需要的实际加速/减速时间。

4. 工作存储器区域

工作存储器区域是分配给位置控制单元的一段 CIO 区域，用来向位置控制单元输出命令并监测其运行状态。分配给位置控制单元的工作存储器区域包含在 CPU 单元的 CIO 区域中的特殊 I/O 单元区域，工作存储器区域的开始字 n 的计算方法是：n＝2000＋10×单元号。工作存储器区域分为输出和输入，和操作有关的命令分配给输出存储器区域，当它们每一位变为 ON 或者在上升沿（↑）时，将命令输出到 NC 单元中。NC 单元的状态和外部 I/O 的状态从 NC 输入到工作存储器区域中。工作存储器区域的分配与单元号以及位置控制单元的型号有关。工作存储器区域是命令与状态交换的区域，在位置控制单元的使用中会经常使用该区域，故在这里有必要介绍该区域的使用方法。

这里以 NC113/133 位置控制单元为例来叙述工作存储器区域的具体分配，在这种单轴位置控制单元中，n～n+1 为 X 轴的输出字，n+2～n+4 为 X 轴的输入字，每个字的应用见表 6-19，2 轴和 4 轴单元的使用与 1 轴单元的使用方式基本相同，只是字地址的分配稍有差别。

表 6-19 　　　　　　　　　　　　位置控制单元 NC113/133 工作存储器区域

字	位	名　称		操　作
			输　出	
n	00	存储器 操作命令	序列号使能	在存储器操作中，该设置定义了在工作数据区域中指定的定位序列是否可用
	01		启动	在该位的上升沿（↑），启动存储器操作
	02		独力起动	在该位的上升沿（↑），启动存储器操作，完成码被当作终止（terminating），除非它被设置为块结束（bank end）
	03	直接操作命令	绝对移动	在该位上升沿（↑），将工作数据区域中指定的位置参数（I+8，I+9）作为绝对位置来启动直接操作
	04		相对运动	在该位上升沿（↑），将工作数据区域中指定的位置参数作为相对位置来启动直接操作
	05		中断进给	在该位的上升沿（↑），启动直接操作的中断进给
	06	原点定位命令	原点搜索	在该位的上升沿（↑），执行原点搜索操作
	07		原点返回	在该位的上升沿（↑），定位返回原点
	08		当前位置预置	
	09	特殊功能命令	JOG（速度进给）	该位为 ON 时，执行 jogging 操作
	10		方向定义	此位指定了 JOG 方向
	11		示教	在该位的上升沿（↑），执行示教操作
	12		释放禁止/错误复位	在该位的上升沿（↑），清除错误状态并且解除脉冲输出禁止
	13		偏差计数器复位输出/ 原点调整命令输出	当该位为 ON 时，偏差计数器复位输出/原点调整命令输出变为 ON
	14	特殊功能命令	超驰（Override）	该位启动或取消超施功能
	15		停止	在该位的上升沿（↑），定位减速到停止
n+1	00～07		未使用	
	08		强制中断	存储器操作中，在该位的上升沿（↑），启动强制中断
	09～11		未使用	
	12	数据传送命令	写数据	在该位的上升沿（↑），数据从 CPU 单元写入到位置控制单元
	13		读数据	在该位的上升沿（↑），数据从位置控制单元读到 CPU 单元
	14		保存数据	在该位的上升沿（↑），将 CPU 的内部存储器中的内容保存到它的 Flash 存储器中
	15		未使用	

续表

字	位	名　称		操　作
		输　出		
n+2	00~03		未使用	
	04		等待存储器操作	在存储器操作中，等待操作启动
	05		定位完成标志	当定位完成标志
	06		无原点标志	当原点还未建立时该位为 ON
	07		原点停止标志	当停止在原点时该位为 ON
	08~10	PCU 状态	区域监测标志	分别监视是否处于区域1、2、3 范围内
	11		示教完成	当示教操作完成时为 ON
n+3	12		错误标志	当出现错误时为 ON
	13		忙标志	当位置控制单元正在进行处理时，该位为 ON
	14		数据传送标志	数据传送过程中该位为 ON
	15		减速停止标志	接收到紧急停止时输入信号或停止命令后进行减速停止时该位为 ON
n+4	00~07		未使用	
	08		CW 极限信号	
	09		CCW 极限信号	
	10		原点接近输入	
	11	外部 I/O 状态	原点输入	
	12		外部中断输入	
	13		紧急停止输入	
	14		定位结束输入	
	15		偏差计数器复位输出/原点调整命令输出	

5. 工作数据区域

在以上介绍的工作存储器区中定义了各种操作命令，但几乎每个命令的执行都需要指定执行的参数，工作数据区域就是用来设置操作命令所需的工作参数。例如，在该区域中可以设置直接操作、原点搜索以及 JOG 等操作所需的位置、速度、加速/减速时间等参数。工作数据区的位置在公共参数区中设置，参见前面相关部分。工作数据区的具体使用还与位置控制单元的型号有关，以下就以单轴位置控制单元 NC113/133 为例来介绍该区域数据的具体使用方式，2 轴和 4 轴位置控制单元的使用与单轴单元的使用基本相同，只是地址分配稍有差别。表 6-20 表示 NC113/133 单元 X 轴的工作数据区的使用，I 为工作数据区的起始地址，由公共参数设置。

6. 存储器操作数据

这个区域用于存储与存储器操作有关的设置，例如定位序列、位置、速度等。存储器操作区域包含如下 6 种类型的数据：定位序列、速度、位置、加速时间、减速时间以及驻留时间。这个区域的具体定义和使用将在后面介绍。

表 6 - 20   **位置控制单元 NC113/NC133 工作数据区**

输入/输出	字	名 称		操 作
			对所有轴的公共设置部分	
输出 CPU→PCU	I	数据传送的 工作数据	写（字数）	指定从 CPU 写到位置控制单元的字数
	I+1		写（源区域）	指定从 CPU 写到 NC 单元的数据所保存的源区域
	I+2		写（源字）	指定了数据在源区域轴的起始地址
	I+3		写（目的地址）	指定写入 NC 单元中的目的地址
	I+4		读（字数）	指定从位置控制单元读入 CPU 的字数
	I+5		读（源地址）	指定 NC 单元中读数据的源地址
	I+6		读（目的地址）	指定从 NC 单元读入 CPU 的数据所保存目的区域
	I+7		读（目的字）	指定 CPU 保存数据起始字
			对于个别轴的设置（X 轴）	
	I+8	直接操作 工作数据	位置 （I+8 与 I+9 组合）	指定直接操作或当前位置预设的位置参数
	I+9			
	I+10		速度	指定直接操作，JOG 以及原点返回的速度参数
	I+11			
	I+12		加速时间	指定直接操作，JOG 以及原点返回加速时间/减速时间
	I+13			
	I+14		减速时间	在该位的上升沿（↑），定位减速到停止
	I+15			
			对于个别轴的设置（X 轴）	
输入 PCU→CPU	I+16	存储器操作的数据	序列号	指定存储区操作中启动序列号
	I+17	特殊功能 操作的数据	超驰	指定超驰速度
	I+18		示教地址	指定示教地址号
	I+19		未使用	
	I+20		当前位置	指定输出轴的当前位置
	I+21			
	I+22		序列号	在存储器操作中，表明当前正在执行的序列号
	I+23	位置控制单元 状态数据	输出代码	表明在存储器操作中的输出代码

6.5.5 位置控制单元的数据传送与保存

1. 数据传送与保存概述

从上一节对位置控制单元数据区分配的讨论来看，位置控制单元 PCU 与 CPU 之间通过交换数据的方式来对单元进行操作。为了在位置控制单元断电或者重新启动时不丢失设置的数据，有必要存储从 CPU 传送过来的参数。本节就解决如何在 PLC 的 CPU 与位置控制单元之间交换数据，以及如何将数据存储在位置控制单元的 Flash 存储器中的问题。

每个数据项目都在 PCU 里面拥有自己的地址，当数据传送时这个地址用来识别写目标地址和读源地址。一个字（16 个位）用来定义每个地址。位置控制单元 PCU 数据所分配的地址见表 6-21，但是不可以传送扩展交叉轴参数数据和 X，Y，Z 和 U 轴的数据。

表 6-21　　　　　　　　　　　　位置控制单元 PCU 数据分配的地址

地　　址	KC1□3		KC2□3		KC4□3	
0004～0073	轴参数（1 根轴）		轴参数（2 根轴）		轴参数（4 根轴）	
1000～112B	对 X 坐标轴	定位序列	对 X 坐标轴	定位序列	对 X 坐标轴	定位序列
112C～11F3		速度		速度		速度
11F4～12BB		位置		位置		位置
12BC～12CF		加速时间		加速时间		加速时间
12D0～12E3		减速时间		减速时间		减速时间
12E4～12F7		驻留时间		驻留时间		驻留时间
12F8～1303		区		区		区
2000～212B			对 Y 坐标轴	定位序列	对 Y 坐标轴	定位序列
212C～21F3				速度		速度
21F4～22BB				位置		位置
22BC～22CF				加速时间		加速时间
22D0～22E3				减速时间		减速时间
22E4～22F7				驻留时间		驻留时间
22F8～2303				区		区
3000～312B					对 Z 坐标轴	定位序列
312C～31F3						速度
31F4～32BB						位置
32BC～32CF						加速时间
32D0～32E3						减速时间
32E4～32F7						驻留时间
32F8～3303						区
4000～412B					对 U 坐标轴	定位序列
412C～41F3						速度
41F4～42BB						位置
42BC～42CF						加速时间
42D0～42E3						减速时间
42E4～42F7						驻留时间
42F8～4303						区

可以传送并保存在位置控制单元中的数据主要有如下几类：轴参数、定位序列、速度、位置、加速时间、减速时间、驻留时间以及区域数据。与位置控制单元的数据区分类进行比较，可以看出，能进行传送和保存的数据有轴参数区域（轴参数）、存储器操作数据区（定

位序列、速度、位置、加速时间、减速时间和驻留时间）以及区域数据区。进行数据传送时，位置控制单元提供了以下三种实现方式。

（1）利用数据传送位从位置控制单元读取数据或将数据写入位置控制单元。

（2）利用 IOWR 和 IORD 指令从位置控制单元读取数据或将数据写入位置控制单元。

（3）使用 CX-Position 软件上传和下载位置控制单元所需数据。

传送到 PCU 单元的数据保存在 PCU 的内部存储器里，如果关闭电源或者 PCU 单元重启，则保存在内部存储器的数据将丢失。为了让已传送的数据永久保存在位置控制单元中，可以将数据保存到位置控制单元的 Flash 存储器里面，一旦保存后，数据将在下一次打开电源或单元复位时调入单元内部存储器中以供使用。需要进行说明的是，在数据保存之前还有一个比较重要的过程——数据检查，当数据传送（写）到位置控制单元中时，它首先复制到单元内部缓存区，然后对接收缓冲区中的值进行检查，如果传送的数据值在可接受范围内（合法），数据会被写到适当的参数区或者数据区里；若发现数据值在可接受范围外（非法），则位置控制单元产生错误并将错误码返回 CPU 的工作存储器中以提醒使用者，与此同时，所有在缓冲区的数据将会被清除。

2. 用数据传送位进行数据读写

使用工作存储器中的数据传送位（字 n+1，12 位，写数据；字 n+1，13 位，读数据）来进行数据读写。先介绍利用写数据位把数据写到位置控制单元的过程，当位于工作存储器区的写数据位（n+1 字，12 位）产生上升沿时，根据位于工作数据区的写字数、写源区、写源字和写目的地址等参数设置，将位于 PLC 的 DM 或 EM 区的数据写到位置控制单元里连续的目标地址中。进行数据传送时需要注意以下几点。

（1）在传送数据时不要关闭电源或重启位置控制单元，如果在数据传送过程中出现中断，则数据必须重新传送。

（2）可以在位置控制单元输出脉冲的同时写数据到单元，但是当正在进行数据读取或数据保存时不能写数据到位置控制单元。

（3）当使用写数据位传送数据到 NC 单元时，数据必须以数据单元的形式来传送，不能只传送部分数据，例如，对于 X 轴的♯0 定位序列，数据单元包括三个字（地址 1000～1002），如果在数据传送时从中间开始或在中间结束都会引起错误。

（4）在写原点搜索高速或者原点搜索接近速度时，两个参数要同时写，如果只写了其中一个参数将会出错。

用数据传送位来写数据到位置控制单元的步骤如下：

（1）设置公共参数：m，m+1 以及 m+2。

（2）上电或重启位置控制单元，激活公共参数的设置。

（3）设置工作数据区，以下 I 是在公共参数（m，m+1）中设置的工作数据区的起始字：

I：设置需要写入位置控制单元的数据的总字数；

I+1：指定 CPIJ 中源数据所在的区域，可以在 DM 和 EM 两个区域中选择；

I+2：CPIJ 中源数据的起始地址；

I+3：数据在位置控制单元中保存的目的地址。

（4）设置需要写入位置控制单元的数据。

（5）写数据，将写数据位（字 n+1，12 位）置为 ON。

使用工作存储器中的读数据位来进行数据读取的过程与写的过程基本相同，当工作存储器区的读数据位（n+1 字，13 位）为 ON 时，CPU 根据位于工作数据区的总字数、源数据存储区域、目标区域和起始地址等参数，将数据从位置控制单元中读取出来保存在 CPU 指定的区域中的指定数据段中。

用数据传送位来读数据的步骤：

（1）设置公共参数：m，m+1 以及 m+2。

（2）上电或重启位置控制单元，激活公共参数的设置。

（3）设置工作数据区，以下 I 是在公共参数（m，m+1）中设置的工作数据区的起始字：

I+4：设置需要从位置控制单元读取的数据字数；

I+5：设置从位置控制单元中读数据的起始地址；

I+6：设置读回数据在 CPU 中保存的区域，可以在 DM 和 EM 两个区域中选择；

I+7：设置 CPU 中保存数据区域的起始地址。

（4）读数据，将读数据位（字 n+1，l3 位）置为 ON。

3．用 IOWR 和 IORD 进行数据读写

（1）使用 IORD 指令来从 PCU 单元中读取数据

在 PLC 的 CPU 与位置控制单元之间进行数据交换时，还可以使用 IOWR（智能 I/O 写）和 IORD（智能 I/O 读）这两个指令来进行。在这里先介绍如何使用 IORD 指令来从 PCU 单元中读取数据。

使用 IORD 指令来从 PCU 单元中读取数据的步骤如下：

1）设置 IORD 指令的参数，需要设置的参数有：

C：设置从位置控制单元中读取数据的起始地址；

W：使用连续的两个字（W、W+I）来分别设置单元号（W）和要读取数据的字数（W+1）；

D：设置 CPU 中目的数据区的起始地址。

2）执行 IORD 指令，读取数据。

（2）使用 IOWR 来写数据

使用 IOWR 指令写数据到位置控制单元的步骤和方法与使用 IORD 来读取数据的步骤和方法基本相同。

使用 IOWR 来写数据的步骤如下。

1）设置 IOWR 指令的参数，需要设置的参数有：

C：设置写数据时位置控制单元用来存储数据的起始地址；

S：设置准备传送的数据在 CPIJ 中的存储地址；

W：使用连续的两个字（W、W+1）来分别设置单元号（W）和需要传送的数据的字数（W+1）。

2）设置数据，将需要传送的数据准备好，存储在 S 中指定的存储位置。

3）执行 IOWR 指令，写数据。

4．数据保存

为了使传送到位置控制单元中的数据不丢失，便于以后使用，需要将传送到位置控制单

元的数据保存到单元的 Flash 存储器中。可以保存到 Flash 存储器中的数据类型有：轴参数、定位序列、速度、加速/减速时间、驻留时间和区域。

保存数据时可以使用工作存储器中的保存数据位（字 n+1，14 位）或者使用 CX-Posi-

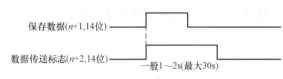

图 6-40 使用保存数据位来保存数据的时序图

tion 软件来实现。使用工作存储器中的保存数据位来保存数据时，当保存数据位从 OFF 变到 ON，所有参数和数据就保存到位控单元的 Flash 存储器中，执行的时序如图 6-40 所示。

6.6 PLC 控制变频恒压供水系统设计

6.6.1 PLC 控制变频恒压供水系统的节能原理

变频恒压供水系统主要由水泵、电动机、管道和阀门等构成。通常由笼型异步电动机驱动水泵旋转来供水，并且把电动机和水泵做成一体。变频供水系统是通过变频器调节异步电动机的转速，从而改变水泵的出水流量而实现恒压供水的。因此，供水系统变频的实质是异步电动机的变频调速。

在供水系统中，通常是以流量为控制对象，常用的控制方法为阀门控制法和转速控制法。阀门控制法是通过调节阀门开度的大小来调节流量，而水泵电动机转速保持不变，其实质是通过改变水路中的阻力大小来改变流量。因此，管阻特性将随阀门开度的改变而改变，但扬程特性不变。转速控制法是通过改变水泵电动机的转速来调节流量，而阀门开度保持不变，其实质是通过改变水的势能来改变流量。因此，扬程特性将随水泵转速的改变而改变，但管阻特性不变。

采用变频调速的恒压供水系统属于转速控制法，可根据供水管网的用水情况，按照管网瞬间压力变化，通过控制器，实时自动调节水泵电动机的转速和多台水泵的投入及退出。其工作原理是根据用户用水量的变化自动地调整水泵电动机的转速，始终保持管网水压恒定（即用水量增大，电动机转速上升；用水量减小，电动机转速下降）。这种控制方法提高了供水系统的稳定性和可靠性，节水、节能效果显著，具有很好的社会效益和经济效益。

1. 变频恒压供水系统的构成

变频恒压供水系统以 PLC 为核心，在水泵的出水管道上安装一个远传压力表，用于检测管道压力，并把出口压力变成 0～5V 或 4～20mA 的模拟信号，送到 PLC 系统的 A/D 转换模块输入端，并将其转换成相应的数字信号，送入 PLC 进行数据处理。PLC 经运算后与设定的压力进行比较，得出偏差值，再经 PID 调节得出控制参数，经 D/A 转换模块变成 0～5V 的模拟信号，送入变频器的模拟量输入端，以控制变频器的输出频率的大小，以此控制拖动水泵的电动机转速，达到控制管道压力的目的。当实际管道压力小于给定压力时，变频器输出频率升高，电动机转速加快，管道压力升高；反之，频率降低，电动机转速减小，管道压力降低，最终达到供水压力恒定。

2. 变频恒压供水系统的控制原理

采用 PID 控制的变频恒压供水控制系统的原理框图如图 6-41 所示。

系统工作时，每台水泵处于三种状态之一：工频电网拖动状态；变频器拖动调速状态；停止状态。现假定系统拖动 2 台水泵运行：

（1）系统开始工作时，供水管道内水压力为零，在控制系统作用下，变频器开始运行，第一台水泵 M1 起动且转速逐渐升高，当输出压力达到设定值，其供水量与用水量相平衡时，转速才稳定到某一定值，这期间 M1 工作在调速运行状态。

（2）当用水量增加、水压减小时，通过压力闭环调节水泵按设定速率加速到另一个稳定转速；反之用水量减少、水压增加时，水泵按设定的速率减速到新的稳定转速。

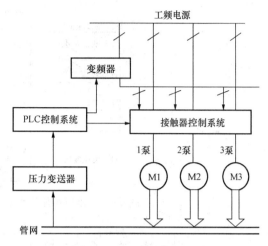

图 6-41 变频恒压供水控制系统的原理框图

（3）当用水量继续增加，变频器输出频率增加至设定频率上限 f_n 时，水压仍低于设定值，控制器控制水泵 M1 切换至工频电网后恒速运行；同时，第二台水泵 M2 投入变频运行，系统恢复对水压的闭环调节，直到水压达到设定值为止。如果用水量继续增加，每当加速运行的变频器输出频率达到工频 f_n 时，将继续发生如上转换，并有新的水泵投入并联运行。

（4）当用水量下降时水压升高，变频器输出频率降至起动频率 f_s 时，水压仍高于设定值，系统将工频运行的第二台水泵关掉，恢复对水压的闭环调节，使压力重新达到设定值。当用水量继续下降，当变频器输出频率降至起动频率 f_s 时，将继续进行上述转换，直到剩下一台变频水泵运行为止。

6.6.2 电气控制系统的原理

根据控制要求，设计电气控制原理图如图 6-42～图 6-44 所示。

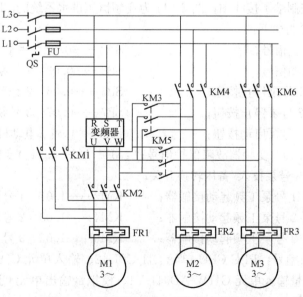

图 6-42 变频恒压供水系统的主电路图

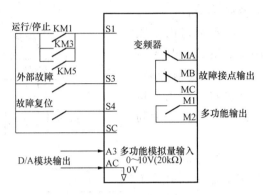

图 6 - 43　变频恒压供水系统的变频器控制端子接线图

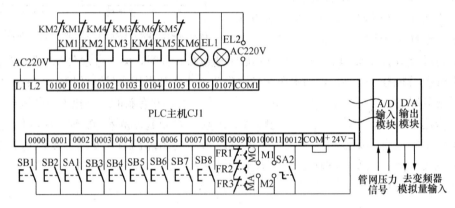

图 6 - 44　变频恒压供水系统的 PLC 控制回路原理图

图 6 - 42 为变频和工频工作转换时，电动机进行切换的主电路图；图 6 - 43 为变频恒压供水系统的变频器控制端子接线图；图 6 - 44 为变频恒压供水系统的 PLC 控制回路原理图。

相关 I/O 点的说明如下：

SB1——0.00 停止信号；　　　　　　　　　SA1——0.02　手动/自动转换开关；

SB2——0.01 起动信号；　　　　　　　　　SB3——0.03　1 号泵起动按钮；

SB4——0.04　1 号泵停止按钮；　　　　　SB5——0.05　2 号泵起动按钮；

SB6——0.06　2 号泵停止按钮；　　　　　SB7——0.07　3 号泵起动按钮；

SB8——0.08　3 号泵启动按钮；　　　　　FR——0.09　电动机过载保护信号；

MA、MC——0.10　变频器故障保护信号；　M1、M2—0.11　变频器运行信号；

SA2——0.12　3 号泵投入/备用转换开关；

KM1——1.00　1 号泵工频起动接触器；　　KM2——1.01　1 号泵变频接触运行器；

KM3——1.02　2 号泵工频起动接触器；　　KM4——1.03　2 号泵变频接触运行器；

KM5——1.04　3 号泵工频起动接触器；　　KM6——1.05　3 号泵变频接触运行器；

系统使用模块的型号：PLC CPU 单元 CJ1-CPU12、输入单元 CJ1W-ID211、输出模块 CJ1W-OC211、模拟量输入单元 GJ1W-AD041-V1、模拟量输出单元 CJ1W-DA041、变频器（欧姆龙 3G3RV-ZV1）。

6.6.3 PLC控制恒压供水的程序设计

1. 变频恒压供水系统的控制流程图

根据全自动变频给水系统的具体控制要求，设计的变频恒压供水系统控制流程图如图6-45所示。

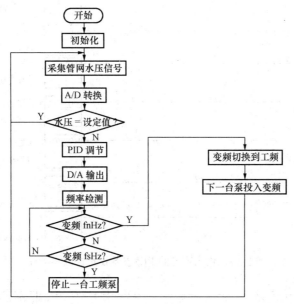

图6-45 变频恒压供水系统的控制流程图

2. 全自动变频给水系统控制梯形图

根据全自动变频给水系统的控制要求，设计控制系统的梯形图如下。

（1）数据采集及PID控制程序

图6-46为变频恒压供水系统的数据采集和PID控制参考梯形图。

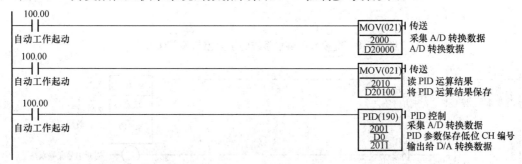

图6-46 变频恒压供水系统的数据采集和PID控制参考梯形图

（2）变频恒压供水系统的PID参数设定控制程序

图6-47为变频恒压供水系统的PID参数设定控制参考梯形图。

（3）变频恒压供水系统压力控制程序

图6-48为变频恒压供水系统的压力控制参考梯形图。

（4）变频恒压供水系统变频切换工频控制程序

图6-49为变频恒压供水系统的变频切换工频控制参考梯形图。

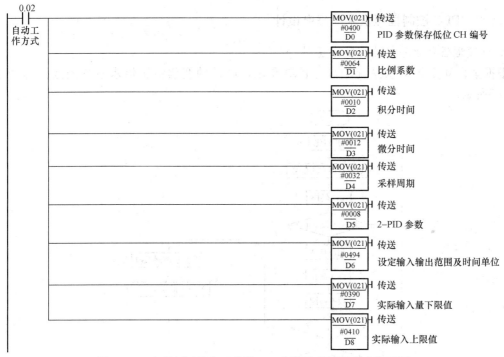

图 6-47 变频恒压供水系统的 PID 参数设定控制参考梯形图

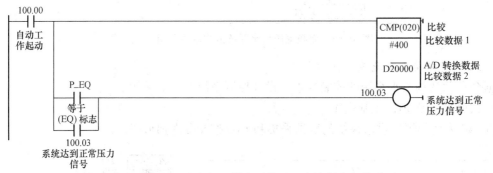

图 6-48 变频恒压供水系统的压力控制参考梯形图

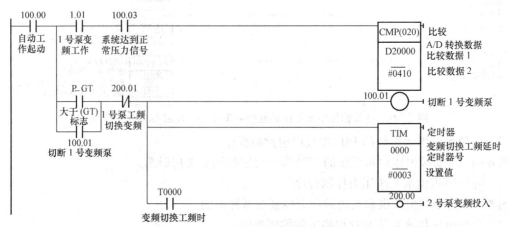

图 6-49 变频恒压供水系统的变频切换工频控制参考梯形图（一）

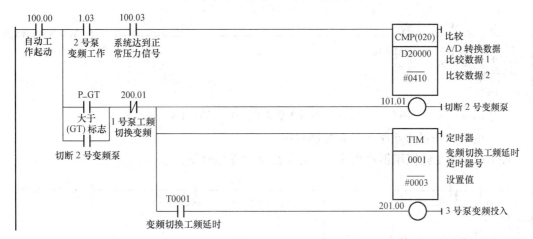

图 6-49 变频恒压供水系统的变频切换工频控制参考梯形图（二）

（5）变频恒压供水系统工频切换变频控制程序

图 6-50 为变频恒压供水系统的工频切换变频控制参考梯形图。

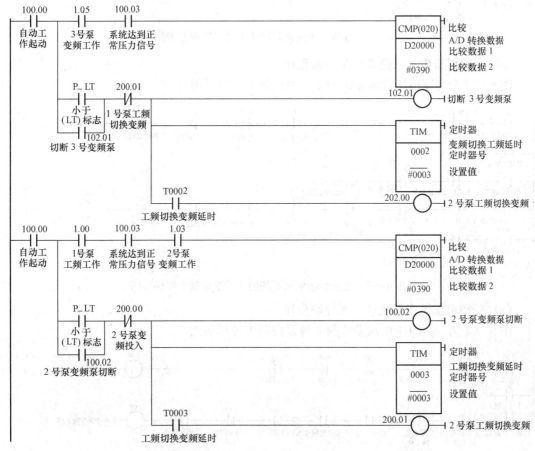

图 6-50 变频恒压供水系统的工频切换变频控制参考梯形图

（6）变频恒压供水系统自动起动控制程序

图 6-51 为变频恒压供水系统的自动起动控制参考梯形图。

图 6-51 变频恒压供水系统的自动起动控制参考梯形图

(7) 变频恒压供水系统 1 号泵控制程序

图 6-52 为变频恒压供水系统的 1 号泵控制参考梯形图。

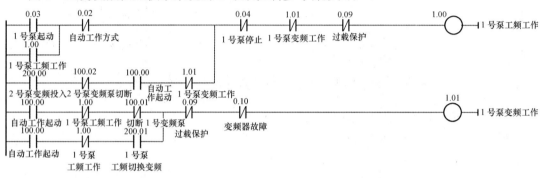

图 6-52 变频恒压供水系统的 1 号泵控制参考梯形图

(8) 变频恒压供水系统 2 号泵控制程序

图 6-53 为变频恒压供水系统的 2 号泵控制参考梯形图。

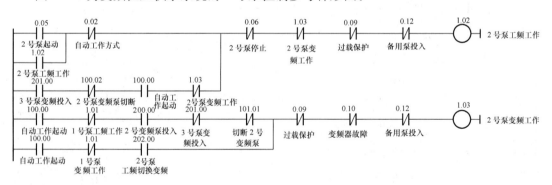

图 6-53 变频恒压供水系统的 2 号泵控制参考梯形图

(9) 变频恒压供水系统 3 号泵控制程序

图 6-54 为变频恒压供水系统的 3 号泵控制参考梯形图。

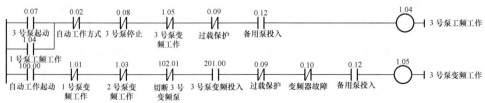

图 6-54 变频恒压供水系统的 3 号泵控制参考梯形图

(10) 变频恒压供水系统工作状态显示控制程序

图 6-55 为变频恒压供水系统的工作状态显示控制参考梯形图。

图 6-55 变频恒压供水系统的工作状态显示控制参考梯形图

6.6.4 系统的参数设定

1. 变频器参数的设定

为了使变频恒压供水系统能够正常运行，必须对变频器参数进行正确的选择和设定。

（1）按要求对电动机进行自学习，以测定电动机的额定参数。

（2）设定速度给定方式为模拟量设定。

（3）加减速时间的调整及S形曲线的调整。通过加减速时间参数C1-01、C1-02及S形曲线参数C2-01、C2-02、C2-03、C2-04设定。

（4）对变频器的PID参数根据实际情况作适当调整。以上参数设定后除电动机参数外，其他参数需根据具体实际情况进行调整。

2. A/D模块的设定

模拟量输入单元是将模拟量信号（电压或电流信号）输入到PLC，转换成数字量信号的单元。当AD041-V1单元上电时，PLC将用户预置在DM区中的有关参数通过I/O总线传送给AD041-V1单元中的CPU和存储器。将GJ1W-AD041-V1的单元号开关设置为"0"。AD041-V1单元的单元号对应于DM区的特殊I/O单元DM区域（地址D20000～D20099）和特殊I/O单元区域（地址CIO2000～CIO2009）。

3. D/A模块的设定

模拟量输出单元是将PLC运算的数字量（12位二进制数）转换成模拟量输出信号的单元。当DA041单元上电时，PLC将用户预置在DM区中的有关参数通过I/O总线传送给DA041单元中的CPU和存储器。

（1）模拟量输出单元转换路数的设定

单元号设置开关和操作模式开关的使用功能与CJ1W-AD041单元类似，CJ1W-DA041的外部接线端子输出信号与接线端子必须一一对应，CJ1W-DA041的使用路数及每一路的输出信号范围必须在DM区中设置。

在CJ1W-DA041模拟量输出单元中，转换输入编号1～4规定为模拟量输出。将DM20100设置为♯0001，本系统只用了一路模拟量输出，可将D20100的内容设为♯0001。

（2）输出信号范围的设定

对于每个输出，可以选择四种类型的输出信号范围（－10～10V、0～10V、1～5V/4～

20mA 和 0～5V）中的任何一种。

每个输出的输出信号范围，涉及编程装置的 DM 区域的 D（m＋1）位。其中对于 DM 字的地址，m＝20000＋（单元号 100），将 D20101 的内容设为♯0010，选择输出信号的范围为 1～5V。通过改变接线端子来实现输出信号范围"1～5V"之间的转换。

4. PID 指令的设定

根据 C 所指定的参数（设定值、PID 常数等），对 S 进行作为测定值输入的 PID 运算，将操作量输出到 D。其中，S 为测定值输入 CH 编号，C 为 PID 参数保存低位 CH 编号，D 为操作量输出 CH 编号。

PID 指令执行条件如下。

1）PID 指令的输入条件是在上升沿执行。输入条件满足时，对 C＋9～C＋38 进行初始化（清空）后，下一扫描周期以后输入条件如果保持 ON，执行 PID 运算。

2）C 的数据（设定值以外）位于范围外时，会发生错误，ER 标志为 ON。

3）实际的采样周期超过设定的采样周期的 2 倍时，会发生错误，ER 标志为 ON，但此时仍进行 PID 运算。

4）已执行 PID 运算时，CY 标志为 ON。

5）已经过 PID 运算的操作量高于操作量限位上限值时，＞标志为 ON。此时，结果以操作量限位上限值被输出。

6）已经过 PID 运算的操作量低于操作量限位下限值时，＜标志为 ON。此时，结果以操作量限位下限值被输出。

5. PID 参数的调整

PID 参数和控制状态的一般关系如下：

使用 PID 指令时，不希望产生超调，可增大积分系数（I）；即使产生超调，也希望尽早

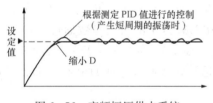

图 6 - 56　变频恒压供水系统的 D 参数调整曲线

形成稳定的控制状态，可增加比例系数（P）。当产生宽幅的振荡，或在重复超调达不到目标值，很可能因为积分动作过强。通过增加积分系数（I），或减少比例系数（P）时，可以减少振荡。

产生短周期的振荡时，控制系统的响应变快，微分动作过强。此时，缩小微分作用（D）。图 6 - 56 为变频恒压供水系统的 D 参数调整过程。

6.6.5　程序的调试

在 Windows 环境下启动 CX-Programmer 软件，进入主画面后，显示 CX-P 创建或打开工程后的主窗口。选择"文件"→"新建"项，或单击标准工具条中的"新建"按钮，出现"变更 PLC"对话框。单击"设置"按钮可进一步配置 CPU 型号，选择"CPU12"。当 PLC 配置设定完成后，单击"确定"按钮，此时，进入编程界面。输入变频恒压供水系统的 PLC 控制的应用梯形图。

1. 手动工作方式的调试

将转换开关旋转至断开位置上，输入信号 0.02 无效，变频恒压供水系统工作在手动状态，分别根据图 6 - 42～图 6 - 44 调试三个泵的工频工作情况。注意三个泵不要同时工作。

2. 自动工作方式的调试

（1）水泵变频工作

将转换开关旋转至接通的位置上，输入信号 0.02 有效，变频恒压供水系统工作在自动状态。按下自动工作按钮，输入信号 0.01 有效，由程序控制 1.01 输出，控制接触器 KM2 接通，变频器接到运行信号，输出频率。系统开始工作时，供水管道内水压力为零，在控制系统作用下，变频器开始运行，1 号水泵 M1 起动且转速逐渐升高，当输出压力达到设定值，其供水量与用水量相平衡时，转速才稳定到某一定值，这期间 M1 工作在变频运行状态。当用水量增加、水压减小时，通过压力闭环调节水泵按设定速率加速到另一个稳定转速；反之用水减少、水压增加时，水泵按设定的速率减速到新的稳定转速。

（2）1 号泵变频切换工频控制

当用水量继续增加，变频器输出频率增加至设定最高频率时，水压仍低于设定值，PLC 控制水泵切换，1 号水泵 M1 由变频工作状态切换至工频运行；同时，使 2 号水泵 M2 投入工作，M2 由变频器控制，系统恢复对水压的闭环调节，直到水压达到设定值为止。

（3）2 号泵切除 1 号泵由工频切换到变频工作

当用水量下降水压升高，变频器输出频率降至起动频率 f_s 时，水压仍高于设定值，系统将变频运行的 2 号水泵关掉，重新将 1 号水泵切换到变频工作状态，恢复对水压的闭环调节，使压力重新达到设定值。

（4）系统停止

系统停止时，按下停止按钮，输入信号 0.00 有效，PLC 输出断开，切断接触器线圈的控制回路，系统停止工作。

（5）备用泵的切换

将转换开关旋转至接通状态时，由控制程序自动将 2 号泵切除，将 3 号泵投入工作，参与系统的恒压控制。

每台电动机都有变频和工频两种切换。先是 1 号水泵电动机运行在变频状态，当频率达到 50 Hz 时，则接触器 KM2 断开，切断变频器给水泵电动机的供电，经过 0.3 s 延时，接触器 KM1 闭合，水泵电动机转换为工频电源供电，则 1 号水泵电动机运行在工频状态；PLC 控制 KM3 闭合，2 号水泵运行在变频状态。当管网水压减少时，将 2 号水泵电动机切除，1 号水泵电动机进入变频工作状态，以维持实际水压的平衡。3 号水泵作为备用泵，用于系统检修或三个泵同时工作。

当管网水压减少时，将 2 号水泵电动机切除，1 号水泵电动机进入变频工作状态，以维持实际水压的平衡。具体控制过程，参考全自动变频给水系统控制梯形图进行分析。

6.7 高速计数单元在位置检测中的应用

6.7.1 位置检测控制系统的组成

以六层变频调速电梯的 PLC 控制为例，通过检测安装在电动机轴上的旋转编码器输出脉冲或通过变频器的分频脉冲来测量电梯在井道中运行移动的距离，将电梯在井道中运行的位移转换为旋转编码器输出的脉冲，再通过高速计数功能记录脉冲，自动测定电梯每层高度（井道自学习功能），并通过测定的数据，计算出每层相应的减速位置。

1. 控制系统硬件线路原理

控制系统硬件线路原理图如图 6-57 所示。

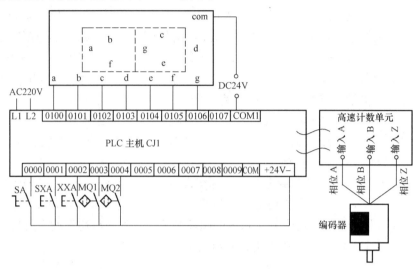

图 6-57　位置检测硬件线路图

将编码器的 A、B、C 相输出分别接至输入高速计数器 1 的脉冲输入端。相关 I/O 点的说明如下：

0.00——SA 井道自学习开关；　　　　0.01——SXA 上行控制按钮；

0.02——XXA 下行控制按钮；　　　　0.03——MQ1 上门区；

0.04——MQ2 下门区。

当电梯处于平层位置时，上、下门区信号同时有效。当电梯离开平层位置时，上、下门区信号不能同时有效。

2. 高速计数器的设定

（1）将高速计数器设定为加减模式并且为软件复位。

（2）高速计数器 CNT1 的当前值存储在 2022CH、2023CH 单元。

（3）高速计数单元的外部输入形式：

高速计数单元选择相位差输入形式，相差信号连接到计数器的输入 A、B 和 Z。计数方向由输入 A 和输入 B 之间的相角确定。如果信号 A 超前信号 B，则计数器递增；如果信号 B 超前信号 A，则计数器递减。

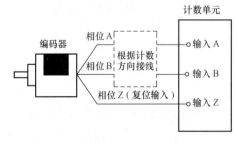

图 6-58　旋转编码器与高速计数
单元连接示意图

相位差输入是用两个输入之间相位上的差别来决定计数器作增量计数还是减量计数，其与旋转编码器的连接如图 6-58 所示。当相位 A 超前时，作增量计数，反之作减量计数。

所选用的 E6C-CWZ5C 型增量式旋转编码器，当相位 A 超前时，作增量计数，反之作减量计数。将其与高速计数单元连接，采用计数脉冲相位差输入。

假设旋转脉冲编码器每个脉冲对应电梯移动

的距离为1mm。

6.7.2　位置检测控制系统应用程序设计

根据高速计数单元系统的控制要求，设计控制系统的梯形图如下。

1. 高速计数单元参数设定控制梯形图

图6-59为高速计数单元参数设定控制参考梯形图。

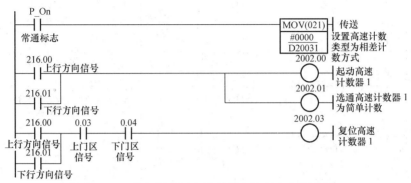

图6-59　高速计数单元参数设定控制参考梯形图

2. 楼层位置数据控制梯形图

图6-60为楼层位置数据控制参考梯形图。

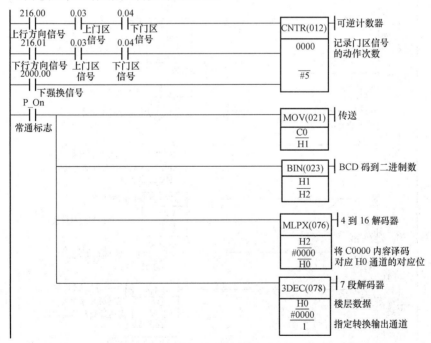

图6-60　楼层位置数据控制参考梯形图

3. 自学习测定楼层脉冲数控制梯形图

图6-61为自学习测定楼层脉冲数控制参考梯形图。

4. 自动计算楼层减速位置控制梯形图

图6-62为自动计算楼层减速位置控制参考梯形图。

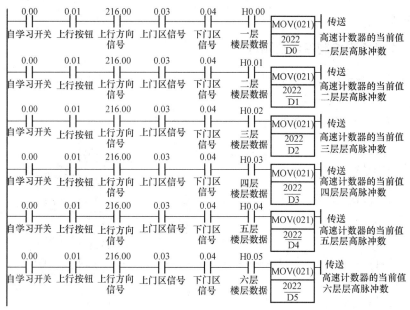

图 6-61 自学习自动测定楼层脉冲数控制参考梯形图

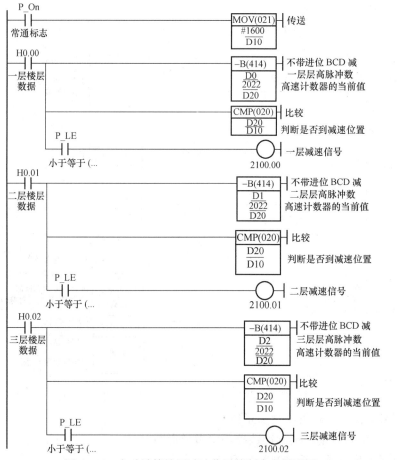

图 6-62 自动计算楼层减速位置控制参考梯形图（一）

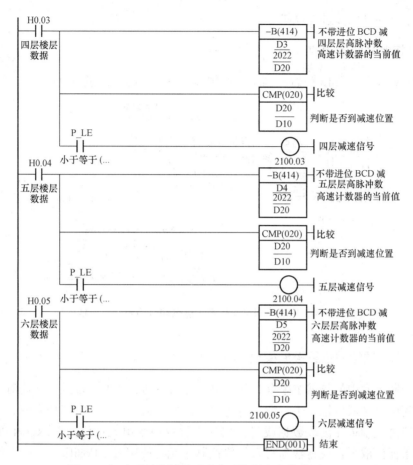

图 6-62　自动计算楼层减速位置控制参考梯形图（二）

6.8　位置控制单元 PCU 的应用

以机床工作台进给的滚珠丝杠为例，介绍如何使用 OMRON 的 NC113 位置控制单元来实现步进电动机的定位控制。

6.8.1　位置控制单元应用概述

普通车床是一种应用极为广泛的金属切削机床，主要用于加工各种回转表面、螺纹和端面，并可通过尾架进行钻孔、铰孔等切削加工。车床的切削加工包括主运动、进给运动和辅助运动。主运动为工件的旋转运动，由主轴通过卡盘或顶尖带动工件旋转。进给运动为刀具的直线运动，由进给箱调节加工时的纵向或横向进给量。辅助运动为刀架的快速移动及工件的夹紧、放松等。采用 OMRON 的 NC113 位置控制单元控制步进电动机，来实现机床进给机构的定位控制。图 6-63 所示为机床进给机构的结构示意图。滚珠丝杠带动工件进

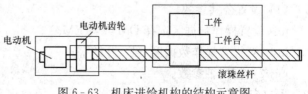

图 6-63　机床进给机构的结构示意图

给，其动力来自驱动的步进电动机。

6.8.2 控制系统的组成

图 6-64 所示为 NC113 位置控制单元控制步进电动机的系统组成框图。

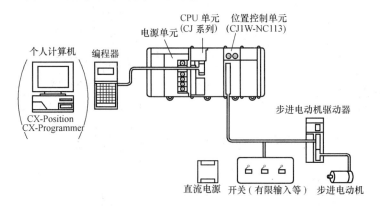

图 6-64 位置控制单元控制步进电动机的系统组成框图

6.8.3 机床进给的位置控制模块 PCU 的编程

在位置控制单元中的数据主要有：轴参数、定位序列、速度、位置、加速时间、减速时间、驻留时间以及区域数据。进行数据传送时，位置控制单元提供了三种实现方式：使用数据传送位从位置控制单元读取数据或将数据写入位置控制单元；使用 IORD 和 IOWR 指令从位置控制单元读取数据或将数据写入位置控制单元；使用 CX-Position 软件上传和下载位置控制单元所需数据。

使用数据传送位从位置控制单元读取数据或将数据写入位置控制单元的方式，称为直接操作。

1. 公共参数来设定

位置控制是通过在操作数据区中每次设定位置、速度、加速/减速时间来完成的，操作数据区是通过公共参数来设定的。

在操作数据区，由 MOVL 结构设置的位置和速度在每一个 I/O 刷新时间被自动输出到位置控制单元（PCU）。

通过分配到操作存储区（在 CIO 区）的绝对移动命令（对于 X 轴：字 n，位 03）或者当相对移动命令（对于 X 轴：字 n，位 04）被开启时来完成起动。

2. 直接操作的过程

以 X 轴为例设定直接操作数据的方法。

（1）设置公共参数。

m：设置操作数据区选择 DM 或者 EM。

m+1：设置操作数据区（I）开始字。

m+2：指定轴参数。

用户定义 DM/EM 区域字。如果 000D（用户定义 DM 区域字）或者 0X0E，操作数据区域标识（字 m）的公共参数中的 X 设置为 0～9、A、B 或者 C（用户定义 EM 区域字）。操作数据区域的开始字 I 由字 m+1 的设置决定，该设置定义了操作数据区域的开始字。如 m+1＝1F40Hex（8000），则 I＝D8000。

操作数据区域分为从 CPU 单元输出到 PCU 中的数据区域以及从 PCU 输入到 CPU 单元的数据区域。操作数据区域的存储器分配见表 6-22。

表 6-22　操作数据区域的存储器分配

I/O	字	名　　称		操　　作
输出（从 CPU 单元到 PCU）	I	数据传送的操作数据	写字数	定义从 CPU 单元写到 PCU 中的字数
	I+1		写源区域	定义了包含从 CPU 单元写到 PCU 中的数据区域
	I+2		写源字	定义了从 CPU 单元写到 PCU 中数据的开始学
	I+3		写目标地址	定义了写入 PCU 中的数据的地址
	I+4		读字数	定义从 PCU 读入 CPU 单元的字数
	I+5		读源区域	定义从 PCU 中读数据的地址
	I+6		读目标区域	定义从 PCU 中读数据时输出数据的区域
	I+7		读目标字	定义从 PCU 中读时用来输出数据的字

（2）重新上电或者重新启动。

（3）设置操作数据区。

• 设置在 I+8 和 I+9 中的位置。

• 设置在 I+10 和 I+11 中的速度。

• 设置在 I+12 和 I+13 中的加速时间。

• 设置在 I+15 和 I+16 中的减速时间。

（4）执行绝对移动或相对移动。

将绝对移动命令位（字 n，位 03）或相对移动命令位（字 n，位 04）由关转为开。

3. 直接操作的数据设置

在位置控制单元（PCU）中，操作存储区、操作数据区和公共参数区的开始字的设置如下。

• 操作存储区的开始字，n＝CIO2000+10×单元号；

• 公共参数区的开始字，m＝D20000+100×单元号；

• 操作数据区的开始字，被指定在 m 和 m+1 中。

设置操作数据区的开始字并指定带有公共参数的已使用的轴参数，见表 6-23。

表 6-23　设置操作数据区的开始字

字	名　　称	位	字	名　　称	位
m	操作数据区指定	00～15	m+2	轴参数指定	00～15
m+1	操作数据区的开始字	00～15			

4. 对直接操作的操作

(1) 直接操作和操作数据区

使用直接操作的定位操作由设置在操作数据区的数据决定。

(2) 对直接操作的多重启动

在直接操作中，通过在操作数据区中设定新的位置、速度、加速度和减速度来实现相对和绝对移动。在这种情况下，当前位置的执行将被取消，并且轴将向新的定义的位置移动。

如果在直接操作期间操作数据区的数据被改变，那么当下一个直接操作被指定时，位置数据将会变为有效，速度数据只要被写入操作数据区就会有效，与其他的任何指令无关。在第一次启动时所指定的值可以用来作为加速/减速数据使用。

(3) 直接操作的时序图

以 X 轴为例，采用绝对移动命令时，移动到在 10000 脉冲点的绝对位置时，改变绝对位置到－10000 脉的时序图如图 6 - 65 所示。

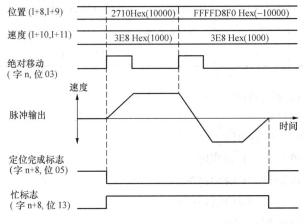

图 6 - 65　采用绝对移动命令时序图

注：（1）如果速度在直接操作中被改变，则步进电动机将会加速或减速到新的速度。

（2）如果一个到当前位置的绝对移动命令或者带有位置数据 0 的相对移动命令被执行（也就是当完成一个移动距离为 0 的线性移动），则在启动中忙标志将断开一个循环周期。

5. 控制程序

使用的位置控制单元为 CJ1W-NC113，单元选择号为♯0，在位置控制单元中默认的设定值用来做轴参数。

(1) 机床进给工作的速度

机床进给工作的速度图如图 6 - 66 所示，速度 v_1 为工作台快进速度、速度 v_2 为工作台工进速度、速度 v_3 为工作台快退速度。速度 v_1 的相关参数：速度 10000p/s，位置 8000 脉冲，加速减速时间 100ms。速度 v_2 的相关参数：速度 1000p/s，位置 2000 脉冲，加速减速时间 100ms。速度 v_3 的相关参数：速度 10000p/s，位置 －10000 脉冲，加速减速时间 100ms。

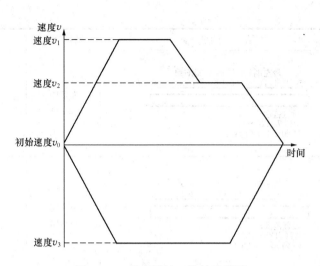

图 6-66 机床进给工作的速度图

加速减速时间设置值和实际的加速减速时间与实际目标速度和轴参数区的最大速度的设置值成比例。更详细的信息参阅 CJ1 系列位置控制单元的使用手册附录 B 估计对于加速/减速的时间和脉冲。公共参数的设定值见表 6-24。速度 v_1 由程序设置的数据结构和操作数据区见表 6-25。其他速度的参数与速度 v_1 的类似，这里就不再详细介绍了。

表 6-24　　　　　　　　　公 共 参 数 的 设 定 值

位置控制单元的单元号	设置到一单元 公共参数区：D20000～D20002 操作存储区：CIO 2000～CIO 2004 以上区域由设置单元号自动装置
操作数据区指定	D20000 | 0 | 0 | 0 | D | D20001 | 0 | 1 | F | 4 | … D00500
轴参数指定	D20002 | 0 | 0 | 0 | 0 | … 使用位置控制单元具有的参数

表 6-25　　　　　　速度 v_1 由程序设置的数据结构和操作数据区

名称	结　　　　构	数据管理	内　　　　容
位置	最左端　　　　最右端 15　I+9　00　15　I+8　00 □□□□ 设置范围： C0000001 到 3FFFFFFF Hex (-1,073,741,82 到 1,073,741,823 脉冲)	00508 00509	2/10Hex (10000) 0000

续表

名称	结 构	数据管理	内 容
速度	最左端　　　　最右端 15　Ⅰ+11　00　15　Ⅰ+10　00 设置范围： 1 到 7A120 Hex （1 到 500,000pps）	00510 00511	3E8Hex（1000）0000
加速时间	最左端　　　　最右端 15　Ⅰ+13　00　15　Ⅰ+12　00 设置范围： 0 到 3D090 Hex （0 到 250,000ms）	00512 00513	0064（100）0000
减速时间	最左端　　　　最右端 15　Ⅰ+15　00　15　Ⅰ+14　00 设置范围： 0 到 3D090 Hex （0 到 250,000ms）	00514 00515	0064（100）0000

（2）控制程序

1）公共参数的设置程序

如图 6 - 67 所示，选择 DM 区为操作数据区，设置操作数据区的起始字 Ⅰ 为 D00500 及轴参数等相关参数。

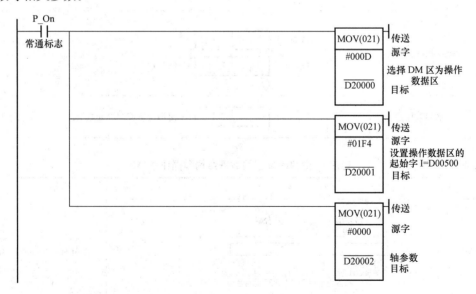

图 6 - 67　公共参数的设置程序

2）位置控制单元的启动位控制程序

图6-68所示为位置控制单元PCU绝对启动位的控制程序。

3）工作台进给速度 v_1 的控制程序

如图6-69所示为工作台进给速度 v_1 的控制程序，其中设置了速度、位置和加减速时间等参数。程序中W03000用作工作台快进的工作位，工作速度为10 000p/s。

图6-68 位置控制单元PCU绝对启动位的控制程序

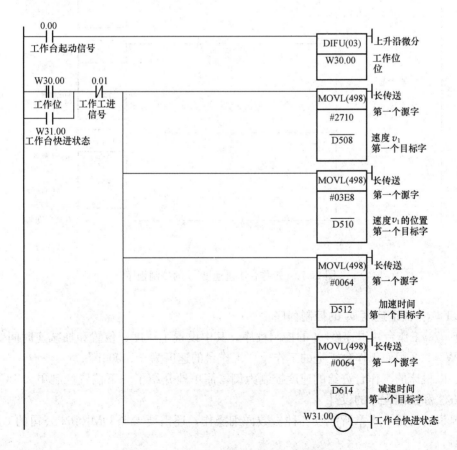

图6-69 工作台进给速度 v_1 的控制程序

4）工作台工进速度 v_2 的控制程序

图 6-70 工作台工进速度 v_2 的控制程序，其中设置了速度、位置和加减速时间等参数。程序中 W03001 用作工作台工进的工作位，工作台的速度为 1000p/s。

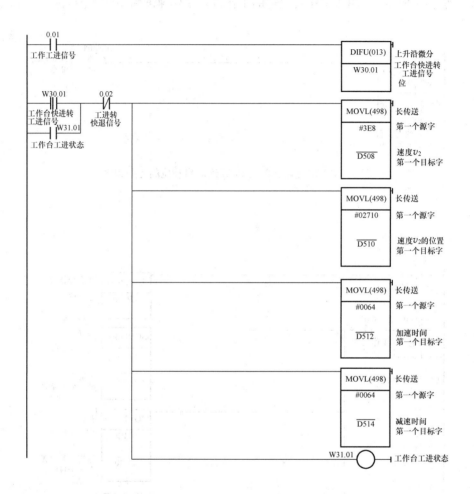

图 6-70 工作台工进速度 v_2 的控制程序

5）工作台快退速度 v_3 的控制程序

图 6-71 工作台快退速度 v_3 的控制程序，其中设置了速度、位置和加减速时间等参数。程序中 W03002 用作工作台工进的工作位，工作台的速度为 $-10000p/s$。

以上以机床的工作台进给的速度控制为例，简单地介绍了一下位置控制单元 PCU 的基本使用方法和控制程序的设计。

需要说明的是，本章所涉及各种参数详细操作，还需要参照 OMRON 公司的 CJ1 系列使用手册。

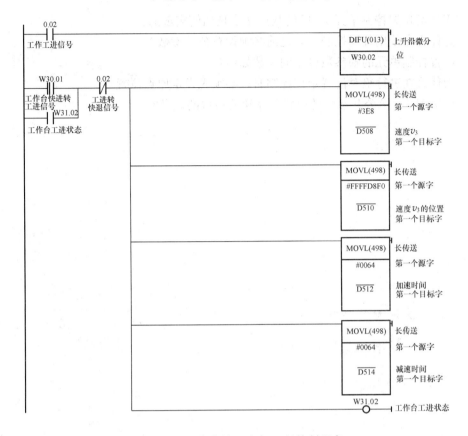

图 6-71 工作台快退速度 v_3 的控制程序

思　考　题

1. CJ1 系列 AD401 单元的性能指标如何？

2. CJ1 系列 AD401 单元如何选择输入新号类型？

3. CJ1W-CT021 单元的计数方向及软件复位如何设定？

4. 简述 CJ 系列 CPU 单元与温度控制单元如何进行操作数据的传送过程。

5. 简述 PID 相关参数的意义。

6. 试分析变频器加减速时间的长短对变频恒压供水系统过程的影响。

7. 试分析变频恒压供水系统 1 号泵与 2 号泵的切换控制过程。

8. 若将 A/D 模块的单元号开关设置为"1"时，相应的程序如何修改？

9. 说明功能指令 SDEC（78）、MXPL（76）的作用。

10. 如何监视高速计数器的当前值？

11. 根据图 6-62 说明自动计算楼层减速位置的工作过程。

12. 试分析位置控制单元的应用范围。

13. 试分析位置控制单元在系统中所起的作用。

14. CPU 分配给位置控制单元的数据区域有几种类型？

15. CPU 与位置控制单元 PCU 的数据交换是如何实现的?

16. 为什么在使用位置控制单元之前必须设置公共参数?

17. 位置控制单元的轴参数设定的参数如何?

18. 为什么在进行绝对位置定位控制时,必须先设定原点位置?

19. 分析图 6 - 67 公共参数的设置程序相关参数的意义?

第7章

PLC网络通信基础及应用

在现代工业自动控制系统中，PLC 作为常用的现场控制设备与上位机通信已经得到广泛应用。PLC 和上位机之间的通信常采用 RS-232C 或者 RS-485 串行方式，这种方法很难满足数据量大、通信距离远、实时性要求高的控制系统。随着互联网技术的不断发展，使得工业以太网能够广泛应用于工业信息控制领域。

计算机网络是计算机技术与通信技术发展的结晶，是通信的媒体，计算机网络是指用户利用通信线路和通信设备将多台计算机连接在一起，相互共享资源。

7.1　通信基础概述

7.1.1　网络的基本概念

网络，简单来说就是用物理线路将各个孤立的工作站或主机连在一起，组成数据链路，从而达到资源共享和通信的目的。通信主机、通信协议、连接主机的物理通信链路是网络必不可少的 3 大组成部分。

目前许多网络，包括互联网使用的都是基于 TCP/IP 的网络结构。

TCP/IP（Transmission Control Protocol/Internet Protocol）叫做传输控制/国际协议，又叫网络通信协议，是 20 世纪 60 年代由麻省理工学院和一些商业组织为美国国防部开发的，它是一种面向可靠连接的网络，即便遭到核攻击而破坏了大部分网络，TCP/IP 仍然能够维持有效的通信；这个协议也是国际互联网的基础。

TCP/IP 是互联网中使用最普遍的通信协议。虽然从名字上看 TCP/IP 包括两个协议，传输控制协议（TCP）和网际协议（IP），但 TCP/IP 实际上是一组协议，它包括上百个各种功能的协议，如：远程登录、文件传输和电子邮件等，而 TCP 和 IP 是保证数据完整传输的两个基本的重要协议。

7.1.2　网络的分类

1. 按照拓扑结构分

根据拓扑结构，网络有总线型、星型、环型、树型等类型；网络的"拓扑结构"是指网络的几何连接形状，画成图就叫网络"拓扑图"。目前应用最多的网络拓扑结构是星型结构，此外还有总线型和环型等网络结构。

（1）总线型网络。将所有站点通过同轴电缆连接，这种结构适用于网络节点不多的局域网，因为如果电缆中的一段出了问题，其他站点也将无法接通，会导致整个网络瘫痪。网络物理线路主要由 BNC 接口网卡、BNC-T 型接头、终结器和同轴细缆等硬件构成。

（2）星型网络。使用双绞线连接，结构上以集线器或交换机为中心，呈放射状态连接各个节点（如计算机等）。由于集线器或交换机上有许多指示灯，遇到事故很容易发现故障的节点。而且一台计算机或线路出现问题不会影响其他计算机。这样，网络系统的可靠性大大增强。另外，如果集线器或交换机留有足够的接口，要增加一个计算机，只需将计算机连接到集线器或交换机上就可以，很方便扩充网络。所以星型结构的网络现在非常流行。

（3）环型结构。各节点通过通信线路组成闭合回路，环路中数据只能单向传输。这种结构的优点是：结构简单，适合使用光纤，传输距离远，传输延时确定。缺点：环网中的每个节点均可成为网络可靠性的瓶颈，任意节点出现故障都会造成网络瘫痪；另外故障诊断也较困难。

（4）树型结构。这是一种层次结构，节点按层次连接，信息交换主要在上、下节点之间进行，相邻节点或同节点之间一般不进行数据交换。

2. 按照地域分

网络大致可分为城域网、广域网、局域网等。

局域网是最常见、应用最广的一种网络。所谓局域网，就是在局部地区范围内的网络，它所覆盖的地区范围较小。局域网在计算机数量配置上没有太多的限制，少的可以只有两台，多的可达几百台。一般来说，在企业局域网中，工作站的数量在几十到两百台之间。网络的地理范围一般来说可以在几米至十千米之间。局域网一般位于一个建筑物或一个单位内，不存在寻径问题，不包括网络层的应用。

这种网络的特点是：连接范围窄、用户数少，但是配置容易、连接速率高。目前局域网最快的速率要算现今的10Gb/s以太网了。

（1）以太网（Ethernet）。以太网最早是由Werox（施乐）公司创建的，1980年由DEC、Intel和Xerox三家公司联合开发为一个标准。以太网是应用最为广泛的局域网，包括标准以太网（10Mb/s）、快速以太网（100Mb/s）、千兆以太网（1000Mb/s）和10Gb/s以太网。

（2）无线局域网（Wireless Local Area Network，WLAN）。无线局域网是目前最新，也是最为热门的一种局域网。无线局域网与传统的局域网主要不同之处就是传输介质不同，传统局域网都是通过有形的传输介质进行连接，如同轴电缆、双绞线和光纤等，而无线局域网则是采用空气作为传输介质。这种局域网的最大特点就是自由，只要在网络的覆盖范围内，可以在任何一个地方与服务器及其他工作站连接，而不需要重新铺设电缆。这一特点非常适合那些移动办公族，在机场、宾馆、酒店等（通常把这些地方称为"热点"），只要无线网络能够覆盖到，它都可以随时随地地连接上网络，甚至Internet。

7.1.3 通信方式

组建网络的一种重要目的就是让网络内的各节点实现数据共享，而通信是实现这一目的的重要手段。网络通信经历了从实验室到民用再到工业现场的发展阶段，技术越来越成熟，应用也越来越广泛。如果把网络节点间数据链路比作高速公路，那么这些高速公路上"汽车"的通行方式是决定网络性能的重要指标。网络中的数据就是高速公路上的汽车。众所周知，多辆汽车同时前进的流量肯定比单辆汽车一次通行的流量大，双向通行也肯定比单向通行流量大。类似地，网络中的数据根据通信方式的不同，可以分为并行通信和串行通信，单工通信、半双工通信和全双工通信。

1. 并行通信与串行通信

在数据通信中，根据每次传送的数据位数，通信方式可分为：并行通信和串行通信。

并行通信一般一次可以同时传送 8 位（或更多）二进制数据。从发送端到接收端一般需要 8 根或 16 根数据线、一根公共线、多根控制线。并行方式主要用于近距离通信，如在计算机内部的数据通信常以并行方式进行。这种方式的优点是传输速度快，处理简单，但是抗干扰能力差。

串行通信一次只传送 1 位二进制数据，从发送端到接收端一般只需要两根传输线。串行方式传输速率低，但适合于远距离传输，在网络中（如公用电话系统）普遍采用串行通信方式。

2. 单工、半双工与全双工通信

按照数据在线路上的传输方向，通信方式可分为：单工通信、半双工通信与全双工通信。

单工通信允许数据在一个方向上传输，又称为单向通信。如无线电广播和电视广播都是单工通信。

半双工通信允许数据在两个方向上传输，但在同一时刻，只允许数据在一个方向上传输，它实际上是一种可切换方式的单工通信。这种方式一般用于计算机网络的非主干线路中。通常所说的 RS-485 接口通信即属于半双工通信。

全双工通信允许数据同时在两个方向上传输，又称为双向同时通信，即通信的方向可以同时发送和接收数据。如现代电话提供了全双工传送。这种通信方式主要用于计算机与计算机之间的通信。通常所说的 RS-422 接口通信和 RS-232C 接口通信就属于全双工通信。

7.1.4 工业网络通信基础

目前，许多企业要求建立一个现场级到企业级的网络结构，通过该网络，现场级的数据可以利用抗干扰性能强的现场总线实现实时的交换、报警、归档、打印等，工作人员可以通过工业以太网对远程控制点的温度、压力、流量等参数实现车间级的远程控制，并能够随时监控现场设备的执行情况，对远程控制点的数据进行归档和保存，随时准备调用。而在企业级层面上，各个部门通过普通的以太网实现信息共享、协调工作；甚至可以将现场的数据通过互联网实现异地传输与监控。

工业以太网和现场总线技术是工业网络中的两大关键技术。这两者的性能好坏直接影响了整个企业网络的稳定性、快速性等指标。

现场总线技术是随着电子技术、仪器仪表、计算机技术和网络技术的发展而于 20 世纪 80 年代中期产生的，现场总线技术以其鲜明的特点和优点很快进入各个领域。国外各大控制设备制造商也相继开发了不同的现场总线，但这些现场总线难以形成统一的标准，这从一定程度上影响了现场总线的推广应用。

如今，PLC 在许多设备的控制系统中已得到广泛应用，现场总线的应用也要借助于 PLC。现场总线中 ControlNet、PROFIBUS 等本身就是由 PLC 的主要供货商支持的，而且这些现场总线技术和产品已集成到 PLC 系统中，成为 PLC 系统中的一部分或者成为 PLC 系统的延伸部分。

工业以太网技术近年来得到了长足的发展，并已成为事实上的工业标准。随着以太网通信速率的不断提高和全双工交换式以太网的诞生，以太网的非确定性问题已经解决，使其不仅在企业级甚至车间、现场级也得到了广泛应用。比如 SIEMENS 的 PROFINET，它符合通用 IEEE802 标准，并且采用的是 RJ45 接口屏蔽双绞线传输，现在已经发展成为现场总线的一种，通过 SIEMENS 的转换设备，可以将原有的现场总线如 PROFINET 无缝连接到 PROFINET 网络中，大大降低企业的网络升级成本，使得工业以太网在工业现场也能得到有效地利用，提高了整个网络的稳定性和快速性。

工业以太网大多采用的是 TCP/IP。因为 TCP/IP 是互联网广泛采用的协议，因此工业以太网可以非常方便地链接到互联网上。如今许多 DCS 和 PLC 生产厂家纷纷在自己的产品上集成符合 TCP/IP 的工业以太网接口或者推出连接工业以太网的专用模块。OMRON 公司推出了具有不同功能的通信模块，同时 PLC 自身也集成标准的 RS-232C 通信接口，通过简单的扩展，就能构成工业以太网络。

目前，OMRON PLC 及其外围扩展设备主要支持 ASI（传感器执行器接口）、MPI、PPI（点对点接口）、自由通信、PROFIBUS 和 PROFINET 等常见的通信协议，许多 PLC 本身就同时支持 MPI、PROFIBUS 和 PROFINET 协议。

7.2　上位机链接通信系统

目前，在欧姆龙 PLC 网络组成中，上位机和 PLC 的通信可以采用 RS-232C/485 串行通信、Controller Link 通信和工业以太网通信三种方式。它们的主要性能参数见表 7-1。

表 7-1　　　　　　　　　　三种通信方式的主要性能参数

	RS-232	Controller Link	Ethernet
传输速率	最高 19.2Kb/s	最高 2Mb/s	10/100Mb/s
传输距离	15m	最大 500m（对应 2Mb/s）	100m/段
最大节点数	32	32	254

采用 RS-232C/485 串行通信的方案，其通信速率仅为 9600b/s，速率较慢，很难适应现代数据量大、通信距离较远、实时性要求较高的控制系统。

基于 FINS 协议的 Controller Link 通信的设计方案，其最高速率可以达到 2Mb/s，整个网络的最大传输距离为 500m，硬件上需要在上位机安装 CLK 支持卡。

工业以太网的传输速率可以达到 10/100Mb/s（取决于实际网络环境）；两个节点之间的传输距离可以达到 100m，对于整个网络的传输距离没有限制；网络内最大节点数可以达到 254 个，可以实现 1（PLC）：N（PLC）、N：N、N：1 等多种网络形式。因此，采用工业以太网方式对提高工厂的自动化信息控制水平具有很大的现实意义。

7.2.1　上位机链接通信

上位机链接系统即 Host Links 系统。它是一种既优化又经济的通信方式，它适合一台上位机与一台或多台 PLC 进行链接。上位机可对 PLC 传送程序，并监控 PLC 的数据区，以及控制 PLC 的工作情况。

Host Links 系统允许一台上位机通过链接命令，向 Host Links 系统的 PLC 发送命令，PLC 处理来自上位机的每条指令，并把结果传回上位机。

1. Host Links 系统特点

（1）通信方式

通信方式既可采用 RS-232C 方式，又可采用 RS-422 方式。RS-232C 方式是基于 1：1 的通信，距离为 15m。RS-422 方式是实现 1：N 的通信，即一台上位机与多台 PLC 进行通信，最多可有 32 台 PLC 连接到上位机，通信距离最大可达 500m。

（2）上位机监控

上位机可对 PLC 的程序进行传送或读取，并可对 PLC 数据区进行读写操作。同时可通过 NT 设备对其运行进行监控。其系统构成如图 7-1 所示。

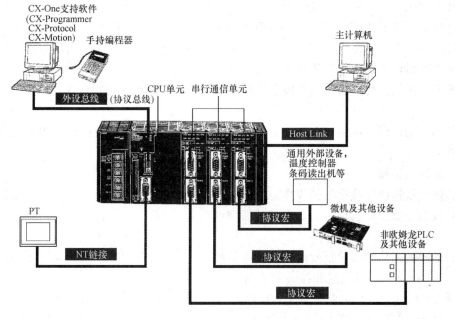

图 7-1　Host Links 系统的组成

（3）双重检查系统

所有通信都将做奇偶检验和帧检验，从而能检测出通信中的错误。

2. 上位机链接通信协议（Host Links 协议）

上位机链接通信是通过在上位机和 PLC 间交换命令和应答实现的。使用的是 OMRON 的 Host Links 协议，在一次交换中传输的命令或应答数据称为一帧，一帧最多可包含 131 个数据字符。上位机链接命令的格式可参考 CS1 系列通信参考手册。基本格式如下：

上位机到 PLC 命令格式：

起始符	节点号	命令码	正文	校验码	终止符

PLC 到上位机响应格式：

| 起始符 | 节点号 | 命令码 | 结束码 | 正文 | 校验码 | 终止符 |

通过使用此命令可在上位机进行编程、组态、监控。

当传送一帧数据时，在终止符的前面安排一个校验码，以检查传送时是否存在数据错误，通常称为 FCS 校验。FCS 是 2 个 ASCII 字符，这 8 位数据是从帧开始到校验码之前的所有数据执行"异或"操作的结果。每次接收到一帧数据时，均计算 FCS，与帧中所包含的 FCS 进行比较，从而检查帧中间的数据错误。

7.2.2 串行通信的数据传输协议

1. 协议宏

串行通信的数据传输协议随产品和设备的不同而不同。协议间的区别会造成不同产品设备间进行通信困难（即使其电气标准相同）。欧姆龙的协议宏通过简单地创建和相应的设定就能与已连接设备的协议匹配，而解决与其他公司产品的通信问题，协议宏将使你可通过 RS-232C、RS-422 或 RS-485 接口与任何设备通信，而无须编写特殊的通信程序。协议宏主要由标准系统协议和用户创建的协议构成。

标准系统协议：与欧姆龙组件传送数据可简易地通过标准系统协议执行，无须开发专用的协议。

用户创建的协议：使用 CX-Protocol 工具，只需要定义参数，就能很简单地实现与非欧姆龙器件的数据传送。

（1）创建通信帧

通信帧可根据已连接设备的规格需求进行简单地创建，来自 CPU 单元中存储器的数据作为通信帧的一部分，实现对 I/O 存储器读取或写入。

（2）创建帧发送/接收程序

所需处理的通信帧（包括发送和接收通信帧），可根据上一步结果来执行下一步，可以通过 CX-Protocol 来跟踪发送和接收的数据。

2. Host Links 其他协议

（1）Host Links（C 模式）

Host Links（C 模式）命令或 Host Links 的 FINS 命令能被发送到上位计算机，以读/写 I/O 存储器、读/控制操作模式，并进行其他的 PLC 操作。在 PLC 梯形图中，通过使用 SEND（090）、RECV（098）和 CMND（490）指令，发送 FINS 命令，由 PLC 发送到上位机，以传送非请求信息，其过程如图 7 - 2 所示。

（2）高速的 1∶N（NT 链接）

通过 RS-232C 或 RS-422A/485 端口，PLC 能连接可编程终端（PT），PLC 中的 I/O 存储器分配给各个 PT，包括状态控制区、状态通知区、存储表等。

（3）客户协议

用于通信端口的 I/O 指令（TXD/TXDU，RXD/RXDU）也能用于简单的数据传送（客户协议）。如从条形码阅读机的输入数据，或到打印机的输出数据。

（4）串行网关功能

当通过网络或者串行通信接收到一个包含 CompoWay/F 的 FINS 命令后，自动地将命令转换成适合报文的协议并使用串行通信进行发送。可以从个人计算机、PT 或者 PLC，通过网络对兼容 CompoWay/F 的器件进行访问，如图 7 - 3 所示。

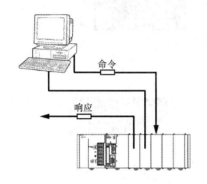
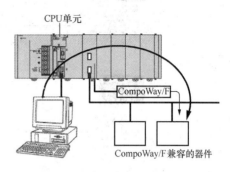

图 7 - 2　Host Links（C 模式）协议示意图　　　　图 7 - 3　串行网关功能示意图

（5）串行 PLC 链接（CJ1M　CPU　单元的内置 RS-232C 口）

通过使用内置的 RS-232C 端口，可以实现最多 9 台 CJ1M PLC 的连接。每台 PLC 可以交换 10 个字。使用 RS-422A 转换器（CJ1W-CIF11）可以方便地将 RS-232C 转换为 RS-422A，如图 7 - 4 所示。

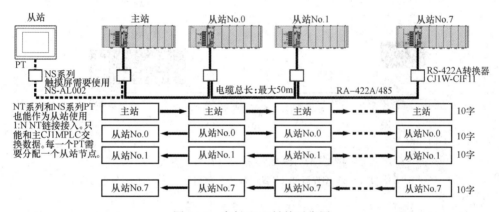

图 7 - 4　串行 PLC 链接示意图

7.2.3　系统配置

1. RS-232C 连接（1：1）

使用 RS-232C 连接，只可实现 1：1 的通信，即一台上位机与一台 PLC 进行通信，如图 7 - 5 所示。最大通信距离不超过 15m。

2. RS-422A 链接（1：N）

一台上位机与多台 PLC 以 RS-422 方式进行链接，最大传输距离 500m。其连接方式如图 7 - 6 所示。

上位机链接参数设置：上位机链接参数可以通过 CX-Programmer 软件或者手持编程器来完成。用 CX-Programmer 软件在工程栏的"设置"选项中进行上位机连接端口、外设端口的设置，设置连接模式为 Host 链接。标准通信参数设置如表 7 - 2 所示。

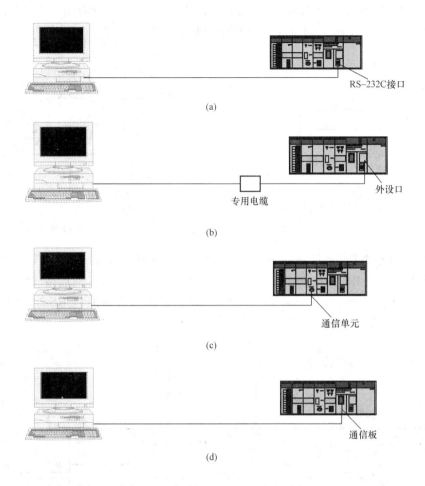

(a)

(b)

(c)

(d)

图 7 - 5 RS-232C 链接（1∶1）方式

（a）RS-232C 口；（b）编程器口（外设口）；（c）使用通信单元；（d）使用通信板

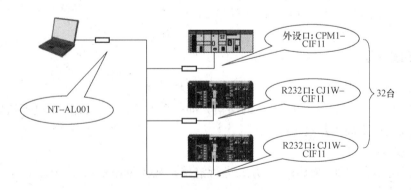

图 7 - 6 RS-422 链接（1∶N）

注：NT-AL001 为 RS-232C 与 RS-422 转换的适配器。

CPM1-CIF11 和 CJ1W-CIF11 为 RS-232C 转 RS-422 口的适配器。

表 7 - 2   标 准 通 信 参 数

项	设 置	项	设 置
起动位	1	奇偶检验	偶
数据长度	7	波特率	9600b/s
停止位	2		

7.3 欧姆龙通信协议及硬件

7.3.1 无协议通信

1. 系统特点

无协议通信是应用于 PLC 与第三方设备进行通信时所用的通信方式，如使用串口将 PLC 的数据输出到打印机。

2. 系统配置

RS-232C 连接的系统配置如图 7 - 7 所示。

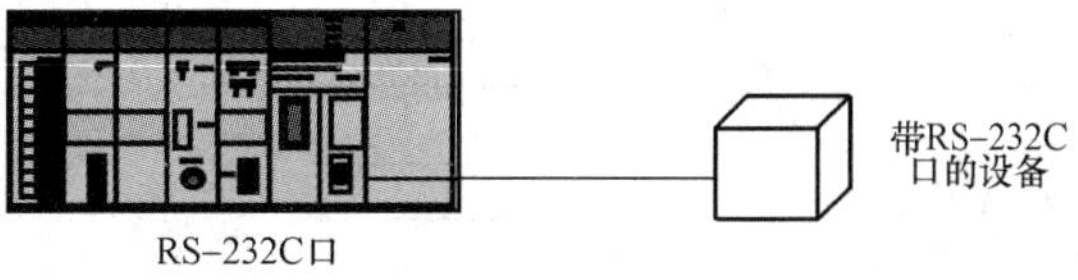

RS–232C口

带RS–232C 口的设备

图 7 - 7   RS-232C 连接的系统配置

3. 参数设定

（1）CJ1 内置 RS-232C 通信方式

设置通信方式为 RS-232C 方式，将 CPU 单元的 DIP 开关的针脚 5 设为 OFF 时，选择 RS-232C 端口，使用手持编程器时将字 160 中的 08～11 位为 3。

（2）缺省端口设置

标准设置或用户设置针对 RS-232C 端口来说，当下述位置 0 时，使用标准缺省设置。

RS-232C 端口：字 160 中 15 位设 0（0：标准；1：用户）。

（3）用户设置

缺省设置或用户设置针对 RS-232C 端口来说，当下述位置 1 时，使用用户设置时，

RS-232C 端口选择：字 160 中的 15 位设 1（0：标准；1：用户）。

RS-232C 端口的用户设置在字 161～166 中定义，通信两侧的通信参数必须保持一致。具体可参考 CJ1 编程手册。

4. 通信步骤

（1）发送（TXD）

1）检查 RS-232C 端口的发送准备标志（CJ1 内置 RS-232C 口是 A39205）是否为 ON。

2）用 TXD 指令发送数据，在 TXD 指令的操作数上可设定发送区的起始字、使用的串口及字节个数。具体可参考编程手册的指令说明。

从开始执行指令到数据传输结束这段时间内，发送准备标志为 OFF，直到数据传输结束时，它才变成 ON。

（2）接收（RXD）

1）检查 RS-232C 端口接收结束标志（CJ1 内置 RS-232C 口是 A39206）是否为 ON。

2）用 RXD 指令接收数据，在 RXD 指令的操作数上可设定接收区的起始字、使用的串口及字节个数。具体可参考编程手册的指令说明。

3）当执行 RXD 指令时，接收到的字节传送到由指令指定的数据区字中（不含起始码和结束码），同时接收完成标志置 OFF。

（3）信息帧格式

数据可以位于开始码和结束码之间，通过 TXD（236）发送，RXD（235）可以接收具有相同格式的帧。当用 TXD（236）传递时，仅传递 I/O 存储器中的数据；当用 RXD（235）接收时，仅接收存储在 I/O 存储器中的数据。无协议模式中，可以传递的字节不超过 256（包括开始和结束码）。其具体过程如图 7-8 所示。

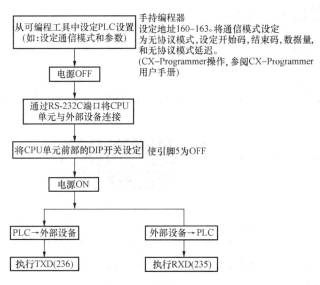

图 7-8　无协议通信过程

7.3.2　NT 链接

1. 系统特点

NT 链接可将 PT（可编程终端/触膜屏）和 PLC 进行连接，1：N 的 NT 链接是通过 RS-232C 或 RS-422/485 口电缆连接的，可实现一台 PLC 链接多台 PT。

2. 系统配置

一对一 NT 链接（RS-232C 方式），如图 7-9 所示。

图 7-9　一对一 NT 链接（RS-232C 方式）

3. 系统设定

（1）CJ1 内置 RS-232C 通信方式

设置通信方式为 1：N NT-Link 方式。

RS-232C 端口：置字 160 中的 08～11 位为 02。

（2）缺省端口设置

缺省设置或用户设置是针对 RS-232C 口和外设端口的，RS-232C 端口：字 160 中 15 位设 0（0：标准；1：用户），使用标准设置。

（3）用户设置

RS-232C 端口：字 160 中的 15 位设 1（0：标准；1：用户）。

RS-232C 端口的用户设置在字 160~166 中定义，PLC 与 NT 的通信参数必须保持一致。

（4）NT 的链接最大值

将字 166 中的 0~3 位设定为 0~7，即可选择 NT 链接数。

以上是通过编程器设置的，也可通过 CX-P 软件直接设定通信参数。具体见 CJ1 操作手册。

7.3.3　协议宏通信

1. 系统特点

协议宏通信的功能是用来控制 PLC 与装有 RS-232C 和 RS-422/485 端口的通用设备进行数据的交换，用户可通过通信协议宏的支持软件对各种通信设备进行通信协议用户化，可以把通信协议宏的通信指令遵照用户要求进行设定。通信协议支持软件"CX-Protocol"，是编写由使用者独立定义发送/接收数据格式的软件，该软件自带七种用于欧姆龙外围设备通信的标准通信序列，有了这些通信序列，同外围设备的数据交换只需编写简单的梯形图程序就可以实现。

2. 系统配置

协议宏通信系统配置如图 7-10 所示。

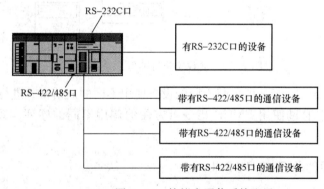

图 7-10　协议宏通信系统配置

3. 系统设定

（1）通信方式（以通信板为例）

设置通信方式为协议宏。

通信板 Port1 口：置 D32000 的位 08~11 为 6。

通信板 Port2 口：置 D32010 的位 08~11 为 6。

（2）缺省端口设置

缺省或用户设置针对通信板 Port1 口和 Port2 口来说，当下述位置 0 时，使用缺省设置，用户设置定义同 RS-232C 口。

通信板 Port1 口：置 D32000 的位 15 为 0。

通信板 Port2 口：置 D32010 的位 15 为 0。

（3）用户端口设置

通信板 Port1 口：置 D32000 的位 15 为 1。

通信板 Port2 口：置 D32010 的位 15 为 1。

Port1 口的用户设置在 D32000～D32009 中定义，Port2 口的用户设置在 D32010～D32019 中定义。

通信两侧的通信参数必须保持一致。具体见 CJ1 通信板（单元）手册。

4. 通信过程

协议宏通信执行步骤如下。

（1）通过软件设定用户通信协议，协议宏执行过程如图 7 - 11 所示。图中的每一步均可以是一次发送和接收过程，在每一步中可定义是发送步、接收步或发送和接收步，发送和接收的数据可完全由用户定义。

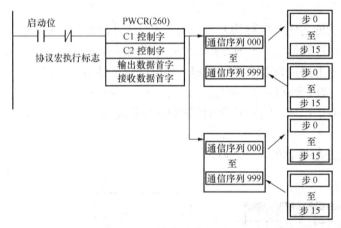

图 7 - 11 协议宏执行过程

（2）每一个序列可执行 16 步，即可与不同的设备使用不同的通信格式进行通信。

（3）在梯形图程序中通过使用 PMCR 指令可方便的调用不同的序列实现不同的通信任务。

7.3.4 串行通信硬件单元 CJ1W-SCU

欧姆龙 CJ1 系列 PLC 的串行通信单元 CJ1W-SCU 支持协议宏、Host Link 通信、1：N NT 连接、串行网关和无协议模式，可以在 CPU 机架或扩展机架上安装多达 16 个单元（包括所有其他 CPU 总线单元)，很适合需要多串行端口的系统。其结构如图 7 - 12 所示。

使用内插板或 CPU 总线单元，一次增加两个串行端口（RS-232C 或 RS-422A/485)。可以为每个端口单独规定协议宏、Host Link 通信、1：N NT 链接、串行网关或无协议模式。串行通信单元 CJ1W-SCU 能方便地为用户的控制系统提供合适的串行端口数。

RS-422A 可实现远距离（500m）数据传送，若需要通信的设备只有 RS-232C 接口，可通过 RS-232C/RS-422A 适配器（NT-AL001）来实现远距离数据传送。适配器单元 NT-AL001 使用方便，无需电源。若 5V 端子（最大 150mA）与 RS-232C 设备已连接，则无需独立的电源来驱动适配器单元。使用可卸端子块，无须 D 型连接器即可接线（RS-232C 接口为 9 针脚 D-sub），适配器单元 NT-AL001 结构如图 7-13 所示。

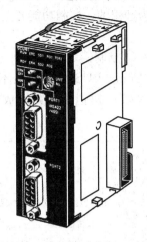

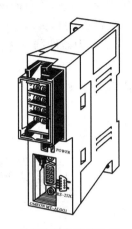

图 7-12　CJ1W-SCU41-V1 结构　　　　　图 7-13　适配器单元 NT-AL001 结构

　　适配器单元 NT-AL001 用于将有 RS-232C 端口的 PT 或其他设备连接至带有 RS-422A 端口的设备。适配器单元 NT-AL001 的 RS-232C 端口和 RS-422A 的引脚功能如图 7-14 所示。

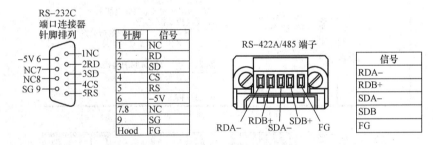

图 7-14　适配器单元 NT-AL001 通信端口的引脚功能

7.4　网络通信

7.4.1　欧姆龙网络概述

PLC 与 PLC、PLC 与计算机之间或 PLC 与其他控制装置链接或连网，可提高 PLC 的控制能力及控制范围，同时还便于使用计算机进行管理和对控制数据进行处理。

　　OMRON 的网络主要可分为三层：Ethernet（以太）网、Controller Link（控制器）网、CompoBUS/D/S（元器件）网。

　　Ethernet（以太）网属于信息网，是 OMRON 的信息管理的高层网络，它的信息处理功能非常强。以太网支持 FINS 协议，使用 FINS 命令可进行 FINS 通信、TCP/IP 和 UDP/IP 的 Socket（接驳）服务、FTP 服务。

　　Controller Link 网也称控制器网，在 PLC 和 PLC 间、PLC 和计算机之间可进行大容量的数据传递，数据共享。它通信速率快，距离长，既有线缆系统又有光缆系统。

　　CompoBUS/D 是一种开放的、多主控的器件网。开放性是它的特色，它采用的是 DeviceNet 通信规约，其他厂家的控制设备只要符合 DeviceNet 标准，就可以接入其中，远程终端有开关量和模拟量，还能进行高速计数。这是一种较为理想的、控制功能齐全的、配置灵活、实现方便的分散控制系统。

CompoBUS/S 也为器件网，主要用于高速的远程 I/O 控制，可实现一种高速的 ON/OFF 控制总线，使用 CompoBUS/S 的专用通信协议，CompoBUS/S 功能虽不及 Compo-BUS/D，但实现简单，通信速率快，当降低速率后也可链接模拟量，其组成如图 7 - 15 所示。

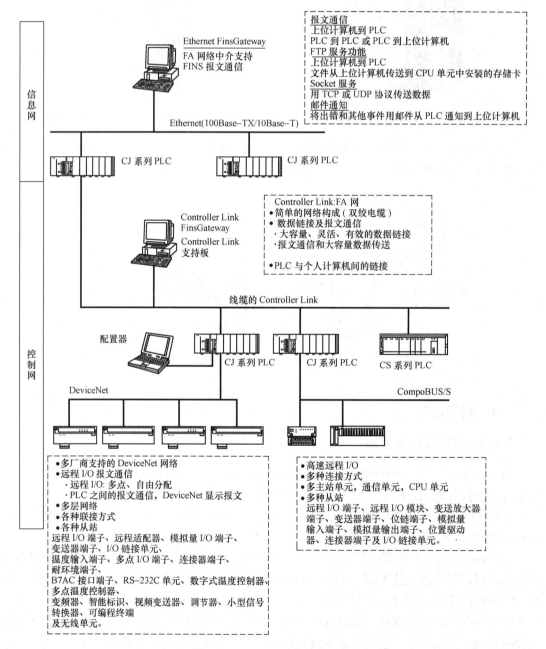

图 7 - 15 OMRON 的网络组成

7.4.2 Ethernet 以太网

1. 网络概述

Ethernet 以太网，是 FA（工厂自动化）领域用于在信息管理层上的网络，它的通信速率高，可达到 100Mb/s，欧姆龙 PLC 可支持 10M 的以太网。以太网模块使 PLC 可以作为工厂局域网的一个节点，在网络上的任何一台计算机都可以实现对它的控制。

在欧姆龙 PLC 中，一般中型机以上的 PLC 才能上以太网。可上以太网的 PLC 有四种机型：CS1 系列、CJ1/CJ1M 系列、CV 系列和 C200Hα 系列。在 CS1 系列、CJ1/CJM 系列和 CV 系列上分别可直接装 Ethernet 单元 CS1W-ETN01/11、CJ1W-ETN11 或 CV500-ETN01。而在 C200Hα 上除了必须安装 PC 卡单元（C200HW-PCS01），并在 PC 卡上插市售的以太网卡之外，C200Hα 的 CPU 单元上还必须配通信板 C200HW-COM01/04，并用总线单元把 PC 卡单元与通信板连接起来，以太网介质访问控制采用 CSMA/CD（冲突检测的载波侦听多路访问）。

工业以太网作为工业现场信息采集的重要网络，具有速率高、通信距离远、抗干扰性好等特点，已经得到广泛应用。欧姆龙 PLC 与上位机以太网通信的方法有三种，这三种方法从本质上来说其实是一样的，但具体使用和实现过程有所不同。

第一种方法不需要另外购置欧姆龙相关软件，但需要对 FINS 通信底层协议以及 FINS 帧结构及其封装过程有比较全面的了解，程序编写较为复杂，适用于有一定开发经验的高级用户。

第二种方法需要掌握 FINS 帧结构以及 FinsGateway 的相关配置，但是对发送指令和接收数据的程序编写较为简单，适用于中级用户。

在第三种方法中，使用了 SYSMAC Compolet 中简单易懂的编程语言，可完成上位机的程序开发，整个程序编写过程简单明了，可以大幅缩减通信程序的开发时间，适用于那些开发经验较少的初级用户。

这三种方法都可利用工业以太网实现欧姆龙 PLC 与上位机的通信，具有实时性好、速度快、可靠性高、运行稳定等优点。在 PLC 控制系统中采用以太网单元通信后，使工业自动化与生产管理自动化有机地结合到了一起，简化了系统设计。

2. 系统构成

以太网的拓扑结构是一个总线型的结构，如图 7-16 所示。

3. 软件结构

以太网单元支持的软件可以在图 7-17 所示的各个层上运行。

组成不同层的组件定义如下：

IP（Internet Protocol）：网际协议，通过 IP 地址传送数据包到目标节点；

ICMP（Internet Control Message Protocol）：网间控制报文协议；

ARP（Address Resolution Protocol）：地址解析协议；

UDP（User Datagram Protocol）：用户数据报协议；

TCP（Transmission Control Protocol）：传输控制协议；

FINS（Factory Interface Network Service）：工厂接口网络服务，由 OMRON 公司自行开发的工厂自动化网络，专门用于 OMRON 工厂自动化网络上的 PLC 间的通信协议；

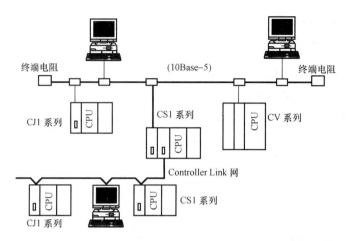

图 7 - 16 以太网的拓扑结构

注：1. 传送距离（终端电阻间）：500m/段；

　　2. 当使用中继器连接段时：2.5km/网络；

　　3. 节点间隔（收发器间的距离）：2.5m 的整数倍；

　　4. 收发器电缆长度：最大 50m；

　　5. 10Base-5 使用的是同轴电缆。

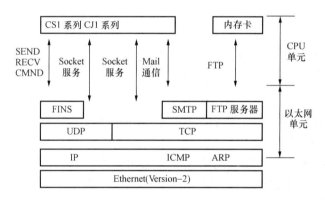

图 7 - 17 以太网单元支持的软件运行结构

FTP（File Transfer Protocol）：文件传输协议；

SMTP（Simple Mail Transfer Protocol）：简单邮件传输协议。

4. 以太网的通信功能

（1）FINS 通信

FINS 通信服务是欧姆龙公司为自己的 FA（工厂自动化）网络开发的。FINS 通信使用一组专门的地址，它不依赖于以太网（或 Controller Link、DeviceNet）使用的通信地址，在以太网上通过执行 SEND、RECV、CMND 指令，可完成 PLC 之间或计算机与 PLC 之间的数据的发送和接收，可实现在 PLC 之间的读写 I/O 存储器区、改变操作模式，不管节点在同一个以太网内还是在另一个 FA 网络中，如 SYSMAC LINK 或 Controller Link 网。

对于 CJ1 系列的 PLC 来说，FINS 指令是通过 CMND 指令发送的，发送和接收 FINS 指令的数据格式描述如图 7 - 18 所示。除非特别规定，所有的数据都是以十六进制发送的。

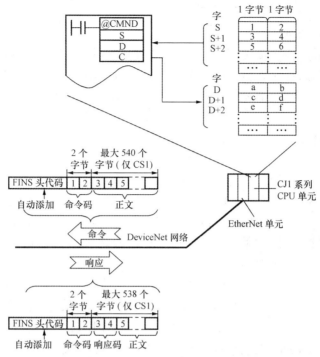

图 7-18 FINS 指令的执行过程

命令码：命令码占两个字节，不同的命令码代表要完成不同的功能。

响应码：响应码占两个字节，代表通信完成的情况。

FINS 命令可完成对节点的数据区读取和写入、改变 PLC 的操作模式、读取 PLC 的状态等功能。

（2）以太网 FINS 通信

在以太网 FINS 通信中，各种数据信息是以 UDP/IP 包或者 TCP/IP 包的方式在以太网上发送和接收的。其中，在 Internet 层远程设备使用的是 IP 地址，而在应用层使用的则是 FINS 节点地址。传输层中定义了本地 UDP 或 TCP 端口号，它为应用层（即 FINS 通信）提供通信端口，其默认设置为 9600。用户可以根据实际情况自行修改，但是在同一网络中，各设备的通信端口号必须保持一致。FINS 以太网通信协议模型如图 7-19 所示。

通常以太网通信使用的是 IP 地址，而在 FINS 通信中则是使用网络号、节点号以及单元号来对不同设备（包括 PLC、PC 等现场设备）进行地址定义的。这就为不同网络之间各种设备的通信提供了统一的寻址方式。在以太网 FINS 通信中，欧姆龙的以太网单元的一项重要功能就是能在 IP 地址和 FINS 节点地址之间进行转换，其转换方式有自动转换、IP 地址表和复合地址表三种方式，其地址转换数量依据模块型号和转换方式的不同还有相应的限制。以太网 FINS 通信服务是一种基于 UDP/IP 的通信方式，称为 FINS/UDP 方式，欧姆龙相关的以太网产品都支持这种方式。此外，CS1W-ETN21 和 CJ1W-ETN21 以太网通信模块还支

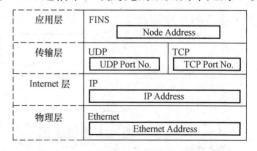

图 7-19 FINS 以太网通信协议模型

持 TCP/IP 协议，称为 FINS/TCP 方式。

（3）FINS/UDP 方式

FINS/UDP 方式是一种使用 UDP/IP 协议的 FINS 通信方式。UDP/IP 是一种无连接的通信协议。当一条信息从一个节点发到另一个节点时，这两个节点是没有明确连接的对等关系的。UDP 协议具有较快的传输速度，但是数据通信的可靠性没有 TCP 协议高。

5. 以太网单元（100Base-TX）CJ1W-ETN21

（1）CJ1W-ETN21 100Base-T 以太网单元的结构

图 7 - 20 为 CJ1W-ETN21 100Base-T 以太网单元结构外形图。通过卡槽可与 CPU 单元直接连接。

（2）CJ1W-ETN21 100Base-T 以太网单元的功能

提供与以前的 CJ1W-ETN11 以太网单元相同的功能和应用，同时使用 100Base-TX 作为传输媒介，通过 Internet 能远程登录 PLC。

通过以太网即可远程登录 PLC，提升的 FINS 信息通信符合 TCP/IP 协议；节点数增加（以前最多 126 个节点，增加到最多 254 个节点）；而且当上位机的 IP 地址改变后，仍可能通信；在个人计算机中实现多 FINS 应用连接；FINS 信息通信响应比以前的型号快四倍。

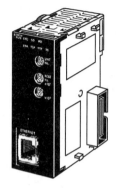

图 7 - 20 CJ1W-ETN21
100Base-T 以太网单元

7.4.3 Controller Link 通信系统

Controller Link 网络即控制器网络，是 FA（工厂自动化）领域用于在 PLC 之间、计算机和 PLC 之间进行大容量数据交换的网络，它可用于在 CQM1H、C200Hα、CJ1、CS1 系列和 CV 系列的 PLC 间简单灵活地进行数据传递。而计算机可作为一个节点对 PLC 进行监控，编程运行组态软件。

Controller Link 支持数据连接、数据共享和信息通信（在需要时进行数据发送和接收）。数据链接区域可自由设定构成一个数据链接系统。

Controller Link 网络的连接可以是总线结构和环形结构。它的介质访问方式可以是令牌总线方式或令牌环方式。

1. 系统构成

（1）Controller Link 控制网

Controller Link 控制网络很容易实现连接工厂现场的 PLC，采用双绞线电缆构成网络放大器单元，通过使用 T 型分支接线、扩展或在网络中使用部分光纤 T 型分支接线，从而减少了布线的工作量，并实现了放大器单元相关设备的模块化。其构成如图 7 - 21 所示。

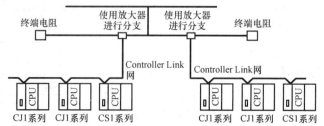

图 7 - 21 Controller Link 控制网

（2）FINS 报文通信协议

FINS（Factory Interface Network Service）通信协议是欧姆龙公司开发的用于工业自动化控制网络的指令/响应系统。使用 FINS 指令可实现各种网络间的无缝通信，包括用于信息网络的 Ethernet（以太网）和用于控制网络的 Controller Link 和 SYSMAC LINK。通过编程发送 FINS 指令，上位机或 PLC 就能够读写另一个 PLC 数据区的内容，甚至控制其运行状态，从而简化了用户程序。FINS 协议支持工业以太网，这就为欧姆龙 PLC 与上位机以太网通信的实现提供了可能。

（3）远程编程及监控

可用 CX-Programmer 对经 RS-232C 连接的 Controller Link 网上的 PLC 编程及监控。

（4）数据链接

在 PLC 之间或 PLC 与上位计算机之间灵活地构建高效、大容量的数据链接，不需要直接编制 FINS 指令就可用 Controller Link，FinsGateway 处理与应用数据链接。

2. DeviceNet 元件网

建立一个多厂商支持网，用于需要同时处理控制信号和数据的底层 PLC 的多位通信。远程 I/O 通信（包括大容量的远程 I/O）可以按应用需要随意分配。DeviceNet 元件网如图 7 - 22 所示。

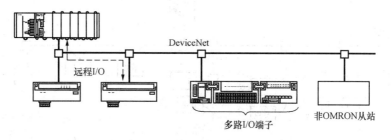

图 7 - 22 DeviceNet 元件网

注：可选择更广泛的从站（可以连接数据密集设备），连接接点 I/O、模拟量 I/O、温度输入、传感器（光电的或接近开关）输入或小型 PLC（如 CQM1）。

3. Controller Link 网络连接方式

（1）采用线缆连接方式，最大传送距离：2Mb/s 时，为 500m；500Kb/s 时，为 1km。最大节点数：32 个。

（2）光缆连接方式，最大传送距离：20km（节点间最大 1km）。

最大节点数：32 个（速率固定为 2M）。

（3）Controller Link 网络令牌总线模式如图 7 - 23 所示。最大传送距离：20km（节点间最大 1km），最大节点数：32 个（速率固定为 2M）。

注：CLK11/12 光缆是 H-PCF 的光缆，可用上述方式分别进行连接。若是 CLK52 的光缆模块则用的是 GI 型的光缆，上述两种连接方式均适用。

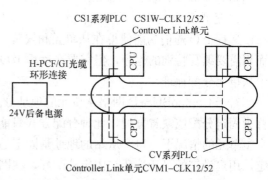

图 7 - 23 Controller Link 网络令牌总线模式

7.4.4 CompoBUS/D 通信系统

1. 系统构成

CompoBUS/D 是欧姆龙公司的一种开放的和多主控的设备网。开放性是它的特色，它采用了 DeviceNet 的通信规约，其他厂家的设备，只要是符合 DeviceNet 的标准，就可以接入其中。CompoBUS/D 主要功能有远程开关量和模拟量的控制及信息通信，是一种较为理想的、控制功能齐全、配置灵活、实现方便的分散控制网络。

（1）CompoBUS/D 支持两种类型的通信

1）远程 I/O 通信：无需编写特殊的程序，远程 I/O 通信主单元模块的 CPU 可以直接读写从单元的 I/O 点的数据，实现远程控制。

2）信息通信：安装主单元的 PLC 在 CPU 单元里执行特殊指令 SEND、RECV、CMND 和 IOWR，可以向其他主单元、从单元、甚至其他公司的设备读写信息，控制它们的运行。

（2）CompoBUS/D 网络的配置图

CompoBUS/D 网络的配置如图 7 - 24 所示。

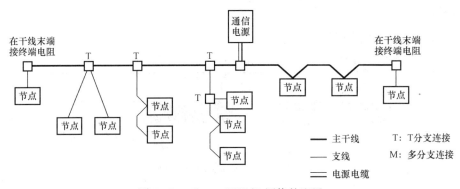

图 7 - 24 CompoBUS/D 网络的配置

最大网络长度为 500m，网络长度是两个终端电阻间的距离或两个最远节点间的距离。

连接的介质有两种：粗缆和细缆。粗缆硬、难弯曲，但信号损耗小，且能用于相对较长距离的通信。细缆软、易弯曲，但信号损耗大，不适于长距离通信。使用粗缆最长通信距离可达到 500m，细缆只有 100m。

2. 远程 I/O 通信

远程 I/O 通信功能使得在从单元和安装主单元的 PLC CPU 之间能自动传送 I/O 数据，而不需要编写特别的程序，但需要在远程 I/O 通信主单元模块 CPU 的 I/O 存储区域中为每个从单元分配地址。

对于 CompoBUS/D 网络从单元的地址分配，有两种分配方式。不使用配置器时的分配称为固定分配或缺省分配，此种分配方式只能用在一个 CompoBUS/D 网络上，且只存在一个主单元的情况下，每个从站的地址是固定的。而使用配置器进行的地址分配则称为用户设定，用户设定的灵活性要较固定分配好，在网络中可以有多个主单元，对于每个主单元可分别设定从单元的归属情况，即每个从单元均可灵活的设定隶属于哪个主单元占哪几个通道，此种分配方式就非常灵活，将它称为用户设定。

用户设定的前提是使用配置器，通过使用配置器能将节点地址按任意顺序在输入和输出区域分配，但每个节点至少分配一个字，如果一个单元的需要少于一个字，那它就占用分配给它的字的最右边的位。每个模块均可由用户设定占用的通道数。

对于 CJ1 系列 PLC，通过使用配置器，CJ1 可设定 4 个区域，作为 CompoBUS/D 网络的数据区，其中 2 块作为输入区域，2 块作为输出区域。可被用于分配的区域有：CIO：0000～6143；WR：W000～W511；HR：HR000～HR511；DM：D00000～D32767；EM：E00000～E32767。

每个区域分配的最大字数，不超过 500 个字。

3. 信息通信

信息通信使信息能在需要时，在 CompoBUS/D 网络的两个节点之间进行传送，即在OMRON 主单元之间、OMRON 主单元和其他公司主单元之间，以及从单元和主单元之间进行传送。信息通信能实现数据的发送和接收，读取错误日志及其他一些数据，还能进行控制操作，如强制置位和复位操作。

信息通信有两种通信方式：FINS 信息和 Explicit 信息。这两种通信形式的特点见表 7 - 3。

表 7 - 3   **FINS 信息和 Explicit 信息通信形式的特点**

项目	FINS 信息	Explicit 信息
概述	OMRON 产品使用 FINS 命令实现通信	使用 DeviceNet 协议完成基本的信息通信
远程设备	OMRON PLC 的 DeviceNet 主站单元	别的厂家的主站或从站，OMRON PLC 的主站单元
特点	相对于 Explicit 信息就 OMRON PLC 而言功能更强，服务功能更好	能与别的厂商的 DeviceNet 设备进行信息通信

7.4.5 CompoBUS/S 通信系统

1. CompoBUS/S 通信网络概述

CompoBUS/S 通信系统是一种主从式总线结构的控制网络。它的响应速度高，实时性强，实现简便，可对远程的 I/O 实现分散控制。该系统由一台 PLC（CS1、CJ1、CQM1H、C200Hα）带 CompoBUS/S 主站模块或一台 SRM1 主控单元作为主站，一个主单元最多可带 32 个远程从站单元，控制 256 个输入输出点。当最大接 16 台从单元，128 点输入和 128点输出点时，可达到周期为 0.5ms 的高速通信。干线的通信距离最远可达 500m。

CompoBUS/S 通信系统有以下特点：

1）主干线远距离通信：新增了远距离通信模式（除了高速通信模式之外），允许主主干线的通信距离达到 500m（在高速模式时干线距离只可到 100m）。

2）丰富的主站从站单元：提供了 C200HW-SRM21-V1、CQM1-SRM21-V1、CJ1W-SRM21、SRM1-C02-V2 主站单元和 SRT2 系列的从站单元，支持高速通信和远距离通信。

3）高速通信：在高速通信方式下，最大接 16 个单元，128 点控制时，可实现周期为0.5ms 的快速通信。

4）配线简单：主单元和从单元间，从单元和从单元间可用一 4 线制电缆连接，其中 2根信号线，2 根电源线，从而大幅减少了配线。

2. 系统构成

（1）CompoBUS/S 网络的配置

CompoBUS/S 网络的配置组成如图 7 - 25 所示。

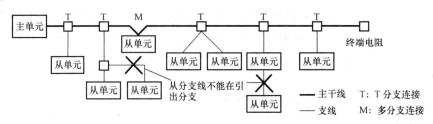

图 7 - 25　CompoBUS/S 网络的配置组成

（2）CompoBUS/S 高速 ON/OFF 总线

在 PLC 之下组建一个高速远程 I/O 系统，电缆采用特殊电缆（专用的扁平电缆或 VCTF 电缆），以减少机器内传感器和执行器的接线，使用开关对高速通信模式和长距离通信模式进行切换，因此，高速远程 I/O 系统中的总线称为高速 ON/OFF 总线。

高速远程 I/O 系统适应各种应用的从站，提供接点 I/O、接点 I/O 模件、光电/接近开关输入从站以及模拟量输入和模拟量输出从站。

1）高速模式：750Kb/s 时，100m 通信距离（用 2 芯 VCTF 电缆）；

2）长距离模式：93.75Kb/s 时，500m 通信距离（用 2 芯 VCTF 电缆）。

在高速通信模式中，1ms 或更短时间的高速远程通信可连接多达 32 个从站（最多 128 点输入和 128 点输出），而周期仅为 1ms 或更少（0.5ms 带 16 个从站，64 点输入和 64 点输出）。

在长距离通信模式中不限制分支用专用的扁平电缆或 4 芯 VCTF 电缆，可以按任意要求的结构分支，总长不超过 200m。

3. CompoBUS/S 主单元规格

CompoBUS/S 单元 CJ1W-SRM21 适用于分散控制和减少接线的高速 ON/OFF 总线。

（1）每个主站可带 256 个 I/O 点（最多）；

（2）每个主站可带 32 个从站（最多）；

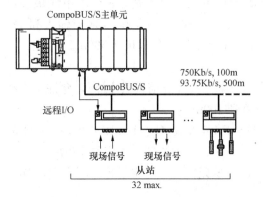

图 7 - 26　采用 CompoBUS/S 单元 CJ1W-SRM21 构成的系统

（3）通信循环时间：0.5ms（最高速度）（750Kb/s 时）；

（4）通信距离：可达 500m（93.75Kb/s 时）；

（5）模拟量 I/O 端子；

（6）任何分支之间是自由接线，长度可达 200m（长距离通信模式时）。

CompoBUS/S 高速总线不需要在 CPU 单元中专门编程，就能自动、高速地将远程 I/O 和 CPU 单元接通。采用 CompoBUS/S 单元 CJ1W-SRM21 构成的系统如图 7 - 26 所示。CompoBUS/S 的通信规格见表 7 - 4。

表 7 - 4   CompoBUS/S 的通信规格

通信方式	专用 CompoBUS/S 协议	
编码	Manchester	
连接	多点引出，T 分支（见注 1）	
波特率	高速模式：750Kb/s 远距模式：93.75Kb/s（见注 2）	
通信周期	调整模式	0.5ms（带 8 点输入及 8 点输出从站）
		0.8ms（带 16 点输入及 16 点输出从站）
	远距模式	4.0ms（带 8 点输入及 8 点输出从站）
		6.0ms（带 16 点输入及 16 点输出从站）
介质	2 芯电缆（VCTF0.75×2），4 芯电缆（VCTF0.75×4），或专用扁平电缆	

最大通信距离

用 2 芯 VCTF 电缆

模式	主线	支线	支线总数
高速	100m	3m	50m
远距	500m	6m	120m

用 2 芯 VCTF 或专用扁平电缆

模式	主线	支线	支线总数
高速	30m	3m	30m
远距	最多 200m		

最大节点数	32
差错控制检查	Manchester 码，结构长度，均等检查

注　1. 需要外部终端电阻。

2. 通过 DIP 开关进行设置（通过 DM 区域进行设置，缺省：750Kb/s）。

3. 对等于或少于 16 个从站的：主线：100m，总支线：50m。

4. 不限制分支方式和单根线的长度，连接终端电阻到离主机最远的从站上。

CompoBUS/S 单元 CJ1W-SRM21 的主站规格见表 7 - 5。CompoBUS/S 主站单元性能规格见表 7 - 6。

表 7 - 5   CJ1W-SRM21 的主站规格

I/O 点	256（128 输入和 128 输出）或 128（64 输入和 64 输出）（用开关选择）
分配字	对 256 I/O：20 字（8 输入，8 输出，4 点状态） 对 128 I/O：10 字（4 输入，4 输出，2 点状态）
可安装的主站数	40
节点地址	每节点 8 地址
可连接的从站数	32
状态信息	通信出错标志，投入标志

表 7 - 6　　　　　　　　　　　　　**CompoBUS/S 主站单元性能规格**

名称	分类	通信功能	规格	单元数	型号
CompoBUS/S 主站单元	特殊 I/O 单元	远程 I/O 通信	可安装单元：40	0～94（当每个主站分配 2 个单元号时间） 0～95（当每个主站分配 1 个单元号时间）	CJ1W-SRM21

7.5 欧姆龙 PLC 串行链接工业网络应用实例

7.5.1 串行 PLC 链接通信原理

1. PLC 网络通信系统的组成

PLC 作为上位机的网络通信系统组成，如图 7 - 27 所示。轮询单元作为上位机（主站），被轮询单元作为从站。采用 RS-485/422 串行通信方式。

多台 PLC 通过 RS-232C 端口连接构成网络链接，它们共享数据区域，其中一台 PLC 作为上位机主站（轮询单元），其他为从站（被轮询单元），作为下位机的 PLC 其接点号是唯一的，由于链接在一起的 PLC 的数据区是公用的，所以，一个 PLC 的数据区域中的一个字的内容写入数据，该数据将自动传送到另一个 PLC 的数据区域中的相同字中，使多台 PLC 内部数据共享。

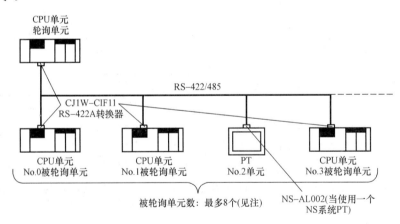

图 7 - 27　PLC 作为上位机的网络通信系统组成

注：当一个设定于串行 PLC 链接通信的 PT 是在相同的网络时，最多 8 个单元（包括 PT 和被轮询单元）可以与轮询单元连接。

CJ1M CPU 单元支持串行 PLC 链接。通过内置 RS-232C 串口，允许数据在 CJ1M CPU 单元之间交换。串行链接字（CIO3100～CIO3199）位于 PLC 的内存中。RS-232C 连接可用在 CPU 单元之间，若传输距离较远可通过 RS-422A/485 连接，实现数据的远程传输。应用 CJ1WCIF11 RS-422A 转换器，可实现 RS-232C 和 RS-422A/485 之间的转换。串行 PLC 链接项目说明见表 7 - 7。

表 7-7　　　　　　　　　　　　　　串行 PLC 链接项目说明

项　　目	说　　明
连接方法	通过 CPU 单元的 RS-232C 端口，RS-232C 或 RS-422A/485 连接
已分配数据区域	串行 PLC 链接字： CIO 3100～CIO 3199（每个 CPU 单元可分配字不超过 10 个）
单元数	最多 9 个单元，包括一个轮询单元和八个被轮询单元［PT 可放置在一个 NT 连接（1∶N）的相同网络中，但它必须作为八个被轮询单元中的一个］

设定为 NT 链接（1∶N）通信的 PT（可编程终端），也可以用于串行 PLC 链接通信网络。被轮询的 PT 使用网络与轮询 CPU 单元在一个 NT 链接（1∶N）中通信。当一个设定于串行 PLC 链接通信的 PT 在相同的网络时，最多 8 个单元（包括 PT 和被轮询单元）与主站（轮询单元）连接。

2. 数据刷新的方法

（1）完整链接方法

完整链接方法是串行 PLC 链接中所有节点的数据同时是轮询单元和被轮询单元的映射。在串行 PLC 链接通信网络中的 PT 在相同的网络时，分配给已连接的 PT 的单元号的地址和被轮询单元的地址在网络中是不存在的。这些数据在所有节点上是未定义的。

例如，在图 7-28 中，给出了最高单元数为 3 的完整链接方法的例子。被轮询单元 No.2 是在网络中的 PT 或一个不存在单元，因此分配给被轮询单元 No.2 的区域在所有节点上是未定义的。

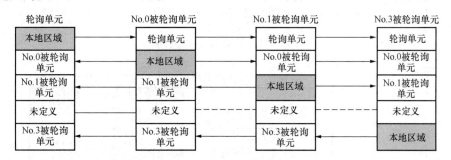

图 7-28　完整链接单元链接方式

在完整链接方法中，链接单元链接对应字的关系如图 7-29 所示。

（2）轮询单元链接方法

轮询单元链接方法是串行 PLC 链接中所有被轮询单元的数据都映射到轮询单元，并且每一个被轮询单元都仅映射轮询单元的数据。轮询单元链接方法的优势在于：分配给本地被轮询单元数据的地址与每个被轮询单元的地址相同，允许通过普通梯形图编程存取数据。在网络中不存在的分配给 PT 单元的数或被轮询单元的区域仅在轮询单元中未被定义。

例如，在图 7-30 中，给出了最高单元数据为 3 的轮询单元链接方法的例子。被轮询单元 No.2 是在网络中的 PT 或一个不存在单元，因此，在轮询单元中的相应区域是未定义的。

在轮询单元链接方法中，链接单元与链接对应字的关系如图 7-31 所示。

地址
CIO 3100

串行PLC
链接字

CIO 3199

链接字	1字	2字	3字	～	10字
轮询单元	CIO 3100	CIO 3100～CIO 3101	CIO 3100～CIO 3102		CIO 3100～CIO 3109
No.0被轮询单元	CIO 3101	CIO 3102～CIO 3103	CIO 3103～CIO 3105		CIO 3110～CIO 3119
No.1被轮询单元	CIO 3102	CIO 3104～CIO 3105	CIO 3106～CIO 3108		CIO 3120～CIO 3129
No.2被轮询单元	CIO 3103	CIO 3106～CIO 3107	CIO 3109～CIO 3111		CIO 3130～CIO 3139
No.3被轮询单元	CIO 3104	CIO 3108～CIO 3109	CIO 3112～CIO 3114		CIO 3140～CIO 3149
No.4被轮询单元	CIO 3105	CIO 3110～CIO 3111	CIO 3115～CIO 3117		CIO 3150～CIO 3159
No.5被轮询单元	CIO 3106	CIO 3112～CIO 3113	CIO 3118～CIO 3120		CIO 3160～CIO 3169
No.6被轮询单元	CIO 3107	CIO 3114～CIO 3115	CIO 3121～CIO 3123		CIO 3170～CIO 3179
No.7被轮询单元	CIO 3108	CIO 3116～CIO 3117	CIO 3124～CIO 3126		CIO 3180～CIO 3189
未使用	CIO 3109～CIO 3199	CIO 3118～CIO 3199	CIO 3127～CIO 3199		CIO 3190～CIO 3199

图 7 - 29　完整链接单元链接对应字的关系

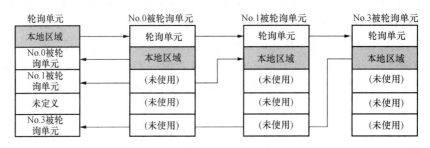

图 7 - 30　轮询单元链接方法

地址
CIO 3100

串行PLC
链接字

CIO 3199

链接字	1字	2字	3字	～	10字
轮询单元	CIO 3100	CIO 3100～CIO 3101	CIO 3100～CIO 3102		CIO 3100～CIO 3109
No.0被轮询单元	CIO 3101	CIO 3102～CIO 3103	CIO 3103～CIO 3105		CIO 3110～CIO 3119
No.1被轮询单元	CIO 3101	CIO 3102～CIO 3103	CIO 3103～CIO 3105		CIO 3110～CIO 3119
No.2被轮询单元	CIO 3101	CIO 3102～CIO 3103	CIO 3103～CIO 3105		CIO 3110～CIO 3119
No.3被轮询单元	CIO 3101	CIO 3102～CIO 3103	CIO 3103～CIO 3105		CIO 3110～CIO 3119
No.4被轮询单元	CIO 3101	CIO 3102～CIO 3103	CIO 3103～CIO 3105		CIO 3110～CIO 3119
No.5被轮询单元	CIO 3101	CIO 3102～CIO 3103	CIO 3103～CIO 3105		CIO 3110～CIO 3119
No.6被轮询单元	CIO 3101	CIO 3102～CIO 3103	CIO 3103～CIO 3105		CIO 3110～CIO 3119
No.7被轮询单元	CIO 3101	CIO 3102～CIO 3103	CIO 3103～CIO 3105		CIO 3110～CIO 3119
未使用	CIO 3102～CIO 3199	CIO 3104～CIO 3199	CIO 3106～CIO 3199		CIO 3120～CIO 3199

图 7 - 31　轮询单元链接对应字的关系

3. 串行 PLC 链接操作相关参数的设置

在串行 PLC 链接系统中，主站（轮询单元）的设定参数见表 7-8。从站（被轮询单元）的设定参数见表 7-9。

表 7-8 　　　　　　　　　　　　　　　　轮 询 单 元 的 设 定

项　目		PLC 地址		设定值	默认	刷新时间
		字	位			
RS-232C 端口设定	串行通信模式	160	11～08	8 hex；串行 PLC 链接轮询单元	0 hex	每个循环〔除了执行 STUP (237) 指令时立即刷新之外〕
	端口波特率	161	07～00	00 hex；标准 0A hex；高速	00 hex	
	链接方法		15	0：完整链接 1：轮询单元链接	0	
	链接字的数	166	07～04	1～A hex	0 hex（见注）	
	最高单元数		03～00	0～7 hex	0 hex	

注　当默认设定为 0hex 时，自动分配 10 字（Ahex）。

表 7-9 　　　　　　　　　　　　　　　　被 轮 询 单 元 的 设 定

项　目		PLC 地址		设定值	默认	刷新时间
		字	位			
RS-232C 端口设定	串行通信模式	160	11～08	7 hex；串行 PLC 链接轮询单元	0 hex	每个循环〔除了执行 STUP (237) 指令时立即刷新之外〕
	端口波特率	161	07～00	00 hex；标准 0A hex；高速	00 hex（见注）	
	被轮询单元数	167	03～00	0～7 hex	0 hex	

注　默认波特率为 38.4Kb/s。

7.5.2　串行 PLC 链接应用实例

1. 控制要求

（1）系统设置一个主站（轮询单元）和三个从站（被轮询单元），每个从站控制一台电动机，从站电动机可通过主站控制和本站独立控制。

（2）从站电动机运行方式为正反向循环运行，正反向运行时间、循环次数可通过主站进行设置。

（3）从站的运行状态可由主站进行监控。

2. 系统的硬件组成

（1）串行 PLC 链接通信系统框图

串行 PLC 链接通信系统框图如图 7-32 所示。

（2）串行 PLC 链接通信系统主机硬件原理图

串行 PLC 链接通信系统主机硬件原理图如图 7-33 所示。

输入信号：SB1、SB2、SB3 分别是远程

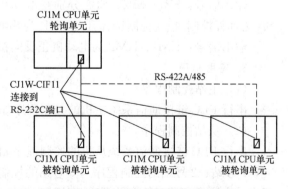

图 7-32　串行 PLC 链接通信系统框图

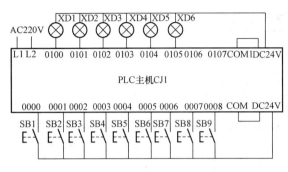

图 7 - 33　主机硬件原理接线图

控制单元 0 号站、1 号站、2 号站的电动机正向起动信号；SB4、SB5、SB6 分别是远程控制单元 0 号站、1 号站、2 号站的电动机反向起动信号；SB7、SB8、SB9 分别是远程控制单元 0 号站、1 号站、2 号站的电动机停止信号。

输出信号：XD1、XD2、XD3 分别是远程控制单元 0 号站、1 号站、2 号站的系统正常工作指示信号，XD4、XD5、

XD6 分别是远程控制单元 0 号站、1 号站、2 号站的电动机运行指示信号。

通过 CJ1WCIF11 RS-422A 转换器，将 RS-232C 接口转换成 RS-422A/485 接口，实现数据的远程传输。通过 RS-422A/485 连接，将四台 PLC 构成串行 PLC 链接通信系统，其中一台为主机（轮询单元），另外三台为从机（被轮询单元）。

（3）串行 PLC 链接通信系统从机硬件原理图

串行 PLC 链接通信系统从机硬件原理图如图 7 - 34 所示。

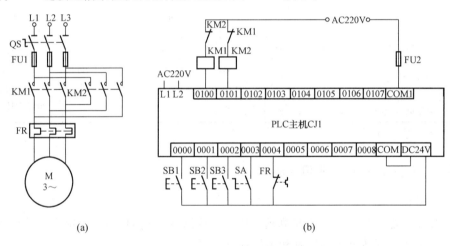

(a) (b)

图 7 - 34　从机硬件原理接线图
（a）电动机控制电路；（b）PLC 硬件原理图

输入信号：SB1、SB2、SB3 分别是电动机正向起动信号、反向起动信号和停止信号，SA 为远程控制/独立控制选择开关，FR 为热继电器的常闭触点作为电动机的过载保护。

输出信号：KM1、KM2 为电动机正反向接触器。

3. 应用程序

（1）主站控制程序

串行 PLC 链接通信系统主机的控制程序如图 7 - 35 所示。

（2）从站控制程序

串行 PLC 链接通信系统从机的控制程序如图 7 - 36 所示。

1 号站、2 号站的控制程序与 0 号站的控制程序基本相同，由读者自行编写。在编程过程中，应注意主站（轮询单元）与从站（被轮询单元）对应的链接地址。

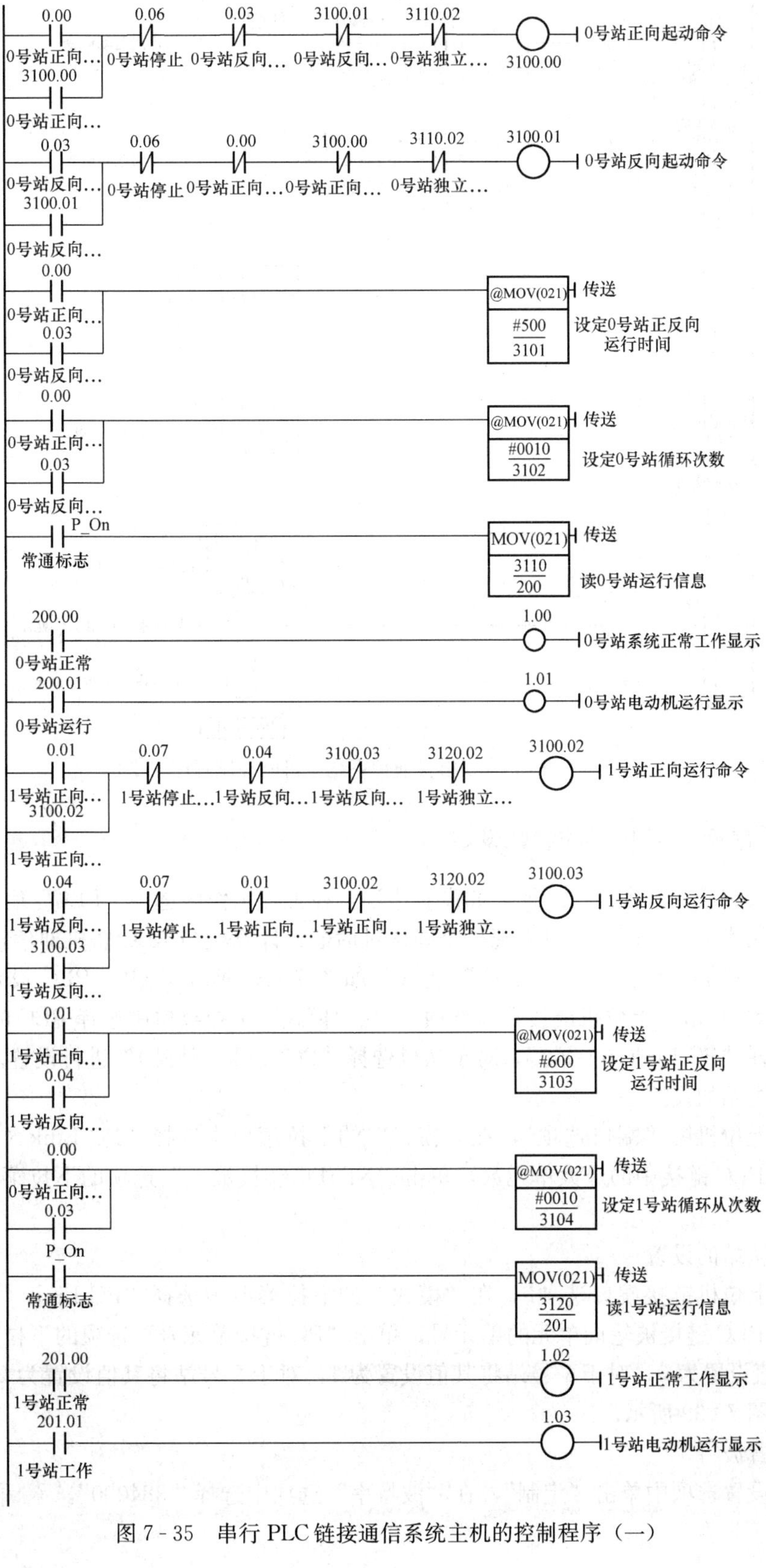

图7-35 串行PLC链接通信系统主机的控制程序（一）

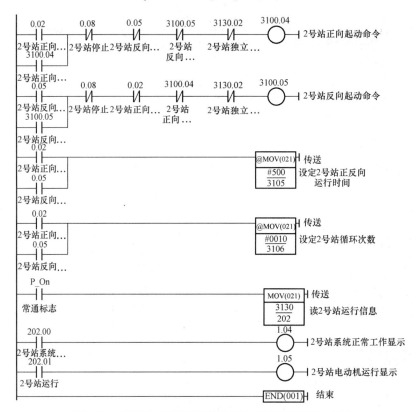

图 7-35 串行 PLC 链接通信系统主机的控制程序（二）

7.5.3 串行 PLC 链接的参数设定

程序输入完成后，先进行编译，如没有错误，在工程工作区选中"PLC"后，单击 PLC 工具条中"在线工作"按钮，将出现一个确认对话框，计算机与 PLC 联机通信，使 PLC 处于在线方式。双击工程窗口的"设置"选项，如图 7-37 所示。进入 PLC 设定窗口，如图 7-38 所示。单击"上位机链接端口选项"，在"模式"下拉菜单中选择 PLC 的通信模式，对于主机选择"PC Link（主站）"，对于从机选择"PC Link（从站）"进行设置。

（1）对主站的设置

单击"上位机链接端口选项"，在"模式"的下拉菜单中选择"PC Link（主站）"。然后设置串行 PLC 链接中的最大单元数，单击"NP/PC 链接最大"选项的下拉菜单，将其值设置为 3。

（2）对从站的设置

单击"上位机链接端口选项"，在"模式"的下拉菜单中选择"PC Link（从站）"。然后设定串行 PLC 链接被轮询单元的单元号，单击"PC 链接单元号"选项的下拉菜单，对于 0 号站将其值设置为 0，对于 1 号站将其值设置为 1，对于 2 号站将其值设置为 2。0 号从站的设置，如图 7-39 所示。

（3）设置波特率

在通信设置选项中单击"定制"，在"波特率"选项中选择"384000"。

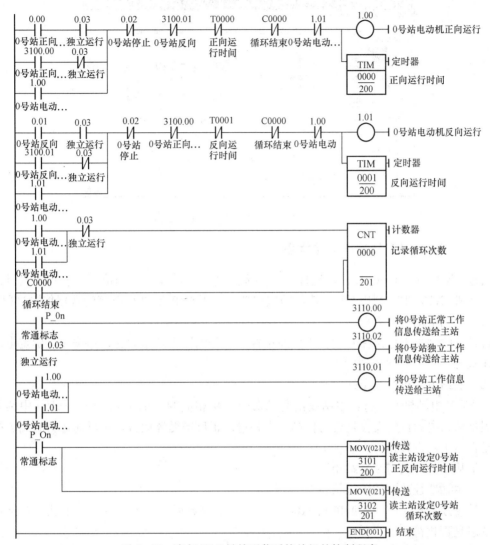

图 7-36　串行 PLC 链接通信系统从机的控制程序

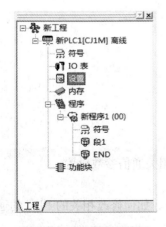

图 7-37　CP-X 工程窗口

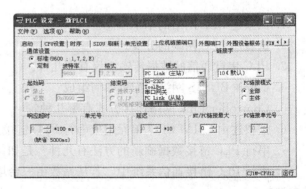

图 7-38　CP-X 新工程 PLC 设定窗口

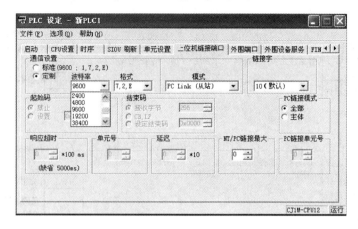

图 7 - 39　CP-X 新工程 PLC 从站设定窗口

7.5.4　串行 PLC 链接的数据传输

通过 CX-Programmer 软件，选择 PLC 在线工作时，将主、从通信程序分别下载至 PLC 的主、从机 CJ1M 中。利用 CX-P 软件的监控功能，观察串行 PLC 链接的数据传输过程。

（1）从站电动机独立控制

将各站的独立工作选择开关置于接通位置上，分别操作各站的起、停按钮，确定电动机的工作状态。

（2）从站电动机通过主站控制

0 号从站电动机的运行：主站发出起动命令，从相应的轮询单元 3100～3199 中读取数据，观察从站电动机的反应是否与控制要求相符。正反向循环运行，正反向运行时间、循环次数是否与主站设置相符。

其他从站的调试与 0 号站相同。

（3）主站监控从站的运行状态

主站监控，从相应的轮询单元 3100～3199 中读取数据，并观察主站显示状态与从站的工作状态是否相符。

如果出现问题，检查通信线路是否正确；检查 PLC 设置是否正确；检查梯形图是否正确。

思　考　题

1. 试叙述 PLC 网络的基本概念。

2. 试叙述 PLC 网络的分类。

3. PLC 串行通信的数据传输协议有哪几种？

4. CompoBUS/S 网络的配置如何组成？

5. Controller Link 网络连接方式有哪几种？

6. 试叙述由 CJ1M CPU 单元组成串行 PLC 链接主、从站相关通信参数设置。

7. 串行 PLC 链接数据刷新的方法有几种？是如何实现的？

8. 串行 PLC 链接通信系统中，若从站数由三台增加至八台，如何修改相关的 PLC 的通信参数？

第三篇　应用篇

第三篇

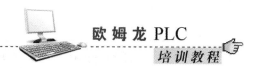
第8章

变频器与 PLC 的综合应用

随着现代交流变频调速技术的不断发展，交流变频调速技术已应用到许多领域。近年来新型的电力电子器件不断涌现，使变频技术得到了日新月异的发展。变压变频（VVVF）交流调速技术具有节能、高效、可靠性高、噪声低、调速平滑等特点，变频技术具有广泛的应用前景。

目前变频器的生产厂家较多，其原理基本相同，以欧姆龙 3G3RV-ZV1 变频器为例，简单介绍变频器的特性、功能、基本参数和使用方法。

8.1 变频调速的基本原理

8.1.1 变频器的基本原理

1. 变频器的基本构成

变频器分为交—交和交—直—交两种形式。交—交变频器可将工频交流直接转换成频率、电压均可控制的交流；交—直—交变频器则是先把工频交流通过整流器转换成直流，然后再把直流转换成频率、电压均可控制的交流，其基本构成主要由主电路（包括整流器、中间环节、逆变器）和控制电路组成，如图 8-1 所示。

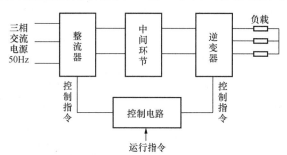

图 8-1　PWM 型变频器的组成原理示意图

整流器主要是将电网的交流整流成直流；逆变器是通过三相桥式逆变电路将直流转换成任意频率的三相交流；中间环节又叫中间储能环节，由于变频器的负载一般为电动机，属于感性负载，运行中间直流环节和电动机之间总会有无功功率交换，这种无功功率将由中间环节的储能元件（电容器或电抗器）来缓冲；控制电路主要是完成对逆变器的开关控制、对整流器的电压控制以及完成各种保护功能。

2. 变频器的调速原理

由电机学可知，三相交流电动机的同步转速 n_0 为

$$n_0 = 60 \frac{f_1}{p} \tag{8-1}$$

式中　f_1——电动机定子电源频率；

　　　p——电动机的极对数。

由式（8-1）可知，若连续改变电源频率 f_1，则可平滑地改变电动机的同步转速 n_0，即可实现调速。

当改变异步电动机转速时，希望主磁通保持不变，三相异步电动机定子每相电动势的有效值 E_g 为

$$E_g = 4.44 f_1 N_1 K_1 \phi_m \tag{8-2}$$

式中　N_1——定子每相绕组串联匝数；

　　　K_1——基波绕组系数；

　　　ϕ_m——每极气隙磁通量。

由式（8-2）可知，当 E_g 一定时，使电源频率 f_1 增加，会引起磁通 ϕ_m 变弱，这样，电动机铁心就没被充分利用；若 ϕ_m 增大，则铁心会饱和，从而使励磁电流过大，严重时会使电动机绕组过热，甚至损坏电动机。因此，在电动机运行时，若使 $\dfrac{E_g}{f_1}$＝常数，磁通 ϕ_m 就能保持恒定不变。

在恒定 $\dfrac{E_g}{\omega_1}$ 协调控制时的机械特性如下：

$$T_e = \frac{3p}{\omega_1} \frac{E_g^2}{\left(\dfrac{R_2'}{s}\right) + \omega_1 L_{l2}'^2} \frac{R_2'}{s} = 3p \left(\frac{E_g}{\omega_1}\right)^2 \frac{s\omega_1 R_2'}{R_2'^2 + s^2 \omega_1^2 L_{l2}'^2} \tag{8-3}$$

式中　ω_1——电源角频率；

　　　s——电动机转差率；

　　　R_2'——转子电路电阻与负载等效附加电阻之和的折算值；

　　　L_{l2}'——转子电路漏感折算值。

在式（8-3）中，分子与分母均有 s。当 s 很小时，可将分母中含 s^2 项忽略，则

$$T_e \approx 3p \left(\frac{E_g}{\omega_1}\right)^2 \frac{s\omega_1}{R_2'} \tag{8-4}$$

式（8-4）表明，在 s 很小时，T_e 与 s 近似成正比，即这段机械特性可近似为直线。而且可以证明，在 $\dfrac{E_g}{f_1}$＝常数的协调控制条件下，当改变频率 ω_1 时，机械特性基本上是上下平移的。此外，根据式（8-3）可求得最大转矩 T_{emax} 为

$$T_{emax} = 3p \left(\frac{E_g}{\omega_1}\right) \frac{\sqrt{\dfrac{R_2'}{2R_2'-1}}}{\dfrac{L_{l2}'}{R_2'} + \dfrac{R_2'^2 L_{l2}'}{2R_2'-1}} \tag{8-5}$$

由式（8-5）可见，在 $\dfrac{E_g}{f_1}$＝常数时，T_{emax} 不随 ω_1 变化。

对异步电动机实行调速时，希望主磁通保持不变，因为磁通太弱，铁心利用不充分，在同样的转子电流下转矩减小，电动机的负载能力下降；若磁通太强，铁心发热，波形变坏。只要对 E_1 和 f_1 进行协调控制，即可维持磁通量不变。

因此，异步电动机的变频调速必须按照一定的规律同时改变其定子电压和频率，即必须通过变频器获得电压和频率均可调节的供电电源。

3. 变频器的额定值和频率指标

（1）输入侧的额定值

输入侧的额定值主要是电压和相数。在我国的中小容量变频器中，输入电压的额定值有以下几种：380V/50Hz，200～230V/50Hz 或是 60Hz。

（2）输出侧的额定值

1）输出电压 U_N：由于变频器在变频的同时也要变压，所以输出电压的额定值是指输出电压中的最大值。在大多数情况下，它就是输出频率等于电动机额定频率时的输出电压值。通常，输出电压的额定值总是和输入电压相等的。

2）输出电流 I_N：是指允许长时间输出的最大电流，是用户在选择变频器时的主要依据。

3）输出容量 S_N（kVA）：$S_N = \sqrt{3}U_N I_N$。

4）电动机功率 P_N（kW）：变频器说明书中规定的电动机功率。

5）过载能力：变频器的过载能力是指其输出电流超过额定电流的允许范围和时间。大多数变频器都规定为 $150\%I_N$、60s 和 $180\%I_N$、0.5s。

（3）频率指标

1）频率范围：即变频器能够输出的最高频率 f_{max} 和最低频率 f_{min}。各种变频器规定的频率范围不尽一致，通常，最低工作频率为 0.1～1Hz，最高工作频率为 120～650Hz。

2）频率精度：指变频器输出频率的准确程度。

$$频率精度 = \frac{|实际输出频率 - 设定频率|_{max}}{f_{max}} \times 100\%$$

3）频率分辨率：指输出频率的最小改变量，即每相邻两挡频率之间的最小差值。一般分为模拟设定分辨率和数字设定分辨率两种。

8.1.2 欧姆龙 3G3RV-ZV1 变频器的功能

3G3RV-ZV1 变频器采用矢量控制方式，具有 PG 速度控制功能，驱动精度高，满足高精度的转矩控制；并能实现 DeviceNet 通信；通过模拟量输入端子的转矩指令来控制电动机的转矩输出，而多功能接点输入端子可用于电动机运转时在速度和转矩控制之间进行切换；DROOP（下垂）控制功能可以允许用户设置电动机的滑差量，使电动机转矩或负载更平衡；具有零伺服功能，使电动机停止时保持电动机在零伺服状态，可完成即使在外力作用于电动机或模拟量参考输入发生偏移时停止电动机的控制功能；前馈控制功能，以矢量控制方式来改善速度控制精度，可以改善机器设备由于 ASR 增益无法提升至较大值的控制效果。

由于欧姆龙 3G3RV-ZV1 变频器具有闭环矢量控制功能、宽广的功率范围、高次谐波对策、欧姆龙专用监控软件以及网络总线功能，3G3RV-ZV1 变频器可以适用于各种场合。其主要功能：

（1）带 PG 矢量控制：实现力矩控制、零伺服功能、Droop 功能；

（2）多种自学习模式：旋转型、静止型、线间电阻型自学习模式；

（3）全领域全自动力矩提升功能；

（4）恒转矩（CT）与递减转矩（VT）负载类型的便捷选择；

（5）KEB-电动机再生能量利用功能；

（6）脉冲串输入输出功能；

（7）自动节能功能；

（8）内置 PID 控制器；

（9）调速范围：1∶1000；

（10）内置 RS-485 通信接口，支持多国现场总线；

（11）功率范围：0.4～300kW。

8.2　变频器基本使用方法

8.2.1　变频器的基本参数

1. 变频器的基本技术参数

变频器的基本技术参数在变频器的铭盘上标注，包括变频器的型号、输入参数、输出参数和功率等，如图 8-2 所示。

图 8-2　变频器基本技术参数

2. 变频器的基本参数

变频器按出厂设定的参数运行时，可完成对负载的简单调速控制。当考虑负荷及运行方式时，必须重新设定相关的参数。对于欧姆龙 3G3RV-ZV1 变频器（有几百个参数），可以根据实际需要来设定，这里仅介绍一些常用参数，其他参数请参考附录或相关设备使用手册。

（1）输出频率范围（d2-01、d2-02、d2-03）。d2-01 为上限频率，用 d2-01 设定输出频率的上限，即使有高于此设定值的频率指令输入，输出频率也被钳位在上限频率。d2-02 为下限频率，用 d2-02 设定输出频率的下限。d2-03 为主速指令下限值，以最高速输出频率为 100％，以％为单位设定主速频率指令下限值。出厂时设定为 0.0％。

（2）多段速度运行（d1-01、d1-02、d1-03～d1-17）。其中 d1-02～d1-16 为多段速频率设定的参数，分别设定变频器的运行频率，至于变频器实际运行哪个参数设定的频率，则分别由其控制端子 S5、S6、S7、S8 的闭合来决定，多功能输入端子 S5、S6、S7、S8 可以组合 15 种状态，因此用 d1-02～d1-16 参数可以设定 15 种不同的速度。d1-17 参数用于设定变频器的点动速度。d1-01 参数用于频率设定，多段速指令/点动频率选择的时序如图 8-3 所示。

值得注意是：多段速度在使用数字式操作器操作（PU）和外部运行模式下都可以设定，并且在运行期间参数值也能被改变。

（3）加减速时间（C1-01、C1-02、C1-03～C1-08）。C1-01、C1-02 为加减速时间 1，设定的最高频率输出从 0.0％ 到 100％ 所需的加速时间和从 100％ 到 0.0％ 所需的减速时间；

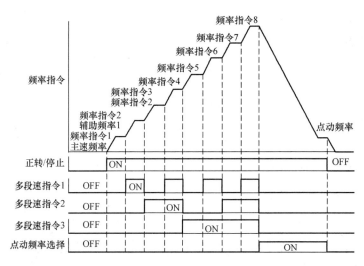

图 8-3 多段速指令/点动频率选择的时序图

C1-03、C1-04 为加减速时间 2，多功能输入端子加减速时间选择 1 为 ON 的加减速时间；C1-05、C1-06 为加减速时间 3，多功能输入端子加减速时间选择 2 为 ON 的加减速时间；C1-07、C1-08 为加减速时间 4，多功能输入端子加减速时间选择 3 为 ON 的加减速时间。

（4）S 字曲线特性参数（C2-01、C2-02、C2-03、C2-04）。C2-01 加速开始时的 S 字特性时间，C2-02 加速结束时的 S 字特性时间，C2-03 减速开始时的 S 字特性时间，C2-04 减速结束时的 S 字特性时间。

以 s 为单位设定各部分的 S 字特性时间，设定了 S 字特性时间后，在开始、结束时，加减速时间将仅延长 S 字特性时间的 1/2。通过 S 字曲线特性参数的设定，使速度控制曲线变化更圆滑。各段的设定方法如图 8-4 所示。

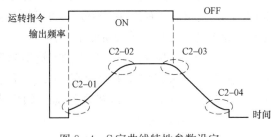

图 8-4 S 字曲线特性参数设定

（5）多功能接点输入（H1-01、H1-02、H1-03、H1-04、H1-05）。H1-01 选择多功能接点输入 1 端子 S3 的功能，选择的参数为（0～78）；H1-02 选择多功能接点输入 2 端子 S4 的功能，选择的参数为（0～78）；H1-03 选择多功能接点输入 3 端子 S5 的功能，选择的参数为（0～78）；H1-04 选择多功能接点输入 4 端子 S6 的功能，选择的参数为（0～78）；H1-05 选择多功能接点输入 5 端子 S7 的功能，选择的参数为（0～78），H1-06 选择多功能接点输入 6 端子 S8 的功能，选择的参数为（0～78）。

多功能接点输入的设定及功能的相关参数见表 8-1。更详细的参数请参阅相关的手册。

表 8-1　　　　　　　　　　　多功能接点输入的功能一览表

设定值	功　　　能
0	3 线制顺控（正转/反转）
1	本地/远程选择（ON：操作器；OFF：设定参数）
2	选购件/变频器主体选择（ON：选购件/）

续表

设定值	功　能
3	多段速指令 1
4	多段速指令 2
5	多段速指令 3
6	点动（JOG）频率选择（优先于多速）
7	加减速时间选择 1
8	基极封锁指令 NO（常开接点：ON 时基极封锁）
9	基极封锁指令 NO（常闭接点：OFF 时基极封锁）
A	保持加减速停止（ON：停止加减速，保持频率）
B	变频器过热预告 OH2（OH：显示 OH2）
C	多功能模拟量输入选择（ON：多功能模拟量输入有效）
D	无带 PG 的 U/f 速度控制（ON：速度反馈控制无效）（通常为 U/f 控制）
E	速度控制积分复位（ON：积分控制无效）
F	未使用（不使用端子时进行设定）
10	UP 指令（请务必与 DOWN 指令一起设定）
11	DOWN 指令（请务必与 UP 指令一起设定）
12	FJOG 指令（ON：d1-17 时进行正转运行）
13	RJOG 指令（ON：d1-17 时进行反转运行）
14	故障复位（ON 时复位）
15	紧急停止（常开接点：ON 时，以 C1-09 减速停止）
16	电动机切换指令（电动机 2 选择）
17	紧急停止（常闭接点：OFF 时，以 C1-09 减速停止）
18	定时功能输入（用 b4-0102 设定功能。并与 H1□□—H2—□□的定时功能输出一起设定）
19	PID 控制取消（ON：PID 控制无效）
1A	加减速时间选择 2
1B	允许写入参数（ON：可写入参数；OFF：监视频率以外的参数不可写入）
1C	＋速度指令（ON：在模拟量频率指令上，加上 d4-02 的频率）
1D	－速度指令（ON：在模拟量频率指令上，减去 d4-02 的频率）
1E	模拟量频率指令取样/保持

　　（6）多功能接点输出（H2-01、H2-02、H2-03）。H2-01 选择（接点）多功能接点输出端子 M1-M2 的功能，选择的参数为（0～3D）；H2-02 选择（开路集电极）多功能接点输出 1 端子 P1 的功能，选择的参数为（0～3D）；H2-03 选择（开路集电极）多功能接点输出 2 端子 P2 的功能，选择的参数为（0～3D)。多功能接点输出的设定及功能的相关参数见表 8 - 2。更详细的参数请参阅相关的手册。

表 8 - 2　　　　　　　　　　　多功能接点输出的功能一览表

设定值	功　　能
0	运行中（ON：运行指令 ON 或电压输出时）
1	零速
2	频率（速度）一致 1（使用 L4-02）
3	任意频率（速度）一致 1（ON：输出频率＝±L4-01），使用 L4-02 且频率一致）
4	频率（FOUT）检出 1（ON：+L4-01≥输出频率≥-L4-01，使用 L4-02）
5	频率（FOUT）检出 2（ON：输出频率≥+L4-01 或输出频率≤-L4-01，使用 L4-02）
6	变频器运行准备就绪（READY）准备就绪：初期处理结束，无故障的状态
7	主回路低压（UV）检出中
8	基极封锁中（ON：基极封锁中）
9	频率指令选择状态（ON：操作器）
A	运行指令状态（ON：操作器）
B	过转矩/转矩不足检出 1NO（常开接点：ON 时过转矩检出/转矩不足检出）
C	频率指令丧失中（当 L4-05 设置为 1 时有效）
D	安装型制动电阻不良（ON：电阻过热或制动晶体管故障）
E	故障［ON：数字式操作器发生了通信故障（CPF00，CPF01 以外的故障）］
F	未使用（不使用端子时进行设定）
10	轻微故障（ON：显示警告时）
11	故障复位中
12	定时功能输出
13	频率（速度）一致 2（使用 L4-04）
14	任意频率（速度）一致 2（ON：输出频率＝L4-03，使用 L4-04 且频率一致）
15	频率（FOUT）检出 3（ON：输出频率≤L4-03，使用 L4-04）
16	频率（FOUT）检出 4（ON：输出频率≥L4-03，使用 L4-04）
17	过转矩/转矩不足检出 1NO（常闭接点：OFF 时过转矩检出/转矩不足检出）
18	过转矩/转矩不足检出 2NO（常开接点：ON 时过转矩检出/转矩不足检出）
19	过转矩/转矩不足检出 2NC（常闭接点：OFF 时过转矩检出/转矩不足检出）
1A	反转中（ON：反转中）
1B	基极封锁 2（OFF：基极封锁中）
1C	电动机选择（电动机 2 选择中）
1D	再生动作中（ON：再生动作中）

（7）载波频率 C6-02。

C6-02 载波频率选择，选择载波频率的参数为（0～6）。对应的频率 0：低噪音 PWM；1：2.0kHz；2：5.0kHz；3：8.0kHz；4：10.0kHz；5：12.5kHz；6：15.0kHz。

值得注意的是，载波频率不要选择过高，过高时会使变频器内部的 IGBT 模块消耗功率升高。

（8）电动机参数（E2-01～E2-11）。

E2-01 电动机额定电流，以 A 为单位设定电动机额定电流。该设定值为电动机保护、转矩限制、转矩控制的基准值。

E2-02 电动机额定滑差，以 Hz 为单位设定电动机额定滑差。该设定值作为滑差补偿的基准值。

E2-03 电动机空载电流，以 A 为单位设定电动机的空载电流。

E2-04 电动机极数（极数）设定电机极数。

E2-05 电动机线间电阻，以 Ω 为单位设定电动机线间电阻。

E2-06 电动机漏电感，用电动机额定电压的％来设定，是由电动机漏电感而引起的电压降的量。

E2-07 电动机铁心饱和系数 1，设定磁通为 50％时的铁心饱和系数。E2-08 电动机铁心饱和系数 2，设定磁通为 75％时的铁心饱和系数。

E2-09 电动机的机械损失，以电动机额定输出容量［W］为 100％，以％为单位设定电动机的机械损失。通常无需设定。

E2-10 转矩补偿的电动机铁损，以 W 为单位设定电动机铁损。

E2-11 电动机额定容量，以 0.01kW 为单位设定电动机额定容量。

以上的电动机参数除通过对电动机进行自学习自动测定方法得到外，也可以通过对电动机参数的计算得出。电动机参数计算一定要准确，否则会影响变频器的控制性能。

（9）运行模式选择（b1-01～b1-04），运行模式选择的相关参数如下。

1）b1-01 频率指令的选择，设定频率指令的输入参数为：

0：数字式操作器；1：控制回路端子（模拟量输入）；2：MEMOBUS 通信。

2）b1-02 运行指令的选择，设定运行指令的输入参数为：

0：数字式操作器；1：控制回路端子（顺控输入）；2：MEMOBUS 通信。

3）b1-03 停止方法选择，设定指令停止时的停止方式参数为：

0：减速停止；1：自由运行停止；2：全域直流制动（DB）停止；3：带定时的自由运行停止。

4）b1-04 反转禁止选择，设定指令参数为：

0：可反转；1：禁止反转。

（10）变频器控制模式的选择 A1-02。

选择变频器的控制模式选择参数为 0～3，其中，0：不带 PG 的 U/f 控制；1：带 PG 的 U/f 控制；2：不带 PG 的矢量控制；3：带 PG 的矢量控制。

（11）PID 控制（b5-01～b5-17）。

PID 控制功能的主要相关参数的设定：

1）b5-01PID 控制参数的选择，其具体含义：

0：PID 控制无效；

1：PID 控制有效（对偏差进行 D 控制）；

2：PID 控制有效（对反馈值进行 D 控制）；

3：PID 控制有效（频率指令＋PID 输出，对偏差进行 D 控制）；

4：PID 控制有效（频率指令＋PID 输出，对反馈值进行 D 控制）。

2）b5-02 比例增益（P）

用倍率设定 P 控制的比例增益。设定为 0.00 时，P 控制不动作。

3）b5-03 积分时间（I）

以 s 为单位设定 I 控制的积分时间。设定为 0.00 时，I 控制不动作。

4）b5-05 微分时间（D）

以 s 为单位设定 D 控制的微分时间。设定为 0.00 时，D 控制不动作。

（12）速度控制（ASR）（C5-01～C5-08）。

速度控制的主要相关参数功能的设定如下：

1）C5-01 速度控制（ASR）的比例增益 1（P），设定速度控制环（ASR）的比例增益。

2）C5-02 速度控制（ASR）的积分时间 1（I），以 s 为单位，设定速度控制环（ASR）的积分时间。

3）C5-03 速度控制（ASR）的比例增益 2（P），通常无需设定。在电动机旋转速度使增益变化时，根据情况设定。

4）C5-04 速度控制（ASR）的积分时间 2（I），通常无需设定。在电动机旋转速度使增益变化时，根据情况设定。

（13）变频器的保护功能 L1-01。

电动机保护功能选择参数，可设定为电子热保护的电动机过载保护功能的有效/无效和电动机类型。具体参数功能如下：

0：无效；1：通用电动机的保护；2：变频器专用电动机的保护；3：矢量专用电动机的保护。

（14）L8-03 变频器过热（OH）预警动作选择。

设定检出变频器过热（OH）预警时的动作。具体功能参数如下：

0：减速停止（按 C1-02 的减速时间停止）；

1：自由运行停止；

2：紧急停止（按 C1-09 的减速时间停止）；

3：继续运行（仅为监视显示）识别时 0～2 表示故障检出，3 表示警告。（检出故障时，故障接点动作）。

（15）L8-05 输入缺相保护选择，具体参数功能如下：

0：无效；1：有效（检出输入电源缺相、三相不平衡、主回路电容老化）相对变频器最大适用电动机容量，检出约 80％以上的负载。

（16）L8-07 输出缺相保护选择，具体参数功能如下：

0：无效；1：有效（仅检出一相的输出缺相）；2：有效（仅检出二相以上的输出缺相）。

在变频器额定输出电流的 5％以下时，检出输出缺相。当电动机容量低于变频器容量时，有可能错误检出到输出缺相，建议将此参数设定为 0。

（17）L8-09 接地短路保护的选择，具体参数功能如下：

0：无效；1：有效。

8.2.2　变频器的硬件原理接线

变频器使用时，除了设定好基本参数外，还应保证其硬件接线正确无误。如图 8-5 所示

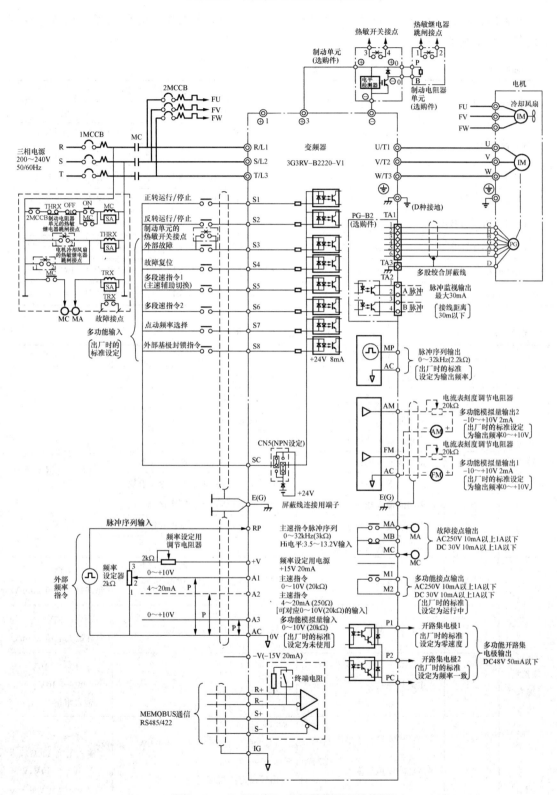

图 8-5 3G3RV-ZV1 变频器的原理接线图

为变频器的具体接线图。表 8 - 3 给出变频器主回路各个端子功能。表 8 - 4 给出变频器控制回路各个端子功能。

表 8 - 3 主 回 路 端 子

用 途	使用端子	型号 3G3RV-ZV1	
		200V 级	400V 级
主回路电源输入用	R/L1. S/L2. T/L3	A2004-V1～B211K-V1	A4004-ZV1～B430K-ZV1
	R1/L11. S1/L21. T1/L31	A2220-V1～B211K-V1	A4220-ZV1～B430K-ZV1
变频器输出用	U/T1，V/T2，W/T3	A2004-V1～B211K-V1	A4004-ZV1～B430K-ZV1
直流电源输入用	⊕1，⊖	A2004-V1～B211K-V1	A4004-ZV1～B430K-ZV1
制动电阻器单元连接用	B1，B2	A2004-V1～A2185-V1	A4004-ZV1～A4185-ZV1
DC 电抗器连接用	⊕1，⊕2	A2004-V1～A2185-V1	A4004-ZV1～A4185-ZV1
制动单元连接用	⊕3，⊖	B2220-V1～B211K-V1	B4220-ZV1～B430K-ZV1
接地用	⏚	A2004-V1～B211K-V1	A4004-ZV1～B430K-ZV1

表 8 - 4 控 制 回 路 端 子

种类	端子符号	信号名称	端子功能说明	信号电平
顺控输入信号	S1	正转运行－停止指令	ON：正转运行 OFF：停止	DC＋24V，8mA 光电耦合器绝缘
	S2	反转运行－停止指令	ON：反转运行 OFF：停止	
	S3	多功能输入选择 1①	出厂设定 ON：外部故障	
	S4	多功能输入选择 2①	出厂设定 ON：故障复位	
	S5	多功能输入选择 3①	出厂设定 ON：多段速指令 1 有效	
	S6	多功能输入选择 4①	出厂设定 ON：多段速指令 2 有效	
	S7	多功能输入选择 5①	出厂设定 ON：点动频率选择	
	S8	多功能输入选择 6①	出厂设定 ON：外部基极封锁	
	SC	顺序控制输入公共点	—	
模拟量输入信号	＋V	＋15V 电源	模拟量指令用＋15V 电源	＋15V（允许最大电流 20mA）
	－V	－15V 电源	模拟量指令用－15V 电源	－15V（允许最大电流 20mA）
	A1	主速频率指令	－10～＋10V/－100～＋100％ 0～＋10V/100％	－10～＋10V 0～＋10V（输入阻抗 20kΩ）
	A2	多功能模拟量输入	4～20mA/100％，－10～＋10V/－100～＋100％，0～＋10V/100％ 出厂设定：与端子 A1 相加（H3－09＝0）	4～20mA（输入阻抗 250Ω），－10～＋10V，0～＋10V（输入阻抗 20kΩ）

续表

种类	端子符号	信号名称	端子功能说明	信号电平
模拟量输入信号	A3	多功能模拟量输入	$-10\sim+10V/-100\sim+100\%$，$0\sim+10V/100\%$ 出厂设定：未使用 （H3－05＝1F）	$-10\sim+10V$，$0\sim+10V$（输入阻抗 20kΩ）
	AC	模拟量公共点	0V	—
	E（G）	屏蔽线 选购地线连接用	—	—
光电耦合器输出	P1	多功能 PHC 输出 1	出厂设定：零速 零速值（b2-01）以下为 ON	DC＋48V，50mA 以下②
	P2	多功能 PHC 输出 2	出厂设定：频率一致检出 设定频率的±2Hz 以内为 ON	
	PC	光电耦合器输出公共点 （P1，P2 用）	—	
继电器输出	MA	故障输出（常开接点）	故障时，MA-MC 端子间 ON	干式接点 接点容量 AC250V，10mA 以上 1A 以下 DC30V， 10mA 以上 1A 以下 最小负载： DC5V，10mA④
	MB	故障输出（常闭接点）	故障时，MA-MC 端子间 OFF	
	MC	继电器接点输出公共点	—	
	M1	多功能接点输出（常开接点）	出厂设定：运行 运行时，M1-M2 端子间 ON	
	M2			
模拟量监视输出	FM	多功能模拟量监视 1	出厂设定：输出频率 0～＋10/100％频率	$-10\sim+10V\pm5\%$ 2mA 以下
	AM	多功能模拟量监视 2	出厂设定：电流监视 5V/变频器额定输出电流	
	AC	模拟量公共点	—	
脉冲序列输入输出	RP	多功能脉冲序列输入③	出厂设定：频率指令输入 （H6－01＝0）	0～32kHz（3kΩ）
	MP	多功能脉冲序列监视	出厂设定：输出频率（H6－06＝2）	0～32kHz（2.2kΩ）
RS-485/422 通信	R＋	MEMOBUS 通信输入	如果是 RS-485（2 线）制，请将 R＋与 S＋、R－和 S－短路	差动输入 PHC 绝缘
	R－			
	S＋	MEMOBUS 通信输出		差动输出 PHC 绝缘
	S－			
	IG	通信用屏蔽线	—	—

① 在 3 线制顺控下使用时，端子 S5～S8 的信号的出厂设定分别为 3 线制顺控、多段速指令 1、多段速指令 2，点动频率选择；

② 驱动继电器线圈等电抗负载时，接入旁路二极管进行保护；

③ 脉冲序列输入的规格如下：

　　低值电压：0.0～0.8V

　　高值电压：3.5～13.2V

　　H 占空比：30％～70％

　　脉冲频率：0～32kHz

④ 最小负载为 DC5V、10mA 以下时，使用光电耦合器输出。

1. 主回路输入侧的接线

3G3RV-ZV1 变频器的主接线一般有 6 个端子，其中输入端子 R、S、T 接三相电源；输出端子 U、V、W 接三相电动机。切记不能接反，否则，将损毁变频器。有的变频器能以单相 220V 作电源，此时，单相电源接到变频器的 R、N 输入端，输出端子 U、V、W 仍输出三相对称的交流电，可接三相电动机。运行时，确认在正转指令下电动机是否正转。电动机反转时，任意交换输出端子 U、V、W 中的 2 个端子或将正、反运行指令交换即可。

电源输入端子（R、S、T）与电源之间必须通过与变频器相适合的断路器（MCCB）和接触器（MC）来连接。断路器（MCCB）容量大致要等于变频器额定输出电流的 1.5～2 倍。

变频器输入侧的接线的注意事项如下：

当使用接触器强制变频器停止时，再生制动功能不起作用，电动机将自由运行至停止。通过接触器停止变频器运行的频率过高，则会导致变频器发生故障。用数字式操作器运行时，在恢复供电后不会进行自动运行。在使用制动电阻器单元时，应将制动单元的热敏继电器接点接入接触器的线圈控制线路，当线路出现故障时自动切断变频器工作的主回路。

2. 主回路输出侧的接线

（1）主回路输出侧的接线

1）端子台与负载的连接。输出端子 U/T1、V/T2、W/T3 与电动机出口线 U、V、W 连接。运转时，应确认是否正转指令使电动机处于正转状态。若电动机处于反转状态，则应交换输出端子 U/T1、V/T2、W/T3 间的任意两条。

2）严禁电源连接至输出端子。输出端子 U/T1、V/T2、W/T3 绝对禁止与电源连接。若将输出端子连接电源，会引起变频器内部损坏。

3）严禁输出端子的电路接地。不要直接用手接触输出端子，也不要让输出线接触变频器外壳，否则可能引起触电或接地等异常危险。同时，应充分注意不要使输出线短路。

4）不能使用进相电容及抗干扰滤波器。绝对禁止输出端子与进相电容或 LC/RC 抗干扰滤波器连接。与这些设备连接可能引起变频器损坏。

5）热敏继电器的设置。为了保护因电动机过热引起事故，变频器带有电子热敏保护功能。使用一台变频器驱动多台电动机或多极电动机时，应在变频器与电动机间设置热动型热敏继电器（THR），并将 n6-06（电动机保护功能选择）的参数设定为"2"（保护功能无效）。组成通过热敏继电器接点使主回路输入侧电磁接触器 OFF 的控制。

（2）变频器输出侧的接线的注意事项

切勿将电源接到输出端子 U、V、W 上。如果将电压施加在输出端子上，会导致内部的变频部分损坏。

切勿直接用手接触输出端子，或让输出线接触变频器的外壳。否则，会造成触电和短路的危险。切勿使输出线短路。

变频器与电动机之间的接线距离较长时，电缆上的高频漏电流就会增加，从而引起变频器输出电流的增加，影响外围机器的正常运行。参考表 8 - 5 来调整载波频率（用 C6-01、C6-02 设定）。

表 8-5　　　　　　　　　　　变频器与电动机之间的接线距离

变频器、电动机之间的接线距离	50m 以下	100m 以下	超过 100m
载波频率	15kHz 以下	10kHz 以下	5kHz 以下

　　连接变频器的接地线时，必须使接地端子⊖接地。接地线不能与焊接机及动力设备的地线共用，且接地线连接接地极的导线不应过长。由于变频器会产生漏电电流，与接地点距离太远，会使接地端子的电位不稳定。

　　接地电阻的选择：对于 200V 级的变频器，接地电阻应小于 100Ω；对于 400V 级的变频器，接地电阻应小于 10Ω。

　　3. 制动单元的连接

　　（1）变频器使用主体安装型制动电阻器（内置制动单元）

　　200V 及 400V0.4～3.7kW 的变频器可使用主体安装型制动电阻器。制动电阻可直接连接到 B1、B2 端子上。使用制动电阻器时，变频器参数的设定见表 8-6。

表 8-6　　　　　　　　　　内置制动单元变频器参数的设定

L8-01（安装型制动电阻器的保护）	1（过热保护有效）
L3-04（减速中防止失速功能选择）（请设定为其中的一种）	0（防止失速功能无效）
	3（带制动电阻防止失速功能有效）

　　（2）制动电阻器单元的连接（外置制动单元）

　　连接制动电阻器单元及制动单元如图 8-6 所示。制动电阻需连接到制动电阻器单元的 P、B 端子上。使用制动电阻器时，变频器参数的设定如表 8-7 所示。

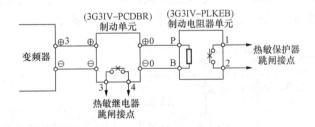

图 8-6　制动电阻器单元的连接

表 8-7　　　　　　　　　　外置制动单元变频器参数的设定

L8-01（安装型制动电阻器的保护）	0（过热保护无效）
L3-04（减速中防止失速功能选择）（请设定为其中的一种）	0（防止失速功能无效）
	3（带制动电阻防止失速功能有效）

　　4. 变频器控制端子接线说明及注意事项

　　（1）控制回路接线说明

　　控制回路端子的排列图如图 8-7 所示。

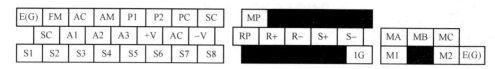

E(G)	FM	AC	AM	P1	P2	PC	SC
SC	A1	A2	A3	+V	AC	−V	
S1	S2	S3	S4	S5	S6	S7	S8

MP	
RP	R+	R−	S+	S−
				1G

MA	MB	MC
M1		M2	E(G)

图 8-7 控制回端子的排列图

1) 控制回路端子的＋V、−V 电压的输出电流容量最大为 20mA。

2) 顺控输入信号（S1～S8）是根据无电压接点或 NPN 晶体管按出厂设定参数的连接模式（0V 公共端/共发射极）连接的。

使用 PNP 晶体管进行的顺控连接（＋24V 公共点/共集电极模式）或在变频器外部设＋24V电源时，注意电源极性。

3) 主速频率指令可以通过参数 H3-13 选择，可以从电压（端子 A1）或是从电流（端子 A2）侧输入。出厂设定为输入电压指令。

4) 多功能模拟量输出为模拟量频率表、电流表、电压表、功率表等指示表专用的输出。

5) 多功能接点输出及故障接点输出的最小负载为 10mA。10mA 以下时，使用多功能开路集电极输出。

（2）控制回路接线注意事项如下：

1) 进行控制回路接线时，应与主回路接线及其他动力线或电力线分开接线。

2) 控制回路端子 MA，MB，MC，M1，M2（接点输出）应与其他控制回路端子分开接线。

3) 为防止由干扰产生的误动作，控制回路接线应使用屏蔽线，接线长度应控制在 50m 以内。

4) 屏蔽线的接地一定要与变频器的 E（G）端子连接。

5.PG 速度控制卡的连接

为了满足不同的控制要求，提高系统的控制性能，需要安装速度反馈卡。PG 速度控制卡 3G3FV-PPGX2 的端子规格见表 8-8。其连线如图 8-8 所示。

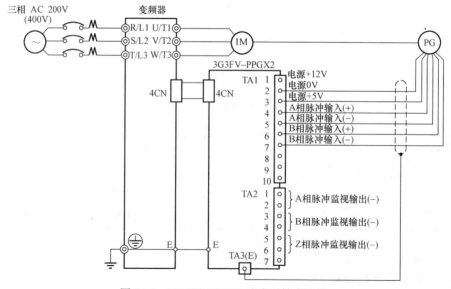

图 8-8 3G3FV-PPGX2 速度反馈卡连线

表 8-8　　　　　　　　　　　　　　　　　3G3FV-PPGX2 的端子规格

端子	No.	内　　　容	规　　　格
TA1	1	脉冲发生器用电源	DC+12V(±5%)，最大为 200mA
	2		DC0V(电源用 GND)
	3		DC+5V(±5%)，最大为 200mA
TA1	4	A 相+输入端子	线驱动输入(RS-422 值输入) 最高响应频率 300kHz
	5	A 相-输入端子	
	6	B 相+输入端子	
	7	B 相-输入端子	
	8	Z 相+输入端子	
	9	Z 相-输入端子	
	10	公共点端子	DC0V(电源用 GND)
TA2	1	A 相+输出端子	线驱动输出(RS-422 值输出)
	2	A 相-输出端子	
	3	B 相+输出端子	
	4	B 相-输出端子	
	5	Z 相+输出端子	
	6	Z 相-输出端子	
	7	控制回路公共点	控制回路 GND
TA3	(E)	屏蔽线连接端子	

6. 拨动开关 S1 与分路跳线 CN5

打开变频器盖板，可以看到拨动开关（S1）及分路跳线（CN5）的位置，如图 8-9 所示。拨动开关 S1 的功能见表 8-9。

表 8-9　　　　　　　　　　　　　　　　　拨动开关 S1 的功能

名称	功　　　能	设　　　定
S1-1	RS-485 及 RS-422 终端电阻	OFF：无终端电阻 ON：终端电阻 110Ω
S1-2	模拟量输入（A2）的输入方式	OFF：0~10V，-10~10V 电压模式 （内部电阻为 20kΩ） ON：4~20mA 电流模式（内部电阻为 250Ω）

分路跳线 CN5 适用于共发射极模式与共集电极模式。

使用 CN5（分路跳线）时，输入端子的逻辑可在共发射极模式（0V 公共点）和共集电极模式（+24V 公共点）间切换。另外，还适用于外部+24V 电源，提高了信号输入种类。

共发射极模式、共集电极模式与信号输入电源的极性如图 8 - 10 所示。

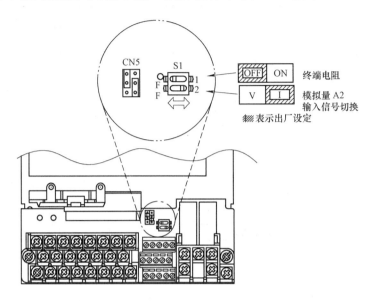

图 8 - 9　拨动开关 S1 和分路跳线（CN5）的位置

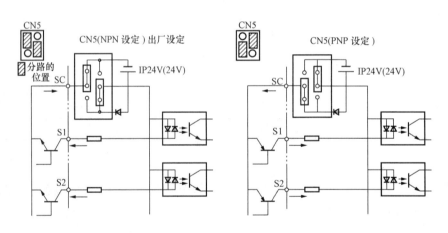

图 8 - 10　共发射极模式、共集电极模式与信号输入

8.2.3　变频器数字操作器的使用

1. 变频器的操作面板

3G3RV-ZV1 变频器正常工作之前，一般需通过数字操作器进行参数设定操作，变频器的参数设定正确后，才能正常使用。通过数字操作器进行参数设定操作的过程也称为变频器的 PU 操作。数字操作器外形如图 8 - 11 所示，操作面板各按键及显示符的功能见表 8 - 10。

在数字式操作器的 RUN、STOP 键的左上方有指示灯，根据运行状态会点亮、闪烁或熄灭。RUN、STOP 指示灯的状态和变频器的运行状态有关，如图 8 - 12 所示。

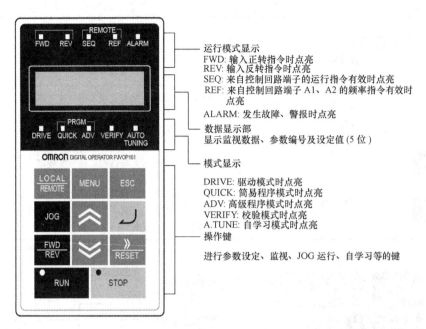

图 8-11 数字式操作器各部的名称与功能

表 8-10　　　　　　变频器的操作面板上各按键及显示符的功能

键	在正文中的名称	功　　能
LOCAL REMOTE	LOCAL/REMOTE 键（运行操作选择）	对用数字式操作器（操作器）进行运行（LOCAL）与用控制回路端子进行运行（REMOTE）的方式进行切换时按下该键。通过参数（o2-01）设定，可设定该键为有效或无效
MENU	MENU 键（菜单）	选择各模式
ESC	ESC 键（退回）	回到按 DATA/ENTER 键前的状态
JOG	JOG 键（点击）	使用操作器运行时进行点动运行的键
FWD REV	FWD/REV 键（正转/反转）	使用操作器运行时切换运行方向的键
RESET	Shift/RESET 键（切换/复位）	选择参数设定时位数的键。发生故障时作为故障复位键使用
⩘	增量键	选择模式、参数编号、设定值（增加）等。返回下一个项目及数据时使用

续表

键	在正文中的名称	功　　能
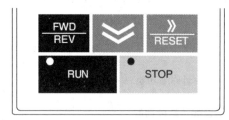	减量键	选择模式、参数编号、设定值（减少）等。 返回前一个项目及数据时使用
↲	DATA/ENTER 键 （数据/输入）	确定各种模式、参数、设定值时按下该键。 也可用于从一个画面进入下一个画面。 在低电压检出（UV 中）参数设定值不可变更
RUN	RUN 键 （运行）	用操作器运行时，按此键，运行变频器
STOP	STOP 键 （停止）	用操作器运行时，按此键，停止变频器。 进行控制回路端子运行时，通过设定参数（o2-02），可设定该键为有效或无效

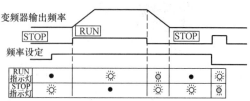

图 8-12　操作器的 RUN、STOP 指示灯和显示时序

数字操作器的 RUN、STOP 指示灯的显示条件，见表 8-11。

表 8-11　　　　　　　　　数字操作器的 RUN、STOP 指示灯的显示条件

显示的优先顺序	RUN 指示灯	STOP 指示灯	运行状态	显　示　条　件
1	●	●	停止	电源切断
2	●	☼	停止	紧急停止导致的停止 　·在通过控制回路端子进行的运行过程中，按下了操作器的 STOP 键。 　·从控制回路端子处输入了紧急停止指令。 　在运行操作为 LOCAL（操作器运行）时，通过外部端子输入运行指令，并直接切换到 REMOTE（控制回路运行）。 　在简易程序模式或高级程序模式时，通过外部端子输入运行指令，并直接切换到驱动模式
3	☼	☼	停止	在不到最低输出频率的频率指令下运行。 在通过多功能接点输入基极封锁指令输入过程中输入了运行指令
4	●	☼	停止	停止状态

续表

显示的优先顺序	RUN 指示灯	STOP 指示灯	运行状态	显 示 条 件
5	☀	☼	运行	减速停止过程中。 由多功能接点输入引起的直流制动中。 停止时直流制动（初始励磁）过程中
6	☀	☀	运行	紧急停止导致的减速中。 • 在通过控制回路端子进行运行的过程中，按下了操作器的 STOP 键。 • 从控制回路端子处输入了紧急停止指令
7	☼	●	运行	运行指令输入中。 起动时直流制动（初始励磁）过程中

2. 工作模式的切换

在查看画面和设定画面中，按下 MENU 键，将会显示驱动模式选择画面。在模式选择画面中，按下 MENU 键，可在各种模式间进行切换。在模式选择画面中，查看参数或监视时，如要从查看（监视）画面进入设定画面，请按下 DATA/ENTER 键。具体操作过程如图 8 - 13 所示。

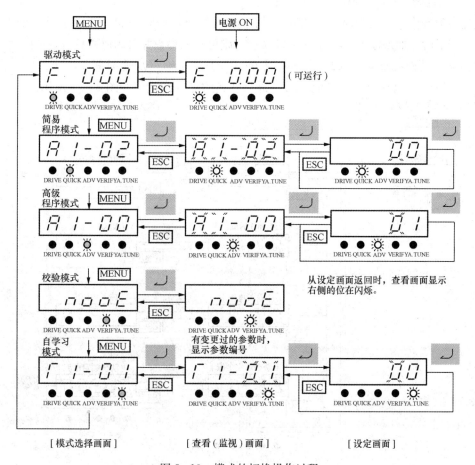

图 8 - 13　模式的切换操作过程

模式的种类和主要内容，见表 8 - 12。

表 8 - 12　　　　　　　　　　　　　模式的种类和主要内容

模式的名称	主 要 内 容
驱动模式	变频器可进行运行的模式。 进行频率指令与输出电流等监视显示、故障内容显示、故障记录显示等
简易程序模式	查看、设定变频器运行所必需的最低限度的参数（变频器和数字式操作器的使用环境）
高级程序模式	查看、设定变频器的所有参数
校验模式	查看、设定出厂后被改变的参数
自学习模式	在矢量控制模式下运行电动机参数不明的电动机时，自动计算电动机参数并进行设定。 也可以只测定电动机线间的电阻

变频器的 PU 操作的功能：在频率设定模式下，设定变频器的运行频率；在监视模式下，监视各输出量的情况；在参数设定模式下，改变各相关参数的设定值，并能观察变频器的运行情况的变化。

3. 校验模式

在校验模式下，能够显示在程序模式和自学习模式下出厂设定值中变更过的参数。如果没有变更，则在数据显示的位置显示 nonE。

变更参数操作方法与程序模式相同，使用增量键、减量键、Shift/RESET 键来变更参数。参数设定完毕后，如果按下 DATA /ENTER 键，则可写入参数并自动返回参数查看画面。

具体操作过程：改变 b1-01（频率指令的选择）、C1-01（加速时间 1）、E1-01（输入电压设定）、E2-01（电动机额定电流）时，进行变更的键操作过程如图 8 - 14 所示。

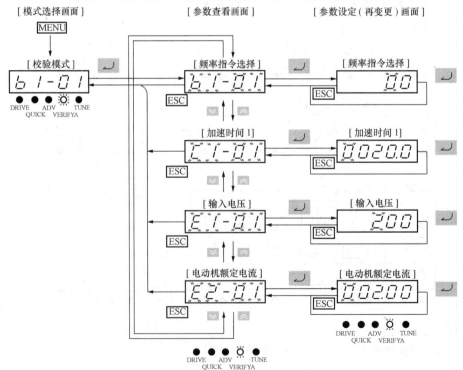

图 8 - 14　校验模式下的操作过程

4. 驱动模式

驱动模式为变频器的运行模式。在驱动模式中可显示频率指令、输出频率、输出电流和输出电压等。监视频率指令、输出频率、输出电流、输出电压等操作过程，如图 8-15 所示。

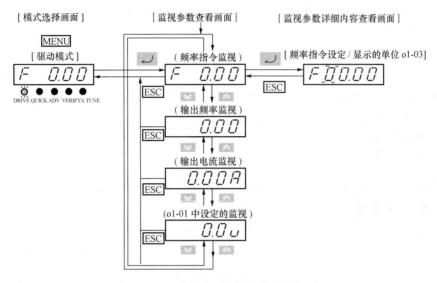

图 8-15　驱动模式下监控输出的操作过程

监视故障内容、故障记录等操作过程如图 8-16 所示。

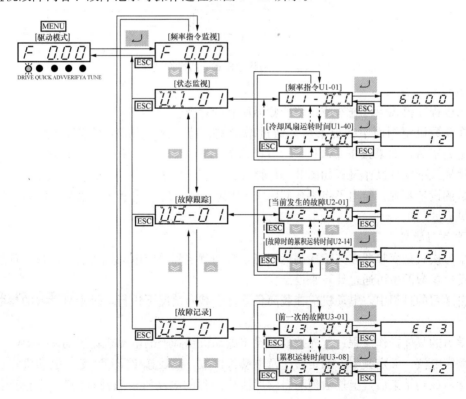

图 8-16　驱动模式下监控故障的操作过程

变频器接通电源时显示监视参数画面（频率指令）由参数 o1-02（电源为 ON 时的监视显示项目选择）决定的。若显示其他的监视内容，可更改其相应的参数。

5. 简易程序模式

在简易程序模式下，可查看或设定变频器试运行所需的参数。可在参数设定画面中变更参数。通过增量键、减量键、Shift/RESET 键来变更参数。参数设定完毕后，如果按 DATA/ENTER 键，则可写入参数并自动返回参数查看画面。

如在 b1-01（频率指令选择）为 0 时，可以在频率设定画面中改变频率。通过增量键、减量键、Shift/RESET 键来改变频率。设定后，如果按下 DATA/ENTER 键，则可写入参数并自动返回到参数查看画面。具体操作过程如图 8-17 所示。

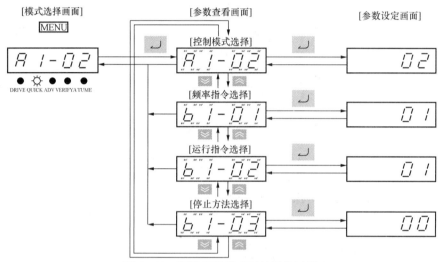

图 8-17 简易程序模式下的操作过程

6. 高级程序模式

在高级程序模式下可查看或设定变频器所有的参数。

可在参数设定画面中变更参数。通过增量键、减量键、Shift/RESET 键来变更参数。参数设定完毕后，如果按下 DATA/ENTER 键，则可写入参数并自动返回参数查看画面。高级程序模式下的键操作过程如图 8-18 所示。

参数的设定步骤，给出了将参数 C1-01（加速时间）的设定从 10s 改为 20s 的设定具体步骤，见表 8-13。

7. 自学习模式

自学习模式是变频器在矢量控制运行时，自动测定和设定电动机所需的参数。自学习模式中电动机参数的也可通过计算来设定。

在自学习的过程中，电动机应在脱离负载（空载）情况下进行，否则自学习的参数将会出现错误。

自学习的具体操作过程：首先按要求设定电动机铭牌上的电动机输出功率（kW）、额定电压、额定电流、额定频率、额定转速及电动机极数，然后按下 RUN 键。电动机将自动运行，自学习成功结束后，上述数值与自学习所检测到的电动机参数被自动写入到变频器中。具体操作过程如图 8-19 所示。

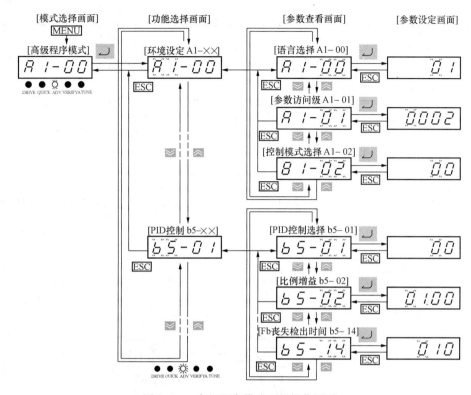

图 8-18　高级程序模式下的操作过程

表 8-13　高级程序模式下的参数设定步骤

步骤	操作器显示画面	说　　　明
1	F 000	接通电源
2	F 000	按下 MEMU 键，选择驱动模式
3	A 1-02	按下 MENU 键，选择简易程序模式
4	A 1-00	按下 MENU 键，选择高级程序模式
5	A 1-00	按下 DATE/ENTER 键，进入参数查看画面
6	C 1-01	用增量键、减量键来显示 CE/01（加速时间 D）
7	010.00	按下 DATA/ENTER 键，进入参数查看画面，显示出 C1-01 的设定值（10.00）
8	010.00	按下 Shift/RESET 键，将闪烁的位移向右边

续表

步骤	操作器显示画面	说　　明
9	*020.00*	用增量键将数值变更为 20.00s
10	*End* → *020.00*	按下 DATA/ENTER 键，确定设定的数据。此时，显示 End 1.0 秒后，确定下来的数据显示 0.5s
11	*C1-01*	返回 C1-01 的参数查看画面

在自学习时，显示 TUn10；停止自学习时，显示 TUn11；开始自学习时，DRIVE 指示 LED 将点亮。

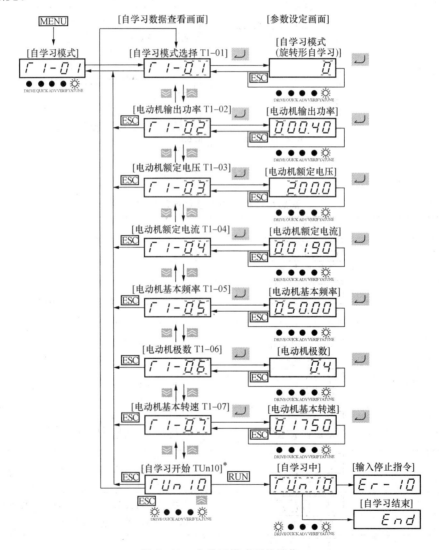

图 8-19　自学习模式下的操作

8.2.4 变频器的使用举例

1. 使用数字式操作器控制电动机以不同频率运行

使用数字式操作器控制电动机分别以 30、40 和 50Hz 的频率运行。

（1）变频器的接线

按图 8-5 所示的变频器的主电路及图 8-20 所示的变频器控制电路，连接变频器的相应接线。

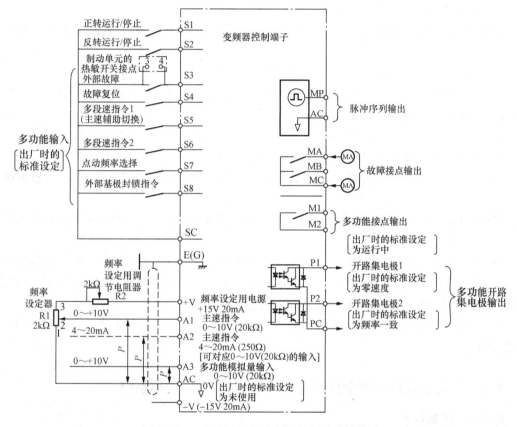

图 8-20　3G3RV-ZV1 变频器控制端子接线图

（2）变频器的参数设定

1）设定电动机参数（E2-01～E2-08）。

2）选择参数设定模式，将主频率（d1-01）设定为 $f=30$Hz；将 b1-01 选择设定频率指令的输入设定为 0（数字式操作器）；将 b1-02 选择设定运行指令的输入设定为 0（数字式操作器）。

3）按 MENU 键，选择"监示模式"。

（3）变频器的运行操作

按 FWD 或 REV 键，电动机以 30Hz 的频率正转或反转，并显示设定的监示输出量，按 STOP 键，电动机停止。

重复按 MENU 键，选择参数设定模式，设定变频器 d1-01 为 40Hz 后，返回"监示模式"模式，再按 FWD 或 REV 键，电动机以 40Hz 的频率正转或反转，并显示设定的监示输出量，按 STOP 键，电动机停止。

电动机以 50Hz 的频率运行的过程与 40Hz 的频率相同。

以上是通过变频器的数字操作器实现对电动机的调速控制。

按 MENU 键，回到"运行模式"，再按"JOG"键，切换到"点动模式"，控制变频器运行，实现电动机的点动控制。

2. 通过模拟量给定控制电动机的运行

（1）按 MENU 键，在运行模式选择下设定参数 b1-01、b1-02。

将频率指令 b1-01 的选择设定频率指令的输入参数设定为 1：控制回路端子（模拟量输入）。

将运行指令 b1-02 的选择设定运行指令的输入参数设定为 0：数字式操作器。

（2）通过电位器 R1 设定变频器的输出频率，实现对电动机的调速。可在数字操作器的显示器上观察变频器的频率变化情况。

3. 通过多段速给定控制电动机的运行

按 MENU 键，在运行模式选择下设定参数 b1-01、b1-02。

将频率指令 b1-01 的选择设定频率指令的输入参数设定为 1：控制回路端子（模拟量输入）。

将运行指令 b1-02 的选择设定运行指令的输入参数设定为 1：控制回路端子（顺控输入）。

d1-02～d1-16 为多段速频率设定的参数，分别设定变频器的运行频率；分别由其控制端子 S5、S6、S7、S8 的闭合来决定，多功能输入端子 S5、S6、S7、S8 可以组合 15 种状态，因此，用 d1-02～d1-16 参数可以设定 15 种不同的速度。

通过多段速设定控制按钮，再通过正、反转控制按钮控制变频器工作，实现对电动机的调速控制。

8.3　采用多段速控制全自动变频洗衣机的 PLC 控制系统

8.3.1　控制要求

1. 全自动变频洗衣机的控制过程

按下起动按钮，洗衣机开始进水，水满时（即水位到达高水位，高水位开关由 OFF 变为 ON），停止进水；洗衣机开始正转洗涤，正转洗涤 30s 后暂停，3s 后开始反转洗涤；反转洗涤 30s 后暂停，3s 后又开始正转洗涤；这样循环洗涤 30 次，当正、反洗涤达到 30 次后，开始排水，水位信号下降到低水位时（低水位开关由 ON 变为 OFF），开始脱水并继续排水。脱水 60s 即完成一次从进水到脱水的大循环过程。大循环完成 3 次后，进行洗涤结束报警。报警 10s 后结束全部过程，自动停机。其控制流程如图 8-21 所示。

2. 全自动洗衣机的控制要求

洗衣机的洗涤和脱水采用同一台电动机拖动，洗涤时采用低速，脱水时采用高速。电动机由一台变频器控制。

8.3.2 全自动洗衣机控制原理

1. 全自动洗衣机硬件原理线路图

全自动洗衣机变频器的硬件接线图如图 8‑22 所示，PLC 的硬件接线图如图 8‑23 所示。

其中，SB1—0.00 停止信号；SB3—0.02 排水按钮；SB2—0.01 起动信号；SQ1—0.03 高水位开关；SQ2—0.04 低水位开关；KA1—1.04 进水电磁阀；KA2—1.05 排水电磁阀；KA3—1.06 报警蜂鸣器继电器。

2. 参考梯形图

全自动变频洗衣机应用参考梯形图，如图 8‑24 所示。

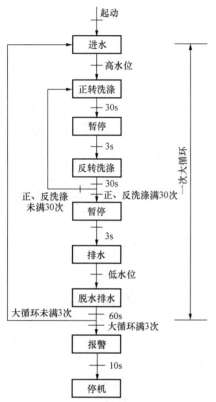

图 8‑21 全自动洗衣机控制流程

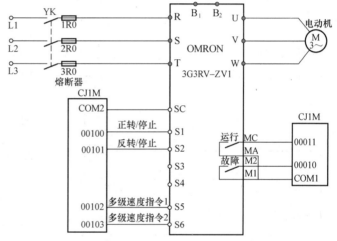

图 8‑22 全自动洗衣机变频器的硬件接线图

3. 变频器参数的设定

为了使洗衣机能够正常运行，必须对变频器参数进行正确的选择和设定。

（1）按要求对电动机进行自学习，以测定电动机的额定参数。

（2）多段速的设定

通过频率指令参数 d1‑02、d1‑03、d1‑04 进行设定。

（3）加减速时间的调整及 S 字曲线的调整

通过加减速时间参数 C1‑01、C1‑02 及 S 字曲线参数 C2‑01、C2‑02、C2‑03、C2‑04 设定。

以上参数设定后除电动机参数外，其他参数需根据具体实际情况进行调整。

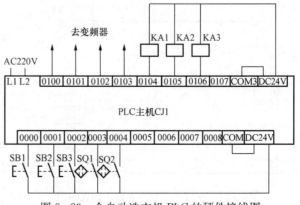

图 8‑23 全自动洗衣机 PLC 的硬件接线图

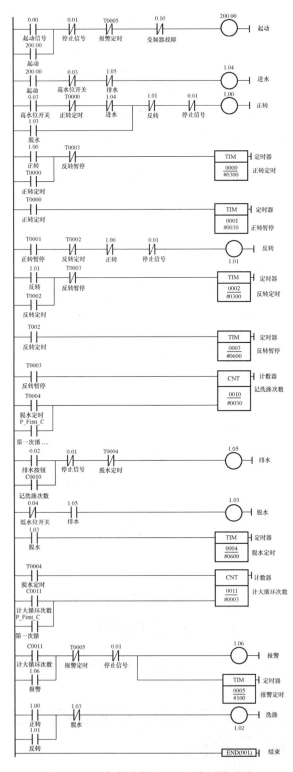

图 8-24　全自动变频洗衣机应用梯形图

4. PLC 程序调试

（1）在 Windows 环境下启动 CX-Programmer 软件，进入主画面后，显示 CX-P 创建或打开工程后的主窗口，选择"文件"→"新建"项，或单击标准工具条中的"新建"按钮，出现"变更 PLC"对话框。单击"设置"按钮可进一步配置 CPU 型号，选择"CPU12"。当 PLC 配置设定完成后，单击"确定"按钮，此时，进入编程界面。

（2）利用 CX-P 软件输入全自动变频洗衣机的 PLC 控制的应用梯形图。

（3）检查程序输入是否正确。程序输入完成后，先进行编译，如没有错误，在工程工作区选中"PLC"后，单击 PLC 工具条中"在线工作"按钮，将出现一个确认对话框，计算机与 PLC 联机通信，使 PLC 处于在线方式。

（4）PLC 在线工作时，通过上位机将程序下传至 PLC 主机 CJ1M。利用 CX-P 软件的监控功能，模拟调试程序是否按要求执行。

（5）按硬件接线图接线，进行调试。

1）PLC 在线工作时，通过上位机将程序下传至 PLC 主机 CJ1M。利用 CX-P 软件的监控功能，分别模拟调试各个程序是否按要求执行。

2）全自动洗衣机的工作过程如下

按下起动按钮 SB2，输入信号 0.01 给 PLC，洗衣机开始进水，水满时（即水位到达高水位，高水位开关由 OFF 变为 ON，此时输入信号 0.03 有效），进水电磁阀 1.05 断开，停止进水；同时输出信号正转运行 1.00 和洗涤频率 1.02 有效，控制变频器输出频率，洗衣机开始正转洗涤，正转洗涤 30s 后，正转运行 1.00 和洗涤频率 1.02 断开，变频器停止工作，洗衣机处于暂停状态；经过 3s 的延时，输出信号反转运行 1.01 和洗涤频率 1.02 有效，控制变频器输出频率，洗衣机开始反转洗涤；反转洗涤 30s 后，反转运行信号 1.01 和洗涤频率信号 1.02 断开，变频器输出频率暂停，经过 3s 的延时，又开始正转洗涤；这样循环洗涤 30 次，计数器 CNT0010 的当前值减到 0 时，由 CNT0010 的接点控制排水电磁阀 1.05 有效，开始排水，水位信号下降到低水位时（低水位开关由 ON 变为 OFF，此时 0.04 无效），输出信号正转运行 1.00 和脱水频率 1.03 有效，控制变频器输出频率，全自动洗衣机开始正转以高速旋转，进行脱水并继续排水，脱水 60s 后完成一次从进水到脱水的大循环过程，又重新起动进行到下一个循环。大循环完成 3 次后，计数器 CNT11 的当前值减到 0，进行洗涤结束报警。全自动变频洗衣机的工作过程结束。

8.3.3 注意事项

（1）切勿将电源接到输出端子 U、V、W 上。如果将电压施加在输出端子上，会导致内部的变频部分损坏。

（2）切勿直接用手接触输出端子，以免触电。

（3）变频器与电动机之间的接线距离不要过长，以免影响外围其他设备的正常运行。

（4）变频器正常工作之前，需要进行相关参数设定。

（5）切勿使输出线短路。

（6）在 PLC 变更对话框中，所设置的 PLC 的型号必须与 PLC 的 CPU 单元相同。

（7）在修改程序时，必须将 PLC 转换成编程状态。

（8）PLC 与上位机连接时，注意 PLC 设置的串行通信口必须与上位机连接的串行通信口相匹配。

思 考 题

1. 简述变频器的组成及调速的基本原理。

2. 若使变频器正常运行，需要设定哪些基本参数？

3. 电动机的停止和起动时间与变频器的哪些参数有关？

4. 分别说明

 各键的作用。

5. 3G3RV-ZV1 变频器的操作有哪些操作模式？

6. 简述变频器自学习的过程。

7. 进行 3G3RV-ZV1 变频器的模拟量给定操作时，相应的参数如何设定？

8. 试分析变频器加减速时间的长短对洗衣机洗涤过程的影响。

9. 试分析洗衣机 3 次大循环的控制过程。若将大循环次数变更为 4 次，如何修改程序？

第9章

变频调速电梯的 PLC 控制系统设计

电梯是高层建筑中不可缺少的垂直方向的交通运输工具。电梯的运行是一个复杂的过程，作为一种重要的日常交通工具，其性能的好坏主要取决于拖动系统、控制系统的性能。为了实现安全、方便、舒适、高效和自动化运行，电梯的拖动系统采用变频调速驱动，实现平滑调速，而且节能效果显著。电梯运行逻辑控制系统采用 PLC 进行控制。

本章主要是采用 PLC 实现电梯的自动定向、顺向截梯、最远端反向截梯、外呼记忆、自动开/关门、停梯消号、自动平层、检修运行和安全保护等功能，并通过 PLC 控制变频器，实现对电梯的变频调速，使电梯高效、可靠地运行。

9.1 电梯的概述

9.1.1 电梯的分类

（1）按用途可分为：乘客电梯；载货电梯；客货电梯；病床电梯；杂物电梯；住宅电梯；特种电梯。

（2）按速度可分为：低速电梯，1m/s 以下；高速电梯，1～2m/s；超高速电梯，4m/s 以上。

（3）按驱动电源可分为：交流电梯和直流电梯。

（4）按控制方式可分为：交流信号（有司机）控制；交流集选控制（有/无司机）控制；并联控制和群控电梯。

9.1.2 电梯的组成

电梯的结构示意图，如图 9-1 所示。其组成可分为以下几部分：

（1）曳引部分：通常由曳引机和曳引钢丝绳组成。电动机带动曳引机旋转使轿厢上下运动。

（2）轿厢和厅门：轿厢由轿架、轿底、轿壁和轿门组成；厅门一般有封闭式、中分式、双折中分式和直分式等。

（3）电器设备及控制装置：由曳引机、选层器传动及控制柜、轿厢操纵盘、呼梯按钮和厅外指示器组成。

（4）其他装置：对重装置、缓冲器、补偿装置等。

（5）变频器：对曳引电动机实现调速。

9.1.3 电梯的安全保护装置

（1）电磁制动器：装于曳引电动机轴上，一般采用直流电磁制动器，起动运行时通电电磁制动器打开，停止运行后电磁制动器断电复位实现制动。

（2）强迫减速开关：分别装于井道的顶部和底部。当轿厢驶过端站未减速时，轿厢上撞块就触动此开关，通过控制程序使电动机强迫减速。

（3）限位开关：当轿厢经过端站平层位置后仍未停车，此限位开关立即动作，切断电源并制动，强迫停车。

（4）行程极限保护开关：当限位开关不起作用，轿厢经过端站时，此开关动作。

（5）急停按钮：装于轿厢司机操纵盘上。当发生异常情况时，按此按钮切断电源，电磁制动器制动，电梯紧急停车。

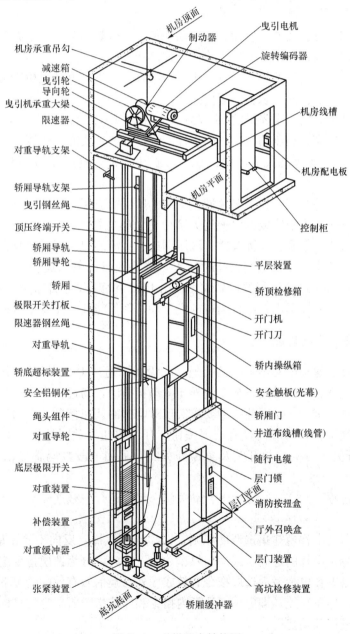

图 9-1 电梯基本结构图

（6）厅门开关：每个厅门都装有门锁开关。仅当厅门关上才允许电梯起动；在运行中如出现厅门开关断开，电梯立即停车。

（7）关门安全开关：常见的是装于轿厢门边的安全触板，在关门过程中如安全触板碰到乘客时，发出信号，门电动机停止关门，反向开门，延时重新开门，此外还有红外线开关等。

（8）超载开关：当超载时轿底下降开关动作，电梯不能关门和运行。

（9）其他的开关：安全窗开关，限速器开关、安全钳开关和断绳开关等。

9.1.4　电梯变频调速控制的特点

变频调速电梯具有优良调速性能、起制动平稳、运行效率高、功率因数高和节能效果明显等优点，被国内外公认为最有发展前途的电梯调速方式。

（1）变频调速电梯使用的是异步电动机，与同容量的直流电动机相比具有体积小、结构简单、维护方便、可靠性高、价格低等优点。

（2）变频调速电源使用了先进的 SPWM 技术和 SVPWM 技术，明显改善了电梯运行质量和性能；调速范围宽、控制精度高，动态性能好，舒适、安静、快捷，已逐渐取代直流电机调速；明显改善了电动机供电电源的质量，减少谐波，提高了效率和功率因数，节能明显。

变频器以其优越的性能，在很多领域中得到了广泛的应用。在电梯业也是如此，目前国内 20 世纪 70～80 年代安装完成的电梯绝大部分是由继电器控制，线路复杂，节点接线多，故障率高，调速方式一般采用变极调速、调压调速、直流调速。但是维修困难，属于能耗型调速，效率低，发热量大，调速性能指标较差，严重地影响电梯运行质量。近年来，采用 PLC 控制电梯，提高了电梯运行的可靠性。利用 PLC 和变频器控制的电梯，不但提高了电梯运行的舒适感，同时还提高了电梯运行的安全性，降低能耗，减少了电梯的运行费用。

9.1.5　电梯的控制功能

电梯是现代高层建筑中必不可少的交通运输设备，通过 PLC 实现对电梯运行的各项控制要求。电梯的上升、下降采用三相交流异步电动机拖动，通过变频器控制电动机的正、反向运行，并按起动、运行、制动曲线的要求实现对电梯的调速控制。电梯每一楼层均设有平层开关、上下呼唤按钮，轿厢内设有选层按钮、开门按钮、关门按钮、上行按钮、下行按钮、自动/检修开关、司机控制开关及急停开关等，采用七段数码管显示电梯所在的楼层位置。

电梯的运行过程：确定运行方向→自动关门→起动运行→减速→平层→自动开门→自动关门。

对于单台运行的电梯遵守集选调度原则，即"顺向截梯，反向不停，最远端除外"。其中，最主要的部分是电梯的定向、起动与停车功能。定向可分为选层指令定向和厅外呼梯信号定向两种情况，即在电梯轿内选层指令有效或厅外召唤信号有效的情况下，电梯响应该有效信号立即起动。停车功能，即电梯到达轿内指令和厅外指令所指定的目标层，电梯自动减速、平层、自动开门的功能。

PLC 首先接收来自电梯的选层指令信号、呼梯信号、楼层信息、平层信号及安全信号，

CPU 根据输入信号的状态进行运算处理，并将结果输出给相应的被控对象，适时地控制门机、变频器和楼层显示等负载，实现电梯自动定向、关门、起动、加速、稳速运行，到达目标层站后减速、平层、自动开门等功能。

电梯在某一层待机时，当其他层厅外召唤信号有效时，电梯立即起动运行。在电梯到达目标层之前，如果在与电梯运行方向一致的厅外召唤信号有效时，电梯应响应该信号减速平层，开门；若登记的召唤信号方向与电梯运行方向不一致，电梯则不予响应。这就是"顺向截梯，反向不停"。如果厅外召唤信号是最远端的，且与电梯的运行方向相反，电梯应响应最远端信号到达该楼层停靠，即"最远端除外"。电梯在完成最远端召唤信号后立即换向，响应其他召唤信号。

电梯工作状态由开关来选择，包括有司机、无司机及检修工作状态。消防工作状态属于电梯的一种特殊的工作状态，由厅外的专用消防开关进行控制。

整个电梯运行程序可分为以下几个阶段：

（1）有司机、无司机及检修工作状态

可通过工作状态选择开关进行选择，来实现各自的控制要求。其主要区别是在有司机工作状态下，电梯不能自动关门，必须通过司机来确定是否关门，通过关门按钮来控制电梯关门，门关闭后电梯自动运行。而在无司机状态下，电梯停站后开门约 6～8s 后自动关门，门关闭后电梯自动运行。在检修状态可以通过开关门按钮实现点动开关门，也可通过上下行按钮实现电梯上下行点动运行。当在厅外按下消防开关时，电梯进入消防工作状态。

（2）自动定向要求

在有/无司机状态下，电梯根据登记指令信号和呼梯信号 m 与轿厢所处的层楼位置信号 n 进行比较，以此确定电梯当前的运行方向。若 m＞n 则电梯上行；若 m＜n 则电梯下行。在有司机工作状态下，指令信号具有优先权，司机可以选择电梯的运行方向。当电梯停站时，若 m＝n（本层有呼梯信号），电梯本层自动开门。

（3）轿厢开门、关门要求

1）无司机工作状态。电梯到站后，自动开门，延时 6～8s 后自动关门，门关闭后，电梯自动起动运行。

2）有司机工作状态。电梯到站后，自动开门过程与无司机状态相同，但电梯起动前的关门应由司机根据电梯运行方向按对应的上下行起动按钮来控制或按下关门按钮，电梯自动关门，门关闭后，电梯自动运行。

3）检修工作状态。按下开、关门按钮可实现电梯的门点动控制；按下上、下行按钮可实现电梯的点动运行控制。

4）本站厅外开门。在无司机状态下，电梯停在某层待命，若想在这层进入轿厢，只要按本层位一个召唤按钮，电梯便自动开门。

（4）楼层数控制要求

通过楼层计数器记录电梯所在楼层数，并通过七段数码管的显示来指示电梯所在的楼层。

（5）运行控制要求

1）有司机工作状态：在电梯确定运行方向后，按下运行方向按钮或关门按钮，电梯自动关门起动运行，同时显示其运行状态。

2）无司机工作状态：电梯自动定向后，自动关门，门关闭后，电梯自动运行并显示运行状态。

3）检修工作状态：轿厢上、下行只能通过上、下运行按钮点动进行控制，并且轿厢可以在任何位置停留。

（6）停站控制要求

1）指令信号停站：电梯运行中，当到达已登记楼层时，电梯按设定的减速曲线进行减速，当速度减到零时平层。

2）召唤信号停站：电梯上行时，顺向召唤信号从低到高逐一停站，而与运行相反的向下召唤信号登记并保留，在完成上行最后一个指令或召唤信号后，电梯下行并按已登记的下行信号从高到低逐一停站。反向召唤信号停站的处理原则是：只出现一个反向召唤信号，如电梯停在基站，三楼有召唤下行，则电梯能在三楼停站。如果有多个反向召唤信号可以停站，其他信号被登记保留，在电梯反向运行中逐一执行。

（7）指令信号的登记与消除要求

1）指令信号的登记：当按下除本层外的某层按钮时，此指令信号被登记。

2）指令信号的消除：电梯运行并到达某层时，该指令信号即被消除。

（8）召唤信号的登记与消除要求

1）召唤信号登记：当按下停站外某层召唤按钮时，此信号应被登记。

2）召唤信号消除：当电梯到达某层时，该层与电梯运行方向一致的登记信号即被消除。

（9）直驶功能

在有司机工作状态下，按下直驶专用按钮，电梯不应答召唤信号，电梯只能根据指令信号停站，但召唤信号仍能登记。

（10）消防工作状态功能

当接通消防工作状态开关时，电梯立即进入到消防状态，消除所有指令或召唤信号，立即关门返回基站，到达基站后恢复指令功能。每次到某层时应清除所有登记信号，若想再到其他楼层，则需重新登记指令。消防状态时，不响应任何的厅外呼梯信号。

（11）电梯的保护功能

1）超载保护功能。当此开关动作后，表示电梯超载，轿厢不能自动关门，同时超载指示灯亮，直至超载信号消除后电梯方能正常运行。

2）急停功能。当电梯出现意外故障时，按下此急停按钮，电梯应立即停止运行。

3）其他安全保护措施。电梯除了上述的保护功能外，还应具有强迫减速、上下限位、上下极限、限速、安全钳、断绳等保护环节。

9.2 电梯的驱动系统设计

9.2.1 电梯变频调速驱动系统

在变频调速电梯系统中，变频器根据速度指令实现对电梯的调速控制。而逻辑控制部分是由 PLC 实现，PLC 负责处理各种信号的逻辑关系，并向变频器发出起停等信号，同时变频器也将本身的工作状态信号反馈给 PLC，使 PLC 能确认变频器正常的工作状态。通过与电动机同轴连接的旋转编码器速度检测及反馈，形成闭环系统。电梯控制系统主驱动电路原理图如图9-2所示。

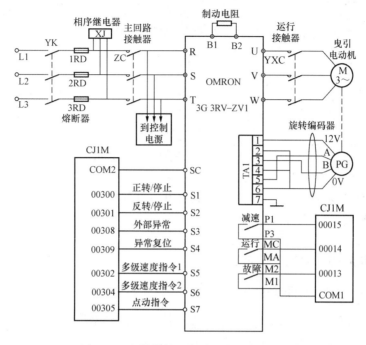

图9-2 电梯控制系统主驱动电路原理图

1. 电动机驱动回路电路设计

根据电梯的要求和设计规范，电源和变频器的连接、变频器与电动机的连接中间必须通过接触器进行连接。主接触器 ZC 为变频器的电源接触器。当变频器工作时，运行接触器 YXC 为电动机提供电源。制动电阻 ZDR 的作用是当电梯减速运行时，电动机处于再生发电状态，向变频器回馈电能，使变频器的直流部分电压升高，通过制动电阻消耗回馈电能。

在图9-2中 YK 为电源的总开关；1RD～3RD 为熔断器，在线路中的作用是短路保护；XJ 为相序继电器。

2. 变频器的输入信号

变频器的输入信号包括运行信号和频率指令信号。运行信号是变频器的正转、反转运行信号，均为数字输入信号。频率指令信号采用多段速实现，由 PLC 给出实现电梯的高速、低速、检修及爬行速度的控制。控制端子 SC～S7 为变频器的多功能输入端子，用于控制变频器的工作状态。

3. 变频器的输出信号

变频器的多功能输出给出的信号用来检测其运行状态，以保证电梯安全运行。变频器不仅要接收 PLC 发送给它的运行信号和频率指令信号，还要将自身的运行状态信号送回 PLC。变频器输出信号包括故障信号、运行信号和零速信号，通过变频器多功能输出端口参数进行设定。P1-P3、MC-MA 和 M1-M2 控制端子为变频器多功能输出端子。

4. 变频器的速度反馈信号

变频器需要进行速度反馈检测功能，是通过旋转编码器和速度控制卡 PG 来实现的。

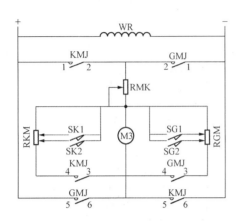

图 9-3 电梯门机驱动线路原理图

TA1 为速度反馈卡，用于接收旋转编码器的脉冲，进行速度闭环控制；PG 为旋转编码器，用于检测电动机的转速。

9.2.2 电梯门机驱动系统

电梯门可采用交流电动机或直流电动机拖动，本次设计中采用直流电动机，因为它具有线路简单、起动力矩大和调速性能好等特点。

门机驱动线路原理如图 9-3 所示，其中 KMJ 为开门继电器触点；GMJ 为关门继电器触点，WR 为直流电动机 M 的励磁绕组，SG1、SG2 为关门二级减速开关，SK1、SK2 为开门加速开关。

9.3 电梯的 PLC 控制系统设计

9.3.1 PLC 控制系统原理框图

系统控制核心为 PLC，操纵盘指令信号、厅外呼梯信号、井道及安全保护信号通过 PLC 输入接口采集后输送给 CPU 单元，经 CPU 单元运算处理，发出响应的控制信号，控制曳引驱动系统、门机控制系统及电梯的运行状态显示等。电梯 PLC 控制系统的基本结构如图 9-4 所示。

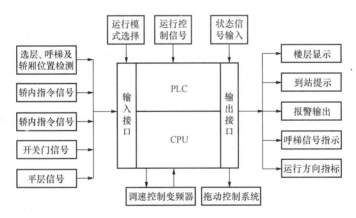

图 9-4 电梯 PLC 控制系统的基本结构图

9.3.2 PLC 控制系统的硬件设计

1. PLC 的选型

本系统的控制对象以 6 层电梯为例。欧姆龙 CJ1 系列 PLC 采用模块化结构、体积小、扩展方便，同时具备运算速度快、功能先进等特点。

本次设计中选择性价比较高的 CJ1M-CPU12 PLC，其最大 I/O 点可扩展到 320 点，CPU 单元支持高速计数、RS-232C 通信口和 1∶1 PLC-LINK 功能。

2. 输入/输出点的确定

根据电梯的控制功能要求，如检修/自动、交流集选控制、并联控制等，确定电梯的各种输入信号，同时考虑到以后电梯功能的扩展，CPU 单元选择 CJ1-CPU12，选择三个输入模块 CJ1W-ID211，三个输出模块 CJ1W-OC211，I/O 点数合计 128 点。各点具体功能见表 9-1。

表 9-1　　　　　　　　　　　　　电梯软件输入输出点分配

输	入	输	出
0.00	安全信号	3.00	正向运行
0.01	门锁信号	3.01	反向运行
0.02	司机/自动信号	3.02	正常运行频率
0.03	检修信号	3.04	爬行频率
0.04	开门信号	5.05	点动频率
0.05	关门信号	3.06	开门
0.06	司机上行信号	3.07	关门
0.07	司机下行信号	3.08	接触器 ZC
0.08	满载/直驶信号	3.09	接触器 YXC
0.09	超载信号	5.00	上行方向显示
0.10	门区信号	5.01	下行方向显示
0.11	消防信号	5.02	蜂鸣器
0.12	厅外锁梯信号	5.03	超载报警
0.13	变频器故障信号	4.08～4.13	选层指示灯
0.14	变频器运行信号	4.14	一层上呼梯信号灯
0.15	变频器减速信号	4.15	二层上呼梯信号灯
1.00	上减速	5.04	三层上呼梯信号灯
1.01	下减速	5.05	四层上呼梯信号灯
2.05	上端站	5.06	五层上呼梯信号灯
2.06	下端站	5.07～5.11	二～六层下呼梯信号灯
2.03	上端站	4.00	数码管 a 段显示
2.04	下端站	4.01	数码管 b 段显示
2.05	开门限位	4.02	数码管 c 段显示
2.06	关门限位	4.03	数码管 d 段显示
1.02～1.07	一～六层选层信号	4.04	数码管 e 段显示
1.09～1.13	一～五层上呼梯信号	4.05	数码管 f 段显示
1.14～2.02	二～六层下呼梯信号	4.06	数码管 g 段显示

3. PLC 的硬件设计

根据确定的 I/O 表，选择 PLC 的 I/O 模块数量及型号。对于 CPU 单元选择 CJIM-

CPU12 来说，本身没有输入点，因此选择三块 CJ1M-ID211 型 16 点输入单元即可。输出模块选择三块 CJ1M-OC211 型 16 点继电器输出单元即可。整个系统共使用了 6 个输入输出模块，输入通道为 0000～0002，输出通道为 0003～0005。图 9-5 和图 9-6 为电梯 PLC 控制硬件原理图。

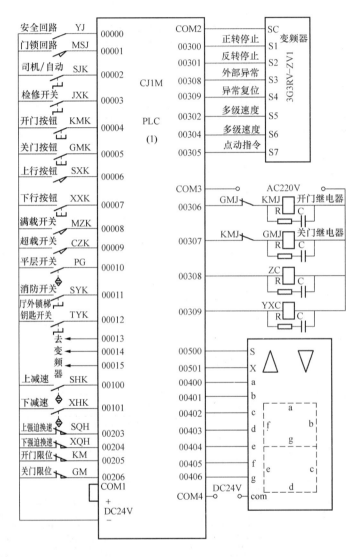

图 9-5 电梯 PLC 控制硬件原理图（一）

为了防止终端越位造成事故，在井道上、下端站设置了强迫减速开关、限位开关和极限开关，用于安全保护。另外，电梯的控制线路还有井道照明、安全回路、门联锁回路、抱闸控制回路、电源控制回路等控制线路没有涉及，有兴趣的读者可以将其完善。

9.3.3 PLC 控制系统的软件设计

1. 控制系统的流程图

根据电梯的具体控制要求，设计控制系统的流程图如图 9-7 所示。

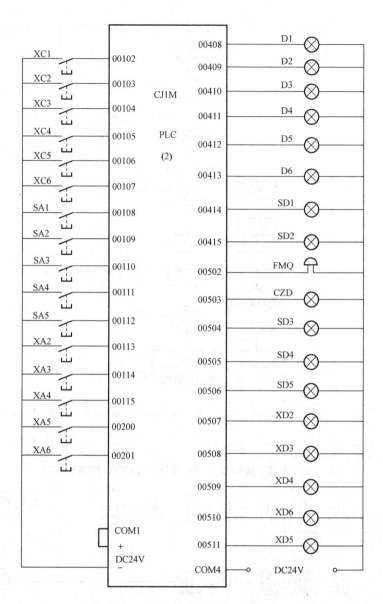

图 9-6　电梯 PLC 控制硬件原理图（二）

2. 梯形图

（1）电梯主接触器 ZC 和运行接触器 ZXC 控制梯形图

当 PLC 正常工作，电梯安全系统正常时，主接触器 ZC 工作；在满足主接触器运行的条件下，若变频器也正常工作，则运行接触器 ZXC 工作。其控制梯形图如图 9-8 所示。

（2）电梯自动运行控制的梯形图

电梯自动运行的梯形图如图 9-9 所示。当无司机工作状态时，输入信号 00002 无效。电梯自动运行停止时，200.02 的状态为 ON，200.08 的状态为 OFF，此时定时器 TIM0000 开始工作，延时 8s 后其触点将 200.02 断开，200.00 接通，控制电梯自动关门，门关闭后电梯自动运行。

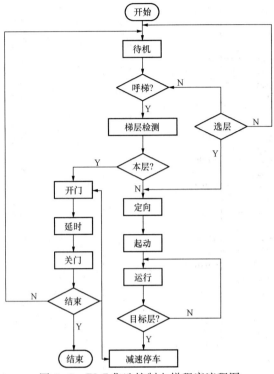

图 9 - 7 PLC 集选控制电梯程序流程图

图 9 - 8 电梯主接触器 ZC 和运行接触器 ZXC 控制梯形图

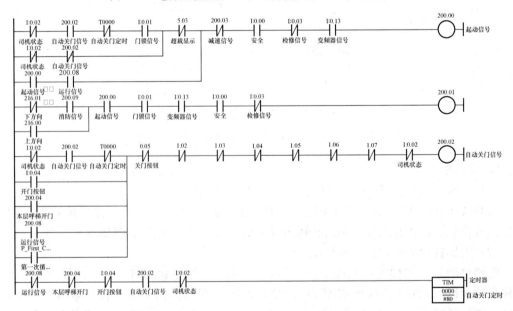

图 9 - 9 PLC 控制自动运行的梯形图

（3）电梯减速信号控制梯形图

电梯减速信号控制梯形图如图 9-10 所示。电梯减速信号控制过程：例如电梯停在基站，四层有召唤下行，则电梯能在四层停站。控制过程为四层有下呼梯信号时，5.10 为 ON，当电梯达到四层时 H0.03 闭合，通过 5.10—H0.03—216.01——200.05—0.00—0.13—0.03，使 200.03 接通，换速继电器通电发出换速信号。

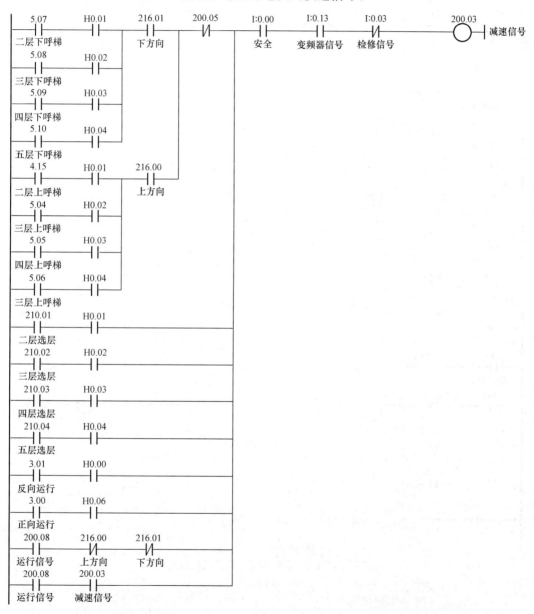

图 9-10　PLC 控制减速的梯形图

（4）电梯本层呼梯开门控制梯形图

电梯本层呼梯开门控制梯形图，如图 9-11 所示。在无司机状态下，电梯停在某层待命，若想在这层进入轿厢，只要按本层位一个召唤按钮，电梯便自动开门。假设电梯停留在二层，无论按下上呼梯还是下呼梯，都可实现本层呼梯开门功能。通过接点 5.07—H0.01—216.00（4.15—H0.01—216.01）200.08—0.02—200.01—0.00 使 200.04 接通，控制本层开门。若电梯上行时，当电梯正在关门过程中，此时本层厅外呼梯只响应上呼梯信号，而对下呼梯信号只作登记。

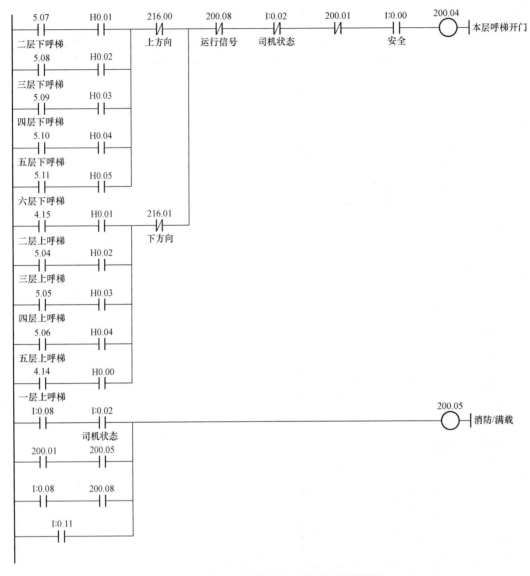

图 9 - 11　PLC 控制本层呼梯开门的梯形图

（5）电梯运行信号控制梯形图

PLC 控制消防及司机定向的梯形图如图 9 - 12 所示。

200.08 为运行信号，200.12 和 200.13 为司机定向信号。当按下消防工作状态开关时，输入信号 0.11 有效，200.09 为 ON。电梯立即进入到消防状态，控制消除所有指令或召唤信号，立即关门返回基站，到达基站后恢复指令功能。每次到某层时应清除所有登记信号，若想再到其他楼层，则需重新登记指令。消防状态时，不响应任何的厅外呼梯信号。

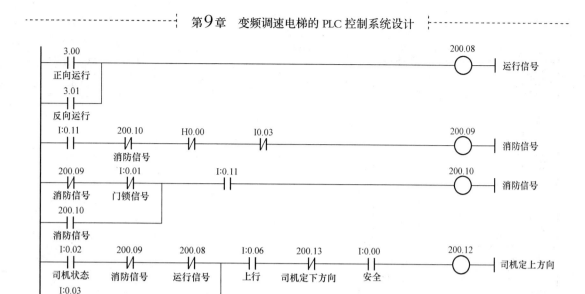

图 9-12　PLC 控制消防及司机定向的梯形图

（6）电梯定上行方向控制梯形图

电梯定上行方向控制梯形图如图 9-13 所示。

电梯在自动运行状态时，当电梯停在基站时，如三层有选层或呼梯信号，通过 210.02（5.04）—H0.02—H0.03—H0.04—H0.05—200.09—3.01—216.01—200.13 使 216.00 接通，确定了电梯向上运行的方向。

电梯在检修运行状态时，输入信号 0.03 有效，此时按下上行按钮 0.06 有效，使 216.00 接通，控制电梯检修点动上行。

（7）电梯定下行方向控制梯形图

电梯定下行方向控制梯形图如图 9-14 所示。

电梯在自动运行状态时，当电梯停在三层时，如基站有选层，通过 210.00—H0.00—3.00—216.00—200.12 使 216.01 接通，确定了电梯向下运行的方向。

电梯在检修运行状态时，输入信号 0.03 有效，此时按下下行按钮 0.07 有效，使 216.01 接通，控制电梯检修点动下行。

（8）电梯变频器控制梯形图

电梯变频器控制梯形图如图 9-15 所示。

电梯上行的控制过程：当电梯停在基站，有乘客进行选层时，上行继电器 216.00 接通，同时起动信号 200.01、上行显示信号 5.00 也接通，电梯自动关门后门联锁信号 0.01 有效，使变频器正向运行信号 3.00 有效，变频器正常频率信号 3.02 有效，控制变频器输出，按预定速度运行曲线控制电梯运行。电梯运行至所选楼层时，减速信号 200.03 接通，使正常运行频率指令信号 3.02 断开，爬行频率 3.04 接通，变频器控制电梯进入到减速阶段，当电梯

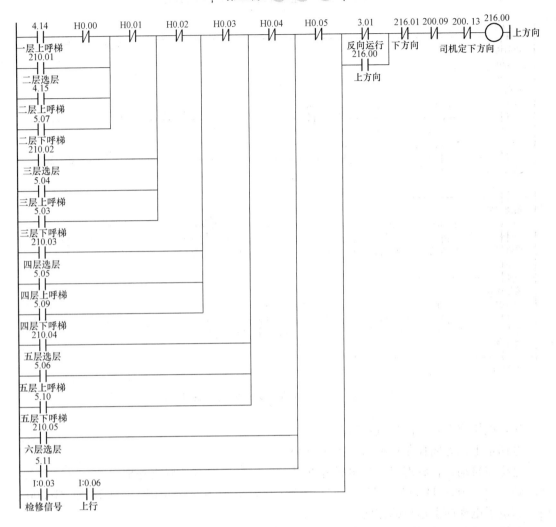

图 9-13 PLC定上行方向的控制梯形图

速度减到零时，输入信号 0.15 断开，控制变频器正向运行信号 3.00 断开，变频器停止工作，电梯平层。电梯平层停车后，自动开门，整个上行运行过程结束。

电梯下行的控制过程：当电梯停在四层时，有乘客进行选择一层，下行继电器 216.01 接通，同时起动信号 200.01、下行显示信号 5.01 也接通，电梯自动关门后门联锁信号 0.01 有效，使变频器反向运行信号 3.01 有效，变频器正常频率信号 3.02 有效，控制变频器输出，按预定速度运行曲线控制电梯运行。电梯运行至所选楼层时，减速信号 200.03 接通，使正常运行频率指令信号 3.02 断开，爬行频率 3.04 接通，变频器控制电梯进入到减速阶段，变频器控制电梯进入到减速阶段，电梯速度减到零时，输入信号 0.15 断开，控制变频器反向运行信号 3.01 断开，变频器停止工作，电梯平层。电梯平层停车后，自动开门，整个下行运行过程结束。

当电梯进行检修工作时，检修信号 0.03 接通。检修上行，此时按下上行按钮 0.06 接通，运行方向显示 5.00 为 ON 和 216.00 为 ON，控制变频器正向运行信号 3.00 为 ON，变频器检修频率指令信号 3.05 为 ON，控制变频器输出检修频率，电梯以检修速度点动上行运行。检修下行，此时按下下行按钮 0.07 接通，运行方向显示 5.01 为 ON 和 216.01 为

ON，控制变频器反向运行信号 3.01 为 ON，变频器检修频率指令信号 3.05 为 ON，控制变频器输出检修频率，电梯以检修速度点动下行运行。

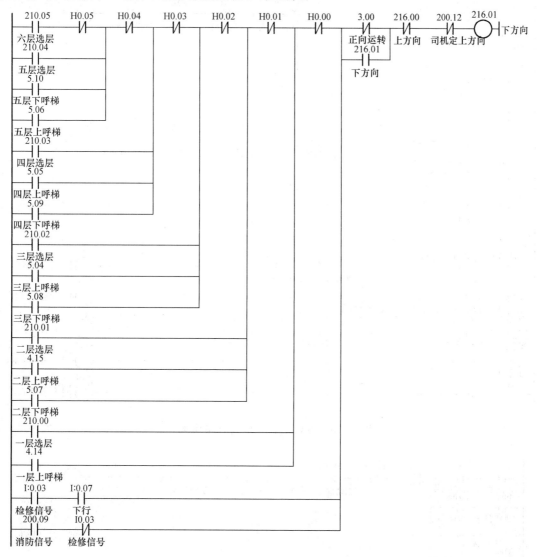

图 9 - 14 PLC 控制定下行方向的梯形图

电梯运行的安全保护措施：门联锁控制回路输入信号 0.01 和安全回路输入信号 0.00 是电梯运行的保护电路，只有两回路正常接通时，电梯才能正常运行。变频器输入信号 0.14 是起动应答信号，当变频器正常起动运行后，该信号有效。变频器输入信号 0.15 是减速应答信号，当变频器正常减速运行后，该信号有效。在上行控制回路中，常闭接点 5.01 和 3.01 以及下行控制回路中常闭接点 5.00 和 3.00 起到互锁保护作用，可以使得电梯更加安全可靠地运行。

（9）电梯开关门控制梯形图

电梯开关门控制梯形图，如图 9 - 16 所示。当有司机和检修时，关门信号 0.05 接通，使关门继电器 5.07 接通，从而实现电梯的关门。当无司机时，起动信号 200.00 接通，控制

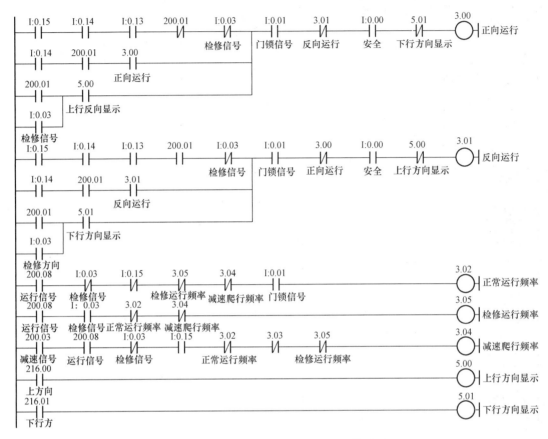

图 9-15 PLC 控制变频器运行的梯形图

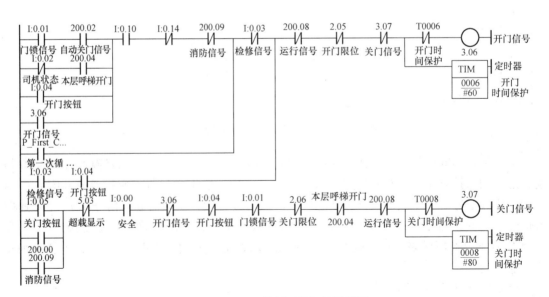

图 9-16 PLC 控制开关门的梯形图

门自动关闭。对于关门过程，定时器 TIM0006 的作用是当关门时间超过规定的时间后，将门电动机自动断电防止门电动机长时间通电。当电梯超载时电梯不能关门。

当检修时，关门信号 0.04 接通，使关门继电器 5.06 接通，从而实现电梯的关门。当无司机工作状态，电梯进入门区时，门区信号 0.10 接通，电梯停止后门将自动开启。对于开门过程，定时器 TIM0005 的作用是当开门时间超过规定的时间后，将门电动机自动断电防止门电动机长时间通电。

电梯门机系统运行的安全保护措施：门区输入信号 0.10 是当电梯安全运行的保护环节，只有电梯正常停止平层时，电梯才能正常开门。常闭接点 200.08 保证只有电梯停止时才允许开门。在开门控制回路中，常闭接点 2.05 和 3.07 以及关门控制回路中常闭接点 2.06 和 3.06 起到互锁保护作用，可以使得电梯更加安全可靠地运行。

（10）电梯蜂鸣器及报警控制梯形图

电梯蜂鸣器及报警控制梯形图如图 9 - 17 所示。在司机状态下，当厅外有呼梯信号时，蜂鸣器鸣响，提示司机有人呼梯。当电梯超载时，进行声光报警。

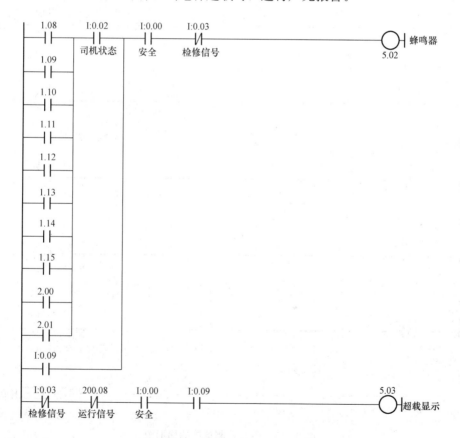

图 9 - 17 PLC 控制蜂鸣器及报警的梯形图

（11）电梯选层信号登记控制梯形图

电梯选层信号登记、消号控制梯形图，如图 9 - 18 所示。

电梯选层信号登记，只有在自动工作状态下有效，在检修状态下无效，通过互锁指令来实现。在消防状态下，正常减速后，清除其他的选层信号。

选层的控制过程：当轿厢内有人按下选层按钮时，如选四层，输入信号 1.05 有效，210.03 为 ON 登记已选信号。当电梯运行到四层时，通过楼层信号 H0.03 将登记的信号消除。

（12）电梯选层登记信号显示控制梯形图

电梯选层登记信号显示控制梯形图，如图 9 - 19 所示。

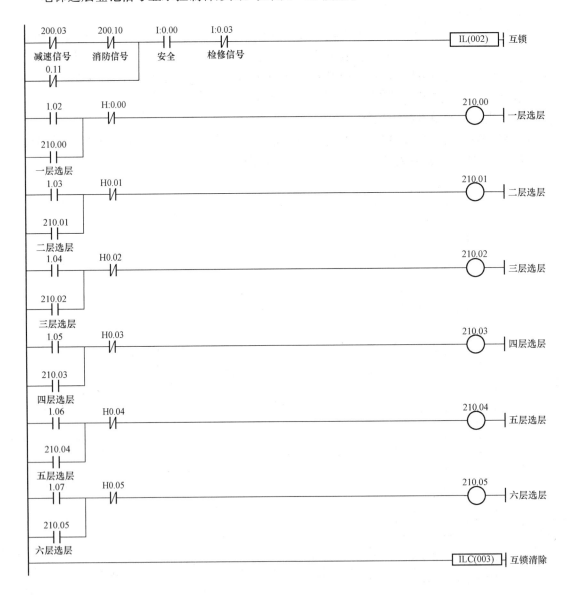

图 9 - 18 PLC 控制选层的梯形图

电梯选层登记信号显示控制梯形图有两种功能，一是正常显示所选登记的楼层信号，二是以闪烁的方式显示厅外呼梯的登记信号。例如二层有选层信号，对应的指示灯 4.09 点亮；当二层有呼梯信号（二层无选层信号）时，对应的指示灯 4.09 闪亮。具体控制过程如图 9 - 19 所示。

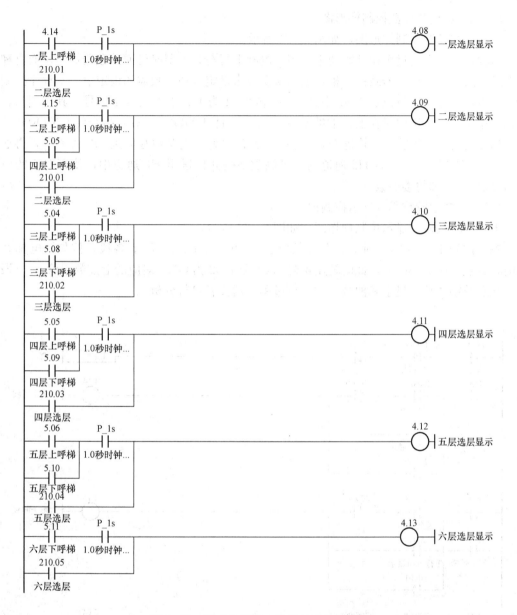

图 9-19　PLC 控制轿内选层显示的梯形图

（13）电梯厅外呼梯信号登记控制梯形图

电梯厅外呼梯信号登记控制梯形图，如图 9-20 所示。

电梯呼梯信号登记，只有在自动工作状态下有效，在检修状态下无效，通过互锁指令来实现。当按下厅外某层呼梯按钮时，此信号应被登记。呼梯信号消除，当电梯到达某层时，该层与电梯运行方向一致的登记信号即被消除，完成"顺向截梯，反向不截梯"的功能。

例如，二层有上行呼梯信号，对应的指示灯 4.15 和 5.07 点亮。当电梯上行至二层时，上呼梯信号通过接点 H0.01 将其消除，而下呼梯信号通过接点 5.00 实现自锁，保持接通状态，直到电梯反向下行至二层时，由接点 H0.01 将其消除。

（14）电梯楼层计数控制梯形图

电梯楼层计数控制梯形图，如图9-21所示。

电梯楼层计数通过可逆计数器来实现。电梯上行至某一层时可逆计数器加一，而电梯下行至某一层时可逆计数器减一。根据电梯楼层数来设定可逆计数器的设定值，本程序控制的为6层电梯，故设定值设定为5。接点2.03和2.04为上、下端站校正信号，其作用为，当电梯楼层数据发生错误时在上、下端站进行校正。通过MOV（021）指令将CNTR0047的计数值传送到H1通道中，并将H1通道中内容转化为二进制数存储到H2通道中，再通过解码指令MLPX（076）将H2通道的二进制数解码并传送至H0通道中，使其对应的位为ON，以控制电梯的楼层数。

（15）电梯七段数码管显示控制梯形图

电梯七段数码管显示控制梯形图，如图9-22所示。

输出信号4.00～4.06对应着七段数码管a、b、c、d、e、f、g各段。例如，电梯在一层时，接点H0.00为ON，此时输出信号4.01和4.02为ON，对应的七段数码管b、c段点亮，显示数字"1"。显示其他数字的分析过程，请读者自行分析。

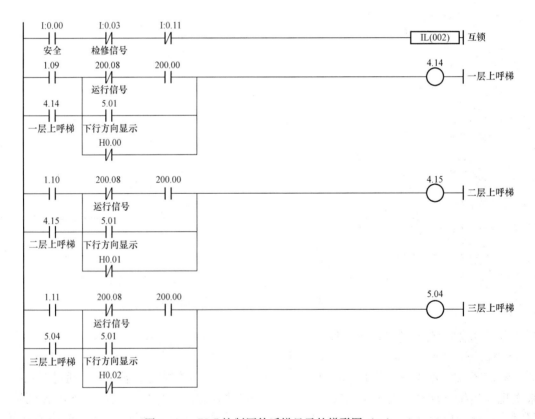

图9-20 PLC控制厅外呼梯显示的梯形图（一）

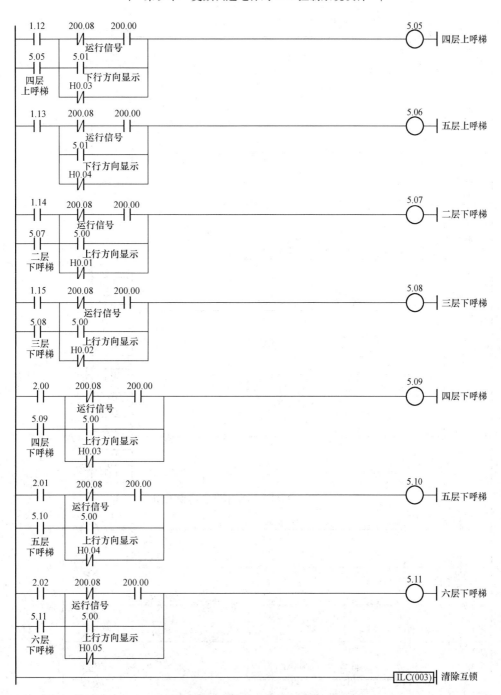

图9-20 PLC控制厅外呼梯显示的梯形图（二）

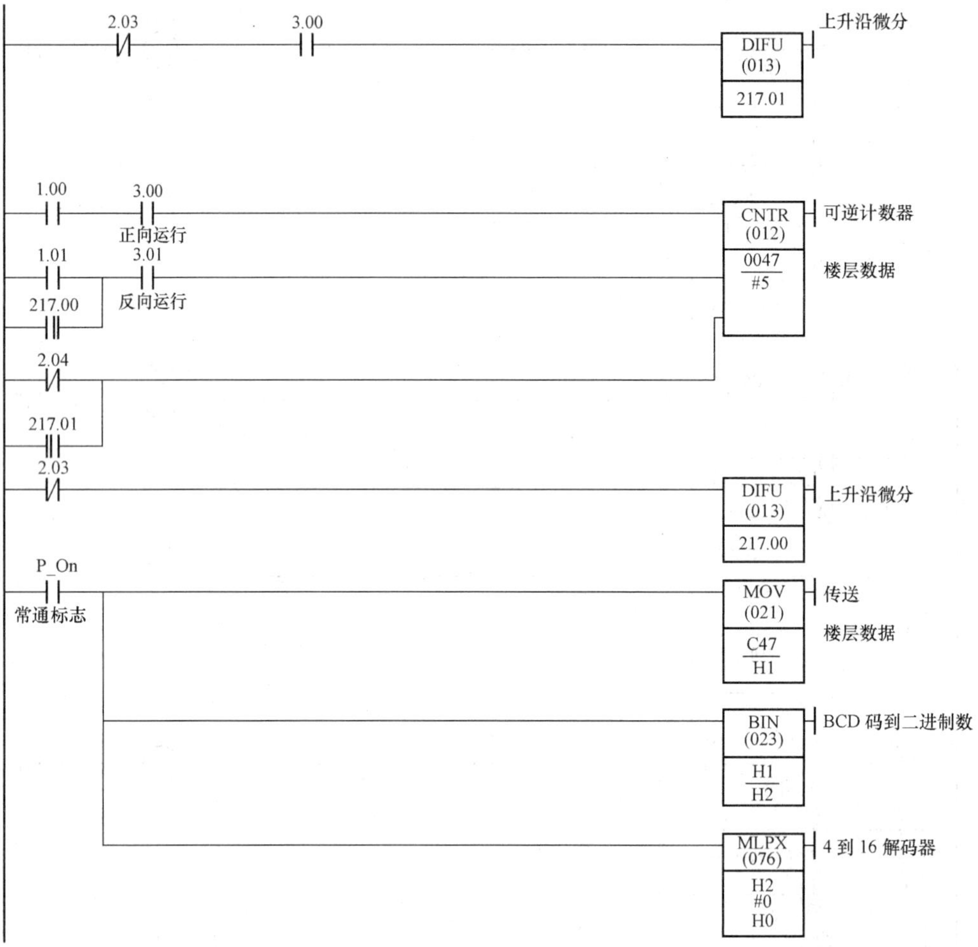

图 9 - 21　PLC 控制楼层计数的梯形图

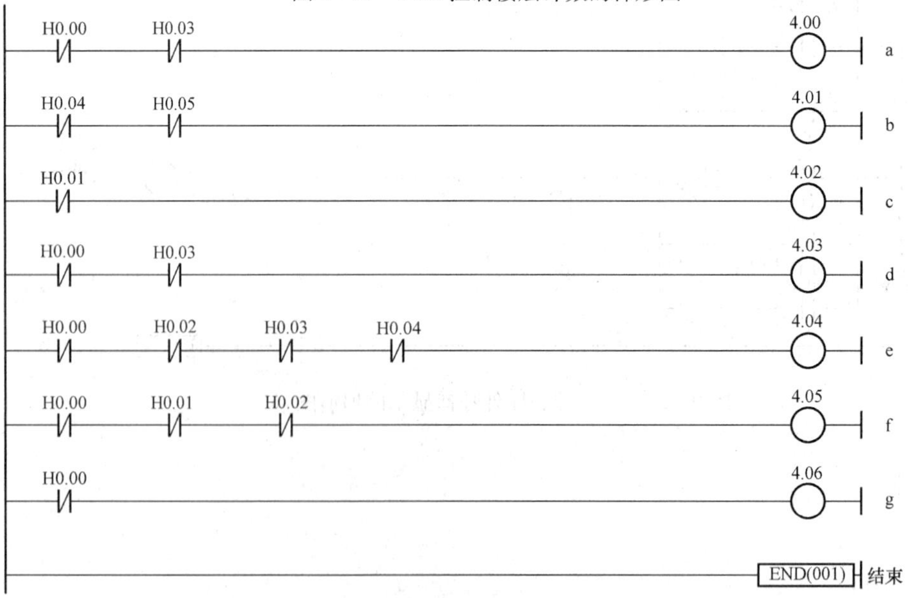

图 9 - 22　PLC 控制七段数码管显示的梯形图

9.4　电梯的调试运行

9.4.1　变频器的基本参数设定

变频器的参数设定直接关系到电梯的运行品质，其主要参数包括电动机的额定容量、电动机的额定电流、电动机的极数、电动机的电枢电阻、电动机的电感、旋转编码器 PG 的脉冲数等。电动机的额定容量、电动机的额定电流和电动机的极数可根据电动机本身提供的参数输入即可，其他参数可根据计算或自学习获得。

（1）电动机参数设定

根据电动机的铭盘数据：功率 11KW，额定电流 23A，额定电压 380V 和极数 4。设定变频器的相应参数。

（2）电动机的电枢电阻的测定

通过变频器的自学习功能测得电动机的电枢电阻、电感、感应电压系数等参数。

9.4.2　零速起动时转矩调整

1. 电梯起动和停止的最佳调整

起动时，零伺服即在制动器打开时向电动机补偿转矩，以保持轿厢的位置。设定起动时，零伺服控制环的增益 1、2 可调整电动机补偿转矩。

制动器打开时，当出现倒溜过大时，将零伺服增益 b9-01 \ b9-02 设定值增大。若执行零伺服功能时电动机发生振动，则将该设定值减小。根据观察电动机的起动状态，将零伺服增益调整到合适的值即可。

2. 零伺服时的速度控制调整

当感觉电梯起动时过缓或过急，可通过调整零伺服时的速度控制（ASR）的比例增益（P）/积分时间（I）参数，提高零伺服时速度控制（ASR）响应的快速性。

3. 起动时直流制动电流 b2-03 的调整

当轿厢出现倒溜时，再将起动时直流制动电流 b2-03 设定值增大。

4. 停止时零伺服增益 b9-01 的调整

设定停止时零伺服控制环的增益 b9-01，当电动机速度低于零速值输出频率时，停止时零伺服将对电动机进行转矩补偿并保持轿厢的位置。需要增加保持力时，增大 b9-01 的设定值。如果执行零伺服时电动机发生振动，则减小 b9-01 的设定值。

9.4.3　加减速阶段的曲线参数的调整

1. 电梯起动时零伺服功能的调整

起动时零伺服功能的调整，用来降低起动时的倒溜。在轿厢的载重为 0% 的状态下，调整零伺服时的速度控制（ASR）的比例增益 C5-19 和零伺服时的速度控制（ASR）的积分时间 C5-20。

在轿厢的载重与平衡系统保持平衡的状态下，如果起动时发生振动，逐渐增大起动时的移动量 S3-40。要减少倒溜时，可将增大增益，同时缩短积分时间。如果发生振动，可以减小增益，延长积分时间。

2. 速度控制环的调整

利用速度控制参数 C5 来调整速度控制环的比例增益和积分时间。根据速度控制（ASR）的增益切换速度 C5-07 的设定值和电动机速度达到 C5-07 的设定速度的时间，进行调整：

电动机速度低于速度控制（ASR）的增益切换速度 C5-07 时，起动时使用 C5-03 速度控制（ASR）的比例增益 2 和 C5-04（积分时间 2）。

电动机速度高于速度控制（ASR）的增益切换速度 C5-07 时，起动时使用 C5-01 速度控制（ASR）的比例增益 1 和 C5-02（积分时间 1）。

电动机速度低于速度控制（ASR）的增益切换速度 C5-07 时，停止时使用 C5-13 速度控制（ASR）的比例增益 3 和 C5-14（积分时间 3）。如果需要提高度响应时间，可增大增益，缩短积分时间。如果发生失调或振动，可减小比例增益，延长积分时间。

为了使电梯能够正常运行，必须对变频器参数进行正确的选择和设定，以满足乘坐的舒适感和控制要求。图 9-23 为电梯变频调速系统速度曲线图。

（1）多段速的设定。通过频率指令参数 d1-02、d1-03、d1-04 进行设定。

（2）加减速时间的调整。通过加减速时间参数 C1-01、C1-02 调整。

（3）S 曲线的调整。通过 S 字曲线参数 C2-01、C2-02、C2-03、C2-04 调整。

（4）PID 参数的设定。通过参数 b5-01～b5-05 调整 P、I、D 常数。

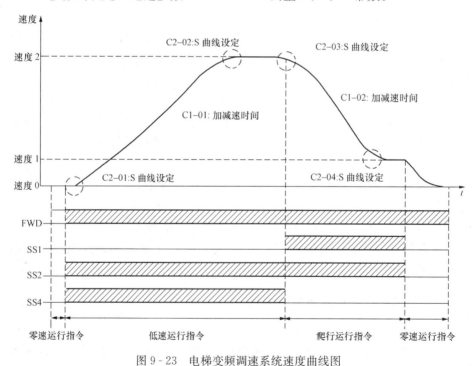

图 9-23　电梯变频调速系统速度曲线图

9.4.4 PLC 控制程序的调试

（1）在 Windows 环境下启动 CX-Programmer 软件，进入主画面后，显示 CX-P 创建或打开工程后的主窗口，选择"文件"→"新建"项，或单击标准工具条中的"新建"按钮，出现"变更 PLC"对话框。单击"设置"按钮可进一步配置 CPU 型号，选择"CPU12"。

当 PLC 配置设定完成后，单击"确定"按钮，此时，进入编程界面。

（2）利用 CX-P 软件输入电梯 PLC 控制的应用梯形图。

（3）检查程序输入是否正确。程序输入完成后，先进行编译，如没有错误，在工程工作区选中"PLC"后，单击 PLC 工具条中"在线工作"按钮，将出现一个确认对话框，计算机与 PLC 联机通信，使 PLC 处于在线方式。

（4）PLC 在线工作时，通过上位机将程序下传至 PLC 主机 CJ1M。利用 CX-P 软件的监控功能，模拟调试程序是否按要求执行。

（5）运行程序调试。

电梯单方向逐层运行的调试，观察电梯运行的状态是否正确。检查选层指令的登记和消除、层显的变化、厅外上下外呼信号的登记和消除、本层外呼信号开门、顺向截梯、满载、超载等功能是否正确。

1）自动运行的控制功能的调试。

当无司机工作状态时，输入信号 0.02 无效。电梯自动运行停止时，200.02 的状态为 ON，200.08 的状态为 OFF，此时定时器 TIM0000 开始工作，延时 8s 后，其触点将 200.02 断开，200.00 接通，控制电梯自动关门，门关闭后电梯自动运行。

2）减速控制功能的调试。

如电梯停在基站，四层有召唤下行，则电梯能在四层停站。控制过程为四层有下呼梯信号时 5.10 为 ON，当电梯达到四层时 H0.03 闭合，200.03 接通，换速继电器通电发出换速信号。

3）电梯本层呼梯开门控制功能的调试。

在无司机状态下，电梯停在某层待命，若想在这层进入轿厢，只要按本层位一个召唤按钮，电梯便自动开门。假设电梯停留在二层，无论按下上呼梯还是下呼梯都可实现本层呼梯开门功能。若电梯上行时，当电梯正在关门过程中，此时本层厅外呼梯只响应上呼梯信号，而对下呼梯信号只作登记。

4）电梯各种运行信号控制功能的调试

200.08 为运行信号，200.12 和 200.13 为司机定向信号。当按下消防工作状态开关时，输入信号 0.11 有效，200.09 为 ON。电梯立即进入到消防状态，控制消除所有指令或召唤信号，立即关门返回基站，到达基站后恢复指令功能。每次到某层时应清除所有登记信号，若想再到其他楼层，则需重新登记指令。消防状态时，不响应任何的厅外呼梯信号。

5）电梯定上行方向控制功能的调试。

电梯在自动运行状态时，当电梯停在基站时，如三层有选层或呼梯信号，使 216.00 接通，确定了电梯向上运行的方向。

电梯在检修运行状态时，输入信号 0.03 有效，此时按下上行按钮 0.06 有效，控制电梯检修点动上行。

6）电梯定下行方向控制功能的调试。

电梯在自动运行状态时，当电梯停在三层时，如基站有选层，使 216.01 接通，确定了电梯向下运行的方向。

电梯在检修运行状态时，输入信号 0.03 有效，此时按下下行按钮 0.07 有效，控制电梯检修点动下行。

7）电梯变频器控制功能的调试。

电梯上行的控制过程：当电梯停在基站，有选层信号时，上行继电器 216.00 接通。同时起动信号 200.01、上行显示信号 5.00 也接通，电梯自动关门后，变频器正向运行信号 3.00 有效，正常频率信号 3.02 有效，控制变频器输出。电梯运行至所选楼层时，减速信号 200.03 接通，使 3.02 断开和 200.01 断开，3.04 接通，电梯进入到减速阶段，电梯速度减到零时，输入信号 0.15 断开，控制变频器正向运行信号 3.00 断开，变频器停止工作，电梯平层停车后，自动开门，整个上行运行过程结束。

电梯下行的控制过程：当电梯停在四层时，有选一层信号，下行继电器 216.01 接通，同时起动信号 200.01、下行显示信号 5.01 也接通，电梯自动关门后，变频器反向运行信号 3.01 有效，变频器正常频率信号 3.02 有效，控制变频器输出，电梯起动运行，当运行至所选楼层时，减速信号 200.03 接通，使 3.02 断开和 200.01 断开，爬行频率 3.04 接通，电梯进入到减速阶段，电梯速度减到零时，输入信号 0.15 断开，控制变频器反向运行信号 3.01 断开，变频器停止工作，电梯平层停车后，自动开门，整个下行运行过程结束。

当电梯进行检修工作时，检修信号 0.03 接通。检修上行时，按下上行按钮 0.06 接通，运行方向显示 5.00 为 ON 和 216.00 为 ON，控制变频器正向运行信号 3.00 为 ON，变频器检修频率指令信号 3.05 为 ON，控制变频器输出检修频率，电梯以检修速度点动上行运行。检修下行时，按下下行按钮 0.07 接通，运行方向显示 5.01 为 ON 和 216.01 为 ON，控制变频器反向运行信号 3.01 为 ON，变频器检修频率指令信号 3.05 为 ON，控制变频器输出检修频率，电梯以检修速度点动下行运行。

8）电梯开关门控制功能的调试。

当无司机时，起动信号 200.00 接通，控制门自动关闭。在关门过程中，定时器 TIM0006 的作用是当关门时间超过规定的时间后，将门电动机自动断电防止门电动机长时间通电。当电梯运行进入门区时，门区信号 0.10 接通，电梯停止后门将自动开启。在开门过程中，定时器 TIM0005 的作用是当开门时间超过规定的时间后，将门电动机自动断电防止门电动机长时间通电。

当有司机和检修状态关门时，按下关门按钮输入信号 0.05 接通，使关门继电器 5.07 接通从而实现电梯的关门；开门时按下开门按钮，开门信号 0.04 接通，使关门继电器 5.06 接通从而实现电梯的开门。

9）电梯蜂鸣器及报警控制功能的调试。

在有司机状态下，当厅外有呼梯信号时，蜂鸣器鸣响，提示司机有人呼梯。当电梯超载时，进行声光报警。

10）电梯选层信号登记控制功能的调试。

电梯选层信号登记，只有在自动工作状态下有效，在检修状态下无效，通过互锁指令来实现。在消防状态下，正常减速后，清除其他的选层信号。

11）电梯选层登记信号显示控制功能的调试。

电梯选层登记信号显示控制有两种功能，一是正常显示所选登记的楼层信号，二是闪烁的方式显示厅外呼梯的登记信号。

12）电梯厅外呼梯信号登记控制功能的调试。

电梯呼梯信号登记，只有在自动工作状态下有效，在检修状态下无效，通过互锁指令来实现。当按下厅外某层呼梯按钮时，此信号应被登记。当电梯到达某层楼时，该层与电梯运行方向一致的登记信号即被消除。完成顺向截梯、反向不截梯的功能。

13）电梯楼层计数控制功能的调试。

电梯楼层计数通过可逆计数器来实现的。电梯上行至某一层时可逆计数器加一，而电梯下行至某一层时可逆计数器减一。观察可逆计数器计数值的变化是否符合要求。

14）电梯七段数码管显示控制功能的调试。

观察可逆计数器计数值的变化是否和七段数码管显示的数据相符。

（6）运行舒适感调整的实现

根据电梯的速度曲线调整电梯起动和停止的舒适感。在调试过程中观察电梯起动机械制动器打开瞬间是否出现倒溜现象。为了防止起动时的倒溜，调整变频器起动时零伺服的参数。在轿厢的载重为 0％ 的状态下，调整零伺服时的速度控制（ASR）的比例增益和零伺服时的速度控制（ASR）的积分时间。在轿厢的载重与对重保持平衡的状态下，调整参数出现起动时发生振动，逐渐增大起动时的移动量；出现倒溜时，增大增益，缩短积分时间；发生振动，减小增益，延长积分时间。

（7）平层精度的调整

根据电梯的控制标准要求，平层精度为 ±5mm。通过调整检测上、下门区的位置开关来调整电梯的平层精度。

思 考 题

1. 如果电梯停在二层与三层中间，电梯如何运行才能返回平层位置?
2. 电梯超载时，如何对电梯运行进行保护?
3. 试分析电梯在自动工作状态时，变频器的工作过程。
4. 变频器的频率指令是如何确定的?
5. 试叙述电梯顺向截梯的控制过程。
6. 试设计电梯的自动平层控制程序。
7. 试分析电梯的减速平层过程。
8. 电梯在自动工作状态时，自动关门是如何实现的?
9. 试分析变频器的加减速时间、PID 参数对电梯运行舒适感的影响。

参 考 文 献

[1] 方承远，等 . 工厂电气控制技术 . 3 版 . 北京：机械工业出版社，2006.

[2] 孔祥冰，等 . 电气控制与 PLC 技术应用实训教程 . 北京：中国电力出版社，2009.

[3] 霍罡等 . 欧姆龙 CP1H PLC 应用基础与编程实践 . 北京：机械工业出版社，2008.

[4] 阮友德 . 电气控制与 PLC 实训教程 . 北京：人民邮电出版社，2006.

[5] 李惠昇 . 电梯控制技术，北京：机械工业出版社，2003.

[6] 徐世许 . 可编程序控制器原理应用网络 . 合肥：中国科学技术大学出版社，2001.

[7] 曹辉，霍罡 . 可编程序控制器过程控制技术 . 北京：机械工业出版社，2006.

[8] 廖常初 . PLC 编程及应用 . 2 版 . 北京：机械工业出版社，2005.

[9] 曹辉，霍罡 . 可编程序控制器系统原理及应用 . 北京：电子工业出版社，2003.

[10] 柴瑞娟，等 . 西门子 PLC 高级培训教程 . 北京：人民邮电出版社，2009.

[11] 谢克明，夏路易 . 可编程控制器原理与程序设计 . 北京：电子工业出版社，2004.

[12] 孔祥冰，等 . 电气控制与 PLC 技术应用 . 北京：中国电力出版社，2008.

[13] 张福恩，等 . 交流调速电梯原理、设计及安装维修 . 北京：机械工业出版社，1996.